水谱传

108个水故事

SHUIPUZHUAN

刘朝南　刘军　余建恒◎著

新 华 出 版 社

图书在版编目（CIP）数据

水谱传：108个水故事 / 刘朝南，刘军，余建恒著.
-- 北京：新华出版社，2020.8
ISBN 978-7-5166-5283-1

Ⅰ.①水… Ⅱ.①刘… ②刘… ③余… Ⅲ.①水资源管理－安全管理－普及读物 Ⅳ.①TV213.4-49

中国版本图书馆CIP数据核字(2020)第147649号

水谱传：108个水故事

作　　者： 刘朝南　刘　军　余建恒

责任编辑： 贾允河　　**封面设计：** 刘宝龙

出版发行： 新华出版社
地　　址： 北京石景山区京原路8号　　**邮　　编：** 100040
网　　址： http://www.xinhuanet.com/publish
经　　销： 新华书店、新华出版社天猫旗舰店、京东旗舰店及各大网店
购书热线： 010－63077122　　**中国新闻书店购书热线：** 010－63072012

照　　排： 六合方圆
印　　刷： 三河市君旺印务有限公司

成品尺寸： 170mm×240mm
印　　张： 20.25　　**字　　数：** 311千字
版　　次： 2020年8月第一版　　**印　　次：** 2020年8月第一次印刷

书　　号： ISBN 978-7-5166-5283-1
定　　价： 98.00元

枕边有书品自高

2014 年 4 月，新华出版社出版发行了我编著的《水谱传—106 个饮水与健康故事》，这是我结缘水科普工作的起始。

2017 年我承担海南省“2017 重大科技研发项目——农村分散式生活污水处理技术研发及示范”。该项目有一个子课题——编撰并出版《水谱传—污水篇》。为了更高质量完成这个课题，我和我的同事多次组织讨论、策划、设计，力求编著一本广受读者喜爱的《水谱传》。期间，我们阅读了大量的参考书目，如《枪炮、病菌与钢铁》、《未来简史》、《人类简史》、《今日简史》、《污水处理的生物相诊断》、《水知道答案》等，还参阅了大量专业的论文文献资料。

我常回想起自己在小学、中学、大学以及研究生读书的阶段，以及在工作后三十多年不断学习的过程中，许多知识都是在不断更新、叠加和加深，甚至也有推翻和颠覆；但也有许多万变中不变的知识点和基本公式，是必须牢记的。往往我们在日常生活中，对于一些熟知的常识，却只知其然，而不知其所以然，有时大脑里还常常是一片空白。

熟悉并不等于深知。科学无止境。对于水科学来说，也是如此。

而 21 世纪，是科技日新月异、知识大爆炸以及大数据的时代。以信息技术和生物技术为主核的科技革命，会颠覆人们以前的一些认知，更新人们的固有观念，人类将会面对越来越多的从未遇到、从未听到过的新鲜事物。

多年来我就想，如果有一本随时可以翻阅的“枕边书”，来讲解这些与人们生活息息相关的水科学技术知识，是不是一件很有意义的事情呢?

2014 年《水谱传—106 个饮水与健康故事》编著过程中，曾有多位朋友建议编成 108 个故事。只是由于我国于 2016 年颁布的饮用水标准只有

106项指标，当时则是用106个故事解读106项指标的，所以有点遗憾没有做到。

有幸在与老朋友刘军教授讨论中碰出了思想的火花。刘教授是我国最早引进生物修复技术的学者之一，主持和参与了多个水环境、水生态方面的研究和工程项目；刘军教授又邀请了余建恒博士（环境工程教授级高级工程师）加入我的编辑团队。余建恒博士曾担任过大型城市污水处理厂厂长，有丰富的工程建设与运行管理经验，同时对中国古典名著之一的《水浒传》有深入的研究，对参与《水谱传》的编著更是乐在其中。

尤其庆幸的是，这本科普读物在构思和撰写过程中，海南省科学技术厅自始至终都给予极大的关心、指导和支持！

《水谱传—108个水故事》结合《水浒传》的故事，通过“李俊”和“水多星”的对话，描绘了水环境水治理及应用的108个故事，也正好弥补了前一本书未完成的遗憾，也是前一本书的“升华”。

近年来，我还常思考，中国的高考将取消文理科分科，如何让不喜欢理科的同学提高学习数理化知识的兴趣？如何让更多的同学热爱和提高生态环境素养？

我也常关注对于非专业人士，如何让他们更好地理解水环境水治理中的专业术语？如何了解更多的专业知识从而更好更自觉地关心环境、爱护环境？

万物皆有灵，孔子说：“朝闻道，夕死可矣”，告诉人们不但要终身去探索“道”，而且要终身去行动、去实践，达到“知行合一”。老子“道德经”第八章“上善若水”中说“水……几于道”，隐喻“理解了水的特性和属性，就能更好地理解‘道’和运用‘道’”。在这本书里，我们把水的化身“水多星”作为一个生命体呈现在读者面前，从它的“降生”，它的一生一世经历的各种“酸甜苦辣”，到它的“升仙”（游归大海蒸发成云）。我们试图通过书中两位主人公的邂逅和对话，来回答以下几个问题：1. 我们是谁？ 2. 我们从哪里来？3. 人生的意义是什么？ 4. 我们要到哪里去？但愿我们的初衷能起到抛砖引玉的作用。

阅读完这本书后，书中的两位主人公“李俊”和“水多星”的故事，或许能够给您一些启发，或者您能将更好的答案分享给我们。

我爱读书，枕边时常会有一本书，伴我度过许多不眠之夜。

古人说：腹有诗书气自华。而我想说：枕边有书品自高。但愿这本书也能成为您的枕边书，或者您的孩子们喜欢阅读的课外书。

2020 年 8 月 8 日于海口

序言一

水是生命之源。千百年来水资源、水生态、水安全、水污染等问题，长期影响和制约着人类的生存与发展，水环境治理也成了人类探索和研究的重要课题。党的十八大以来，党中央、国务院高度重视水生态环境保护工作，习近平总书记“绿水青山就是金山银山”的两山理论，已经成为推动生态文明建设和生态环境保护的指导思想和行动指南。近年来，人们用现代科技手段管水、治水取得了可喜的成就。我国已经初步构建了水资源合理利用、水安全有效保障、水环境生态自然、水文化异彩纷呈的人水和谐体系。

《水谱传》是一本介绍水知识的科普书籍，作者的目的是为了让普通大众能从艰深难懂的水环境专业技术名词和原理中解脱出来，轻易读懂关于水的知识，提高保护水环境的自觉性与责任感。

《水浒传》在中国流传了 600 多年，书中故事已深入人心，家喻户晓，而《水浒传》中就有不少与水有关的故事。比如梁山泊两赢童贯、三败高俅，都是利用了梁山水泊丰富的挺水植物和沉水植物的作用；而李俊水淹太原城的战绩，可作为水安全教育的范例。本书作者将这些耳熟能详和有趣的水浒故事与相对枯燥的水理论知识有机结合，把系统专业的生态环境知识简单化、形象化和趣味化，帮助读者轻松学习和深刻理解。

本书三位作者长期在水生态环境治理领域工作， 有丰富的理论研究和实践经验。其主要编著人刘朝南曾于 2014 年撰写并出版 《水谱传—106 个饮水与健康故事》，把专业的 106 项水质指标以人民群众喜闻乐见的故事进行解读，取得了很好的科普效果。此次三位作者携手共同编写《水谱传—108 个水故事》，是他们将水环境知识归纳整理和精心提炼后的升华之作。他们以水理论为出发点，结合《水浒传》的经典故事，用李俊、水多星两人作穿引，从现象到原理，深入浅出，将专业、复杂和难解的水环境问题变成趣味性、知识性和易读性极强的水科普知识，同时文中漫画配图使故事更加形象、更为生动，为本书增色不少。

《水谱传—108个水故事》涵盖知识广泛，涉及水环境、水污染、水生物、水生态、水资源、水安全、水未来等七个方面，共108个水知识点，与公众健康和生产生活息息相关，且内容通俗易懂，如广大读者能在闲暇之余，经常抚卷在手，勤加翻阅学习，不但能开阔视野、拓展知识，还能增强环境保护意识，成为高素质的环保卫士。

国　家　特　聘　专　家
上海工程技术大学　　教授
环境与资源创新中心　主任　李国辉

2020年7月30日于上海

序言二

我是一名年近八旬的退休教师，经历了抗日战争、解放战争、新中国成立、改革开放和走进新时代的全过程，目睹了中国水环境由生态自然到发展中污染，现在又在努力恢复绿水青山的变迁。我有幸成为本书最早的读者之一，虽不懂环境、生态之奥妙，以耄耋之年，展卷细阅之时也能受益匪浅，可谓老怀大慰，欢喜之情油然而生，以期读者不妨拾吝一读，共获蔚然，有惠如之言，深其益也。

《水谱传》与《水浒传》实则有异曲同工之妙。《水谱传》以 108 条好汉的故事情节为基石和依托，并运用《水浒传》里的水军总头领李俊和代表未来的水多星两个人物，以游记、对话的方式，讲述了 108 个现代科学管水、科学用水、科学治水的知识点与小故事，深入浅出，贴近生活，通俗易懂，让读者既回味了《水浒传》里的经典情节，又感受到了保护环境的迫切性与重要性，进而引发如何从自己做起，保护水环境，节约水资源，实现人水和谐的思考。本书既可作为基层干部、群众环保科普教育读物，也可作为中小学之辅助兴趣读物。

退休教师：刘洪西

2020 年 7 月 21 日

前 言

作为中国四大名著之一的《水浒传》，写的是北宋末年农民起义宋江集团的故事。当时，宋江集团盘踞在山东梁山水泊，啸聚山林，劫富济贫，还时不时袭扰朝廷州府，抢劫府库，朝廷多次派兵围剿。但梁山三面环水，一面靠山，仗着地势险要，兵强马壮，在农民起义领袖宋江的带领下，多次粉碎朝廷进攻，取得反围剿战争的胜利。

水军是梁山三大军种之一，梁山水泊 108 将中，共有 8 位水军头领，他们分别是李俊、阮小二、阮小五、阮小七、张横、张顺、童威、童猛。水军总头领是声名卓著、威望极高的“混江龙”李俊，他深谙水性，可冲波跃浪，能潜伏水底，水上功夫十分了得。李俊与宋江最早结缘于江州，先后在揭阳岭、浔阳江二救宋江，结下了深厚的兄弟之情，随后带领李立、童威、童猛等一众兄弟，参与了白龙庙英雄小聚义并齐上梁山，在梁山泊英雄排座次中，被任命为梁山水军总头领。在多次反围剿战争中，李俊带领水军兄弟，两赢童贯、三败高俅，发挥了关键作用。在宋江带领梁山好汉归顺朝廷、平定方腊后，李俊不恋栈、不要赏，功成身退，携太湖小结义的一帮兄弟远赴海外开创基业，最终成为暹罗国国主。李俊乃天寿星，寿终正寝后，上应天魁，位列仙班，从此云游四海，过的是另一番日子。

时光飞逝，沧海桑田，话说人间已进入 2020 年。这日，李俊正在天上云游，突然想起什么，向下一看，但见妖雾重重，一种新的瘟疫正在人间流行。李俊看到人间受苦，想起昔日兄弟，不由悲从中来，决定下界故地重游，看能否帮助人类战胜疫情，共克时艰。

李俊下界便直奔梁山故地，只见山势险峻，林深草茂，忠义堂、号令台、天书阁、左右军寨犹在，但均为旅游景点之复原建筑，和兄弟聚义之时相去甚远。宋公明哥哥和众兄弟也已成为遥远记忆，昔日烟波浩渺的水泊变成良田，哪有半点水泊梁山光景！李俊正在感慨，忽闻一声叹息，定眼一看，原来有一个大头双脚怪物现于眼前。李俊好奇问道：“你乃何人，因何叹息？”怪物答：“我是人类创造的未来机器人，外号‘水多星’。我由一个氧原子和两个氢原子组成，氧为头，氢为脚，飘忽不定，时隐时现，聚则成水，散则成气，冰则为固，在水环境里可循环再生。对于当今人类的水世界，我可无所不知、无所不晓哦！现看到地球瘟疫横行，昔日熙熙攘攘的梁山也变得行人寥寥，是故叹息。”水多星说完也一脸诧异，反问道：“你又是何人？”李俊答道：“我就是梁山水泊108将中的水军总头领李俊，曾做暹罗国国王，现位列仙班，昔日梁山纵横河港一千条，四下方圆八百里，怎就变成农田街市？”水多星答道：“幸会呀，原来是李大王，你在天上，不知人间已过近千年，当日的水泊经历了许多年的生态演替而逐渐萎缩、消失了。近年随着经济的发展和人口的增长，用水越来越紧缺，就算梁山水泊犹存也难以满足所需。还好人类通过对水环境的研究探索，发明了污水处理和回用技术、水环境修复技术、水安全保障技术等，才保证了在有限的水资源下让更多人类生存，未来依靠科技发展和环保科普，相信人类对水资源的利用效率将会越来越高。”李俊接过话茬道：“一说到水我就兴奋，这次正准备在人间盘桓一段时日，你能否带我看看人类的水世界？”水多星高兴应道：“好哇，乐意之至，我会带着大王从水环境问题开始，看看水生物、水生态，了解水污染治理技术、水环境修复技术和水回用技术等，还会向你介绍水中病原微生物以及这次波及全球的新冠肺炎疫情的粪口传播途径，探讨未来水安全保障措施。”于是，二人携手，开始了“水谱传”漫游科普之旅。

目 录

CONTENTS

第一章 水环境篇

第二章 水污染篇

第三章 水生物篇

第四章 水生态篇

第五章　水资源篇

第六章　水安全篇

第七章 水未来篇

第一章

水环境篇

城市水系——水淹太原不再来

忽一日大雨倾盆，狼狈行人往来匆匆，脚下水花四溅，不一会儿城里已积起片片水滩。李俊忙避至屋檐下，水多星倒是在雨里畅游得欢快。李俊哂道：“你这厮果真是匹水灵兽，水里游才最快活。”

水多星应道：“与你游历人间这数日也沾染不少尘土，借这大雨正好换身新水。人是不喜欢被雨浇得湿淋淋的吧。”

李俊却看着越积越深的水塘难得沉闷道：“却是让俺记起些混账事来。征四寇之时，俺年少狂妄，借多日大雨之势，同二张兄弟、三阮兄弟掘了智伯渠和东西晋水，引水灌进太原城池。一时间里洪波怒涛，虽是轻松攻了城，却也平白害了不少无辜性命。”

水多星沉吟道："连日暴雨形成的地表径流若不合理引导，厉害起来也如出笼猛兽。试想让暴雨从地面渗下和排出以达成减量，也许就没有水灌太原城了！"

李俊来了兴致，忙问："快快细说。"

水多星："古代水系多为环城濠池和城内河渠，雨水从土地渗入和排出后终会汇流进去。现代城市里填河挖土修建出漂亮的道路建筑，被硬化的地面无法渗水，更容易形成地表径流，进而造成洪涝灾害。减少雨水形成的地表径流，不仅可以防止洪涝，还能涵养水源、促进水的良性循环。"

水多星指了指地面继续说道："你看这下面都埋着复杂的管线，雨水顺着路牙子上的水篦子流到雨水井里，井间通过雨水管相连，最终排到河里。这只是城市水系的一部分，排水规划、防洪工程、海绵城市、生态景观、水环境治理等都是城市水系的学问。水系规划必将管渠与自然河湖水系综合考虑，实现城市水资源和水环境总体规划。"

李俊好奇问道："怎的这般复杂，是说有了这水系城里的人就再不怕淹水了？"

水多星答道："是也非也。这城市地形并非一张平纸，高低错落复杂得很。单说这排水管系，若是遭了百年一遇的大雨，低洼处还是会积水。就说前几年一个雨夜里，城市隧道积水过深，过路司机一时不察连人带车淹进水里，再被救起已然与世长辞，这城市内涝引发悲剧，令人叹息啊。"

李俊面色凝重，一言不发。

水多星最后总结道："如果将城市比作人体，城市水系就是皮下的血脉，流淌着维系生命的湍流。城市水系将现有而分散的自然河湖与道路排水管渠整体关联，形成高效的水生态循环系统，既具有治水防洪功能，又有生态观赏价值。"

李俊赞道："这水平时流了也就流了，从没注意到埋了这样大的工程在地下。如此这般，百姓当得以安居乐业了。"

水谱 002

城市内涝与地表径流——“混江龙”竟然被水困住了

一日，天降瓢泼大雨，李俊与水多星一同开车在城中巡视雨情。谁知经过一条街道时，车子竟然在水坑里抛锚了。水越涨越高，车门无法打开，二人只好爬上车顶，打电话请求应急救援。

李俊说：“水兄，当年我‘混江龙’统领水军，分头决引智伯渠及晋水，灌浸太原城池，虽是杀了张雄等恶贯满盈之徒，但也牵连了不少百姓，你说今日之困是不是报应？”

水多星笑道：“李大王的自省觉悟令我佩服，不过这雨水之困倒是值得我们思考的，如果这城市不作改变，那水灌太原城的情景还是会再现的。”

李俊急忙问：“当年百姓被淹的惨状想想就揪心，现代城市的水患意识因何而起？”

水多星应答：“随着城市化的发展，自然森林、湿地的面积逐渐减少了，从而相应削弱了现存湿地的蓄洪和排水能力，使城市适应环境变化能力下降，城市内涝等问题越来越严重。”

李俊不解地问：“何谓‘城市内涝’？”

水多星：“内涝就是由于强降水或连续性降水超过城市排水能力致使城市内产生积水灾害的现象。城市排水主要依靠已建成的排水管网，但很多时候会出现设计不符合现状或设计防洪排涝标准偏低的情况，加上有的排水管网老化和堵塞，往往难以满足大雨时的排涝需求，产生大量地表径流，致使城市大量积水，房屋被淹，此为内涝。”

李俊又问道：“何为地表径流？”

水多星：“雨水降落地面后，一部分变为水蒸气返回大气，一部分下渗，进入地下水，其余的水在地表沿坡形成漫流，成为地表径流。”

李俊：“如此看来，地表径流与地面可渗透性关系密切，现代城市多为水泥等硬物覆盖，不能渗透，地表径流量一定很大吧！”

水多星：“李大王的思路果然敏锐，刚刚我还没说完呢，同一时段内流域面积上径流深度与降水量比值成为径流系数，城市建筑物密度越高，地面硬化率越高，径流系数就越大，越容易引起城市内涝。”

李俊：“我已清楚地表径流与城市内涝关系，如何避免城市内涝呢？”

水多星:“强化城市排水系统,发展海绵城市,都是解决城市内涝的好法子,特别是海绵城市，既能减缓水体污染，也可充分地利用水资源。”

李俊听完精神为之一振：“有道理，这海绵城市是好东西，等我们解困回去马上提上议事日程，将这城市内涝与地表径流问题一并解决！”

水谱003

城市河道与湖泊——三大“黑手”要防治

正是八月十五，李俊在这家家团圆的好时节也怀念起了梁山泊的兄弟们：“千年里换了人间，当年那般磅礴的八百里梁山泊，如今也已不复现了。”

水多星安慰道：“此为天命，李大王且请放宽心。在古代，河流改道主要是洪水、决堤等自然力量促成的，但城市河道、湖泊则多与人有关。古城常设护城河御敌，而水景则是文人雅士游乐踏青的不二选择。苏州园林、岳阳洞庭、杭州西湖、江西鄱阳等素有美名。”

李俊回忆道：“俺不太懂这些雅乐，就因以前在扬子江上讨生活，看着水就亲切。”

水多星补充道：“当然，城市水系的功能不止于此，特别是陆运困难的古代，河流的货运能力相当具有价值。例如京杭大运河的改道，有黄河决口的原因，但更多是按照人的意愿，在原先天然基础上拓浚开凿、裁弯取直，以改善航运条件。未来，古老的京杭运河还要成为南水北调的输水通道。时至今日，现代的城市湖泊河道共同构成城市地表水系，除了航运外，还可供防洪排涝、生态景观、旅游文化等，可谓是功能繁多。从古至今，城市水系和经济生活一脉相连，为人们的美好生活保驾护航。”

李俊感慨：“一代更比一代强啊，这河湖能开发出这么多用处来。”

水多星却叹道：“可现代河湖也面临不少危机。城市化进程、人口增加、大量污染物无序排放等，导致河道黑臭、湖泊富营养化问题频发，水环境污染治理成了老大难。”

李俊侧耳过来：“哦？这是为何？”

水多星解释道：“一般污染源分成点源、面源、内源三类。点源是指工业和生活污水小范围大量集中排放，就像从一个点注入水里；面源主要是农田排水和雨水地表径流冲刷导致，没有特定的排污口，更像整个范围面；内源主要指河湖底泥释放污染物。这三大‘黑手’将污染物排入水体中，超过水体容量和自净能力，水体就像是吃多了消化不良，出现黑臭、富营养化现象。水体中鱼虾锐减，反而是浮萍藻类大行其道，侵占了更多生存空间，鱼虾难以存活。水体的生态平衡被严重破坏，不只是鱼儿难过，附近用水的居民也很难过。”

李俊忧道：“这水难不成都要变了臭水沟？百姓喝水可咋办？”

水多星道：“人们已经意识到了水环境形势的严峻，政府也相当重视，为此提出‘水十条’（即2015年发布实施的《水污染防治行动计划》）来加大水污染防治力度，保障国家水安全。一为控制源头，二为污染治理，包括了截污、清淤、海绵城市，三为生态修复（生态护岸、水生植物、仿自然河道）等多管齐下。”

李俊听得云里雾里，接着问道：“‘水十条’？有我兄弟‘浪里白条’那般好使不？”

水多星果断答道：“自然是效果显著啦！广州市东濠涌曾经是有名的‘旺地臭水沟’，经过河道截污、雨污分流、调水—补水—净水工程等措施，如今不仅水质清澈、暴雨不涝，还设计了色彩丰富的花木植被，修建了亲水平台、绿化广场等供居民戏水。生态兼具人文，幽美不失人气，也是倡导人们节水护水的‘活教材’呢。”

李俊大赞：“人与自然的和谐共处当是人世间最美的景色了。”

水谱 004

黑臭水体——谁动了我的护城河

李俊与水多星二人来到了东京汴梁开封府。

李俊说："这开封府向来以繁华著称，著名的《清明上河图》描绘的就是开封府的市井生活。其中城内街市部分更是展示了北宋时期老百姓的生活状况，里面还描绘了不少茶馆酒馆呢。对了，我听闻开封府的小笼包子和鲤鱼焙面是一绝，正好中午了，那边儿有一家小酒馆，不如你我二人一同去喝两口酒，尝尝这里的特色小吃如何？"

水多星欣然同意。两人到了酒馆门前，看到两棵大柳树婀娜多姿，便在树下的桌子上坐了下来，点了小吃边吃边谈。

李俊道："看到这门前的大柳树，我就想起我那位姓鲁名达，法名智深的兄弟，人称'花和尚'。他天生神力，仿佛是那天神罗汉，有千万斤力气，当日就在这开封府，徒手将一棵杨柳树连根拔起。”

水多星：“如此神勇，不愧是梁山泊一百单八将中步军之首呀！”言语间，李俊突然来了诗兴，向酒店掌柜讨要毛笔墨水。

掌柜调侃道：“毛笔，本店就有现成的，墨水嘛，本店暂时没有，不如这样，出酒店东走 300 米，有条护城河，水如墨汁，你们过去，直接取来便是。”

水多星道：“难道这风景如画的开封府也有黑臭水体不成？”

李俊问：“何为黑臭水体？”

水多星道：“李大王随我来，我们一看便知。”

二人出得酒店，来到护城河边，果然河水黑臭，浑浊不堪，水面上还漂浮着许多不明物体。

水多星说：“李大王您看，这河水又黑又臭，能见度已不足 10 厘米，已经属于重度黑臭了。”

李俊叹息道：“当年我们聚义之时，这开封府还是‘绿杨外溶溶汴水，千里接龙津’，怎么如今竟成了这样！”

水多星道：“这全是由于河两岸的生活污水、工业废水和生活垃圾随意排放、倾倒所致。大量的污染物质超出了这条河原有的水体自净能力和环境容量。河水中的有机污染物（BOD_5、COD）消耗了水中大部分氧气，使河水中的溶解氧（DO）浓度严重不足，鱼虾等水生生物因为没有足够的氧气纷纷死亡。同时水中的厌氧微生物快速繁殖，导致有机物腐烂发酵，产生 NH_3、H_2S、CH_4 等恶臭气体。水中的铁（Fe）、锰（Mn）元素在缺氧的条件下被还原，并与水中的硫反应生成大量的悬浮颗粒（FeS、MnS 等），使得水体的能见度急剧下降，久而久之就变成了这样的黑臭水体。黑臭水体的存在不仅仅使这一条河的生态环境被破坏，还会严重影响到周围居民的生活，破坏城市的精神面貌。”

李俊道：“那有没有什么办法可以使这条河变回清澈的样子呢？”

水多星答道：“治理黑臭水体有很多种方法，其中截污是根本，不让消耗水体溶解氧的有机质进入河道，此为截污也；把黑臭底泥挖走，不让其消耗氧，此为清淤也；引干净水进河道，换掉黑水，此为引水冲污也，官方文件也叫调水补水。如果这些都没办法实施，最后还有河道曝气这一招。李大王您看，这水面上不断有泡泡冒出，那就是底泥中的厌氧微生物产生的

CH_4、N_2 等难溶于水的气体。有人做过实验，将黑臭水取上来，对其曝气充氧，水很快就会变得不黑不臭，这也充分说明了曝气充氧也能治理河道黑臭。

在中国，政府已经意识到，城市黑臭水体的治理刻不容缓。在2015年，国务院颁布的《水污染防治行动计划》（常称“水十条”）中，就对城市建成区的黑臭水体提出了整治要求。在《城市黑臭水体整治工作指南》中首次制定了包括排查、识别、整治、效果评估和考核在内的城市黑臭水体整治长效机制。如果发现城市河流出现黑臭情况，公众还可以向全国黑臭水体整治监管平台进行举报。”

李俊：“既然如此，那我们快去举报，好让这条河早日得到治理，恢复它原来的美貌！”

水谱 005

点源污染——一“点”“点”能出大问题

水多星：“当年梁山有三大军种，分别是步军、马军和水军。李大王，我想问你一个私密问题，当年那么庞大的军队在执行任务时，是如何解决屎尿的问题呀？”

李俊：“那时候都是就地解决啦！说起来怪不好意思的，比如我们水军，就是直接对着水体拉，我们的排泄物和生活污水、垃圾等都是往水里倒。哎，放在今天不知会落下个啥罪名？”

水多星开玩笑地说：“如果是大王你一个人拉就是点源污染，一群人拉就是面源污染，大王坐在船上边走边拉则叫移动的点源污染！”

李俊：“水兄别开涮我了，快给我详细说说啥叫点源污染。”

水多星：“你看对岸那条废水排放管，像这种有固定排放点的污染源都属于点源污染，它是相对于非点源污染（常称为‘面源污染’）而言的，具体到水体中，如果能看到排污管，就是点源污染了。”

李俊：“简单理解就是小范围内的大量水污染的集中排放，对不？除了排水管还有啥算点源污染呢？”

水多星：“点源污染有的很‘宅’，会固定在一个位置不动，例如工厂、矿山、医院、居民点、废渣堆等，而有的喜欢‘浪’，会四处移动，如轮船、汽车、飞机、火车等。”

李俊：“那么点源污染和面源污染究竟有啥区别呢？”

水多星：“点源污染有很容易识别的集中排放点，而面源污染是指大面积范围排放污染物的污染源。前者主要是由生产和生活产生的，比如各种工业废水、畜禽养殖污水、固体废物渗滤等。而后者主要通过雨水形成的地表径流产生，比如下雨时，农田中的农药、化肥就会顺势‘潜入’雨水中，神不知鬼不觉地跟着进入水体中了。除此之外，点污染源也是‘个性鲜明’，一般情况下，当污染源具备以下这些特点时，我们可以大概判断其为点污染源，具体包括水质和流量相对稳定，污染物组成及成分相对清晰，变化规律依据工业废水和生活污水的排放规律，有季节性和随机性，其污染物以有机物为主。

李俊：“从你所说的特点分析，点源污染虽然污染性大，破坏性强，但是由于排放集中并且有一定规律，控制起来也相对容易啊。”

水多星：“正是，点源污染防控相对简单，治理的根本就是进行截留、收集和处理。”

李俊：“这次回到人间，发现很多地方还存在着各种各样、或大或小、或多或少的点源污染源，虽然每个污染不算太大，但积累叠加起来对环境已造成了不利影响，曾经清澈见底、鱼虾成群的江河湖泊变得污水横流，臭气熏天，所以可别小看这些一‘点’‘点’，如不彻底整治将会酿成大问题！”

水谱 006

面源污染与地表径流——“面子功夫”要做足

一日，李俊约水多星到酒楼喝酒谈心，两人坐下没多会儿，天空便淅淅沥沥下起了雨，李俊在酒楼的门口向街市上望去，只见行人们一下雨都躲进了两旁的房子中，街上空空荡荡，街面上许多垃圾、尘土，随着雨水向街道的尽头缓缓流去。

李俊说道：“这大雨正好冲刷了这一地污秽。水多星，我与你走过那么多地方，看过那么多被人类污染的水体，可我还是不清楚，这雨水带着满地尘土和污秽都到了哪里？倘若它流进湖里河里，岂不也是对水体的一种污染？”

水多星回答说：“是的，这类水体污染叫面源污染，就是污染物从非特定的地点通过地表径流汇入收纳水体的水体污染。很多学者都认为来自面源污染的负荷甚至超过了点源污染，水体正面临着面源污染的严重威胁。

城市面源污染又叫作暴雨城市径流污染，主要就是由降雨的淋浴和冲刷产生的，地表街尘积累的污染物、被雨水吸附的空气污染物以及城市垃圾等都将随着地表径流直接或间接地进入地表水体。城市面源污染相对于点源污染常常表现出随机性、差异性和滞后性。有研究表明，城市用地不透水地表比例的增高以及人口密度的不断增大加重了这一污染，其地表径流中的各类污染物浓度是相应的林地等对应的污染物浓度的数十倍。”

李俊吃惊地说：“面源污染实际上就是洗街水流进城市河道，河水不变黑变臭才怪呢！”

水多星：“没错，所以目前各大城市也在为治理城市面源污染努力。源头控制是治理的关键。实现雨污分流、建设具有自然净化功能的海绵城市、加大垃圾清运和树叶清扫的力度都是行之有效的方法。在城市河流周边设置下凹式绿地、缓冲带、生态护岸等进行过程控制也被证明是可行的方法。”

李俊：“那这么看来面源污染应该只有城市中有了。农村也没有那么多垃圾，我记得小时候在浔阳江边，汩汩雨水看起来可不像城市中的这么污浊。”

水多星笑道：“李大王，在这个时代，农业面源污染也是很值得关注的一个问题呢。由于化肥在种植业中的使用日益增多，以及不合理的畜禽养殖，越来越多的氮、磷随地表径流流入水体之中，已经造成了严重的农业面源污染。2010年《第一次全国污染源普查公报》显示，农业面源污染已经成为我国水体污染中氮、磷的主要来源，其中总氮、总磷的年排放量竟然已经达到了270.46万吨和8.40万吨！”

李俊：“怪不得现在经常能听到水体氮、磷过多的消息了！”

水多星：“农田土壤氮、磷的流失也代表着化肥利用率的低下。通过改变种植模式，推广坡地集雨技术、梯田化、台地、横坡种植、鱼鳞坑、小流域综合治理技术等，便可有效控制氮磷流失、减少农业面源污染。”

李俊：“嗯，我想除了源头治理，过程控制也很重要。照你这么说，地表径流不就是面源污染的‘搬运工’嘛，所以如何指挥与调度‘搬运工’将污染‘搬运’到合适的地方也至关重要啊。”

水多星：“是的，这也是面源污染治理的重要技术手段呢！”

底泥与内源污染——“翻翻老底”会更美

话说李俊和水多星二人的水浒文化之旅已经过了景阳冈、开封府，一路来到了那“浓妆淡抹总相宜”的西湖。

水多星站在西陵桥上，看着四周绿柳笼烟，赞美道：“这苏堤春晓不愧是‘西湖十景’之首啊！”

李俊道：“想当年我随宋江哥哥征讨方腊之时，在这灵隐寺中屯驻，当时杭州城东北旱路、南面大江、西面是湖，我与众弟兄商议之后决定以这西湖为战场，以西溪为退路，张顺兄弟不听劝阻，从西湖水路潜去涌金门刺探敌情，欲与大军来个里应外合，谁知竟命丧于此……”说着，眼眶中似有眼泪翻涌。

水多星安慰道：“李大王别难过了，尽人事听天命。我陪您在这西湖边走走散散心吧。”

二人一路下桥，沿湖边走边谈。李俊道：“真是一湖好水！我自小在浔阳江上长大，又随你走过那么多名山大川，还未见过如此清澈之水啊。”

忽然听到一阵嗡嗡的巨响，李俊问道：“前方是何物竟发出如此巨响，我们去看一下吧。”

二人走上前去，只见不远处有一艘船浮在水面，船上有根大粗管子伸向湖里。船身上写着“生态环保清淤船”几个字。

李俊不解：“这湖水看起来十分清澈，难道也需要清淤？”

水多星道：“李大王，想必这就是西湖湖水保持清澈的手段之一吧。常言道，流水不腐，户枢不蠹，听闻西湖治理也耗费了许多功夫，采用了流域综合整治的办法，不仅严格控制周边污水排放，还通过不同的进水口从钱塘江引水入湖，每天的引水量高达40万吨，同时再从相应的出水口排出等体积的湖水，达到控制入湖污染负荷的效果。自此之后呀，点源污染得到了有效的控制。入湖的氮、磷负荷主要由流域面源污染负荷、湖泊底泥释放的内源负荷、引水携带的负荷以及湖面干湿降尘等组成的，这些污染源还带来了大量的泥沙，使湖中底泥产生内源污染，很容易引起水体的富营养化，所以需要定期进行底泥清淤。”

李俊问道：“那这湖底底泥与富营养化又有什么关系呢？”

水多星：“湖泊底泥实际上是内源污染。外来的污染物在湖中经过长期的积累、沉淀、同化以及湖中死亡生物体的沉降，都会逐渐在底泥中积累。这些物质中含有大量的有机物和氮磷营养盐，它们从底泥中释放出来后，会对水体水质造成二次污染，这就是湖泊的内源污染。上次咱们在开封护城河见到的黑臭水体，其形成与这内源污染也脱不了干系。

内源污染的治理如今主要有异位和原位两种技术，异位修复技术主要就是清淤。通过移除水体底部污泥，能够快速削减积累在湖底的氮、磷、有机物等污染物质。一般在底泥中的污染物超过本底值的3~5倍、潜在危及水生生态系统时优先选用底泥清淤。过去常用抓斗和铲斗挖泥船来进行开挖作业，不管底泥是黏土淤泥还是珊瑚礁鹅卵石，都能够有效清除。但是却有一个问题，就是在清除底泥污染物的同时，会带走底泥中的生物系统，对湖泊底部的生态造成破坏。所以现在往往采用生态环保清淤船清除污染物，主要通过绞吸清理底泥，可根据湖泊底泥污染情况分段施工，不会过度破坏湖底生态。

而原位治理技术则是采取一定工程措施，阻止底泥中的污染物进入水体，主要有在底泥上覆盖材料、投加化学药剂与污染物反应、向底泥中投加高效治污菌、对底泥进行曝气充氧增强其自净能力等方法。

历史记载过许多次西湖疏浚，这有名的苏堤和白堤都是清淤的产物。不过古代疏浚多是为了便利农田灌溉、舟楫航运，通常在每年的冬季将湖水放干后人工清理，每年只清理一小部分的底泥便可在达到疏浚目的的同时，又不会对湖底生态环境产生很大的干扰，如今看来应该是最早的生态清淤案例了。

目前中国对湖泊治理的理念是制定‘一湖一策’，有针对性地实施综合治理。近几年西湖综合整治包括湖底疏浚、入湖溪流整治、西湖西进、引配水、水域生态修复等多种措施齐头并进，看来产生了很好的效果呢。”

李俊感叹道：“原来如此，怪不得这西湖水不管是我们聚义那会儿还是现在都如此清澈。我们暹罗国也有大大小小的许多湖泊，我之前竟然从未注意到这些问题。看来我回国之后的工作量又要增加了……”

水谱 008

海绵城市——“硬”的不行就来“软”的

伴随着冷风，不知不觉雨已经连续下了有三四天了。

李俊望着窗外在延续不断的雨水中静静耸立的太原城，不禁回忆起过去那腥风血雨的往事，对水多星说道：“还真得感谢当年那一场天降豪雨，成就了我混江龙水灌太原城的功绩。”

水多星：“战争中洪水确为攻敌之妙器！但，这若演变成洪涝灾害，又不知会有多少人损失财产，背井离乡，甚至丢掉性命。”

李俊喜悦的心情突然沉重起来：“你说得没错啊，这水火无情，在自然灾害面前，一切生命都显得那么渺小与无助。”

水多星：“可不是嘛，现在由于大量水泥路面封住表土，使城市吸水能力变差了许多。如果在一天当中，降雨量太大，就会导致大量雨水径流，很容易出现洪涝灾害。”

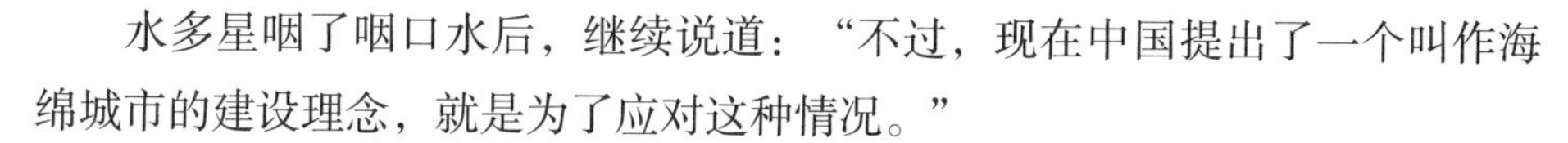

水多星咽了咽口水后，继续说道："不过，现在中国提出了一个叫作海绵城市的建设理念，就是为了应对这种情况。"

李俊调皮且好奇地问道："海绵城市？是说让这个城市变得更软吗？"

水多星："你这么说只说对了一丁点儿。其实海绵城市是指城市能够像海绵一样，在适应环境变化和应对自然灾害等方面具有良好的'弹性'。下雨时吸水、蓄水、渗水、净水，需要时再将蓄存的水释放并加以利用。"

李俊："原来如此！这样既能防止下暴雨时路面严重积水的现象产生，又能减少地面水源污染，听起来很棒！那具体怎么实现呢？"

水多星："海绵城市的建设突破了以前年代的城市建设模式，其建设核心就是要建设'海绵体'。这样的工程模式主要有：雨水花园、屋顶绿化、生态草沟等。我给你简单地解释一下，首先，雨水花园的设计理念是让雨水滞留、下渗来补充地下水，降低或推迟暴雨地表径流的洪峰。还可通过吸附、降解、离子交换和挥发等过程减少雨水污染。其次，屋顶绿化可以缓解雨水屋面溢流，减少排水压力，推迟洪峰，还能有效保护屋面结构，延长建筑的防水寿命。最后，生态草沟能够对地面污水进行滞留、过滤，有效减少径流中污染物质、减缓地面径流流速。三者组合起到了海绵作用，增大城市中排、蓄水弹性，减少因暴雨产生的排水压力和污染问题。随着咱们科学家的不断探索，在海绵城市技术、工程模式等方面，每年都在推陈出新呢！"

李俊："好家伙，听了你说的这些，我着实佩服咱们科学家、工程师们的聪明才智！如果海绵城市能够普及，我们就再也不害怕这些讨厌的暴雨了。"

湿地与湿地修复工艺——“肾”好才是真的好

（一）湿地

李俊与水多星游至杭州，来到位于西溪湿地的水浒博物馆，看到昔日战友的形象，李俊感慨道：“想当初梁山好汉招安后，破辽国，平田虎，捉王庆，可谓势如破竹，百战百胜，一百零八将无一伤亡，但征讨方腊的第一战——润州之战却损失三员偏将。此后，战争越来越残酷，最惨烈的莫过于杭州之战，竟一连牺牲了12个兄弟！”李俊想到此，不由得悲从中来，眼角也有些湿润。

水多星赶紧支开话题道：“我记得当年杭州之战，正是李大王建议将军

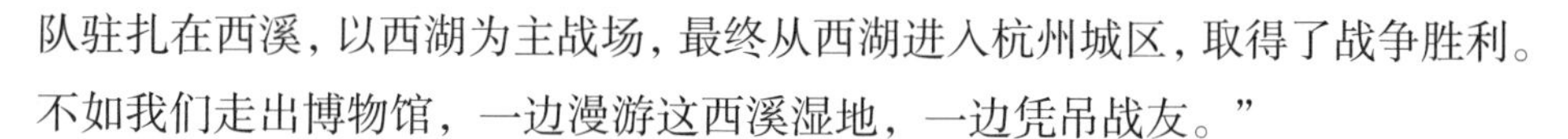

队驻扎在西溪，以西湖为主战场，最终从西湖进入杭州城区，取得了战争胜利。不如我们走出博物馆，一边漫游这西溪湿地，一边凭吊战友。”

闻言，李俊收拾好情绪，二人搭上了一艘小船边赏景边聊天。

李俊：“刚才听水兄称这西溪为湿地，能否给我讲讲何谓湿地？”

水多星：“湿地是陆地生态系统与水生生态系统的过渡带，生长着众多的水生植物，也是鸟类迁徙的重要栖息地，湖泊、河流、沼泽均为常见的湿地，此外像人工形成的如水塘、稻田这些也可被称为湿地。”

船行过半，李俊指着山北面的西溪山口对身边的水多星说道：“当年我等便是在这西溪山口扎的营。不过我记得这儿原来渔户甚多，如今怎的反而如此冷清？”

水多星解释：“湿地又被称为‘地球之肾’，人体的肾脏起到调节身体水分循环、排泄新陈代谢废物的重要作用，湿地对于地球的意义与此相似。随着城市化的快速发展，人们越来越意识到湿地生态的重要价值，如今这一带已经成了生态保护区，以往的渔户也都迁走了。”

李俊不住地点头道：“我当年初到此地，便觉这儿水域宽广，常带领水军将士们在这水上操练‘船拳’，此地确是块宝地。”

水多星：“湿地的一个最重要的作用便是调节水分平衡，现在常把湿地比喻为‘天然海绵’，当洪水来临时，湿地可以容纳大量水分，湿地表面被水淹没，底层土壤也充分吸水；到了干旱的时候，湿地保存的水分会流出，成为水源，补给周边河流和地下水。有了湿地，就像给周边区域上了一份水分调节的安全保险，让这些地方抵抗洪水和干旱的能力都大大增强。”

李俊：“原来如此，不承想这湿地竟还有此等作用，有了这湿地，百姓便可不受干旱与洪水的滋扰了！”

水多星：“湿地还能改变局部气候，由于水的比热容较大，吸热和放热都比较慢，所以湿地周围的气温变化较为缓和。在炎热的夏季，通过与周围的热量和水汽交换，湿地的平均气温能比城市低 1℃ ~ 2℃，将军不觉得这湿地周围的气温和湿度比城中更宜人么？”

李俊：“确实如此，我一来到这里便觉得神清气爽，舒服得很呀，原来也是这湿地的作用。”

水多星：“此外，这湿地还能净化水质，流水流经湿地时，其中所含的营养成分和有毒有害物质都被湿地植物吸收，或者积累在湿地泥层之中，净化了下游水源。那些截留在湿地中的营养物质又可养育其中的植物、鱼虾和野生动物。”

李俊听闻兴奋地说道：“想当年在此地驻扎时，我便时常与众将士捕些鱼虾和野物来食，这儿的鱼虾都鲜美得很呢！”

水多星：“是啊，物种多样也是湿地的特征之一。湿地占全球陆地面积的6%，但是为地球20%的生物物种提供了生存环境，湿地生活着种类丰富、数量繁多的野生动植物，湿地与森林、海洋并称为地球最重要的三大生态系统。”

李俊：“既然这湿地作用如此大，那何不多多益善，多建立些湿地保护区，好让各地都享受这湿地带来的福气？”

水多星：“别说多建立了，能保护好现有的湿地已属不易。伴随着经济的发展，湿地的破坏和丧失也日益严重。由于盲目开垦湿地、过度耗用水资源、随意排放污染物，加上气候变暖、河流天然水量减少、泥沙淤积严重等因素，如今湿地面积急剧减少，湿地生态遭到严重破坏。”

李俊：“如此说来，真可谓‘一寸湿地一寸金’啊，湿地保护工作已迫在眉睫！”

（二）湿地修复工艺

话说《水浒传》中众好汉聚义的八百里梁山水泊，是一片壮阔水域，可谓“山排巨浪、水接遥天”。林冲第一次奔梁山投王伦之时，在朱贵酒店喝酒题诗。五更时分，朱贵打开酒店水亭窗门，拉开鹊画弓，搭上一支响箭向芦苇荡射去，不时一支快船前来接应，载上林冲，向芦苇深处驶去，但见港湾纵横，芦苇蒹葭，还不时看到一片片菱角生长其间；冲出芦苇，金沙滩上，水陆相间，植物枝繁叶茂，种类繁多，如红蓼、芦荻、菖蒲、鸢尾、莎草、水葱等，真是一处生机勃勃的好地方。

这一天，李俊和水多星二人重游梁山泊，却见当年号称八百里的梁山水泊如今几近干涸。那大片湖泊和连天芦苇，均已荡然无存。

李俊不由感慨：“沧海桑田，物是人非啊！”

水多星手指不远处，说道：“李大王不必过于伤心。如今，古梁山泊的遗存水域还有梁山县马营镇的‘水泊遗址’，现已经变成了一处湿地公园，咱们可以到那里去看看。”

二人上前看去，湿地公园水生植物非常繁茂，虽然水生植物多为人工种植，但种类也着实不少，有芦苇、荷花等。更有鹤鹬、白鹭等诸多珍惜鸟类嬉戏其间，吸引了众多游客在这里驻足观看，流连忘返。

李俊道：“八百里水泊已经消失，只希望现存的这处梁山泊人工湿地能够长久保存，不再退化或消失了。”

水多星：“是啊，湿地是珍贵的自然资源，也是重要的生态系统，具有不可替代的综合功能，享有‘地球之肾’的美誉，具有保护水源、净化水质、调节气候、保护生物多样性等重要作用。但是现在湿地生态系统正遭受来自人类活动的巨大压力，湿地退化普遍存在，比如梁山水泊湿地就已荡然无存了。湿地盲目开垦和建设，过度开发生物资源和环境污染等，可能造成湿地生态系统发生河流断流、泥沙淤积、湖泊萎缩、生物多样性减少等后果，导致湿地退化甚至消失。不过李大王也请放心，为保护湿地，可采用湿地修复技术对已受损的湿地生态系统进行修复。目前，湿地修复技术经过较长期的发展，已经越来越成熟了。

李俊好奇问：“什么是湿地修复呢？愿闻其详。”

水多星回答：“湿地修复是指把因自然或人为活动而受到干扰的湿地生态系统修复到原始状态。对于不同的湿地生态系统，其修复的重点和要求也会有所不同，这就需要对湿地进行仔细考察和分析，以确定最有效的可行方案。由于水、土壤和生物是湿地的三个基本要素，因此湿地修复工艺多以这三个要素为中心。其中水文（水的分布和变化）的修复是必不可少的，是修复项目的基本目标。”

李俊：“那目前使用的湿地修复工艺有哪些？”

水多星：“湿地修复方法可以分为主动修复和被动修复。主动修复是指人类定期对湿地进行控制和干预，以达到修复目的。被动修复指的是消除导致湿地退化的不利因素，在自然条件下将湿地恢复到健康状态。湿地修复的目标不同，采用的策略和技术也会有所不同，具体的工艺包括污染清理、地形地貌修复、重新引导水流、修建堤坝、调节水位、拆除围网、防治有害生物和植被移植等方法。比如在我国沿海的红树林修复项目中，将红树林重新种植到退化或受损的红树林湿地是一种常见且有效的方法。我国青海省的三江源湿地，也是湿地修复的成功案例。三江源湿地曾经出现湖泊水位下降、面积萎缩、河流断流以及沼泽湿地退化等现象，这是明显的生态退化。通过人工增雨、围栏封育、引水灌溉、修复河道、回填表土、栽种林草等湿地修复技术，如今三江源地区的生态功能基本得到修复，俨然成了人与自然和谐共生的天堂，是湿地修复成功的典范。”

李俊听完为之一震动：“这么说来，咱们的梁山水泊也有望恢复？”

水多星摇摇头道：“梁山水泊已经基本退化，难以再复当年样貌了。退化湿地系统的生态修复是一项技术复杂、时间漫长、耗资巨大的工作。由于生态系统的复杂性，加上目前人类对生态过程认识的局限性，退化生态系统的修复还是具有一定风险的。因此，要尽力在最小风险和花费的情况下获得最好的效果。”

李俊：“原来如此。万物有自然之理，圣人顺之。人类必须尊重自然、顺应自然、保护自然，才能有效防止在开发利用自然上走弯路，人类对大自然的伤害最终会伤及人类自身，这可是无法抗拒的规律啊！”

浮岛工艺——漂亮实用的“水上花园”

一日，李俊巡游湖泊，发现远处有一岛屿，不由想起了暹罗国。暹罗国也是一个岛国，其景致和眼前的岛屿颇有几分相似。他顿觉豪情万丈，不由念起曹操《观沧海》之词：“水何澹澹，山岛竦峙”，突然想起吴学究智赚玉麒麟卢俊义，搞得老卢发配沙门岛，不由噗呲一笑。他找了条小船，和水多星一道划向岛屿，凑近一看，发现这岛屿并无土壤，而且随风移动，便问水多星道：“此为何岛？为何漂在湖泊之中？”

水多星：“李大王，这叫浮岛，主要由浮体和植物组成。浮体可使用木头、竹子等环保材料，也可利用废弃轮胎、泡沫塑料等。植物多为挺水植物，也有一些湿生植物。浮岛可以分为干式和湿式两种，干式浮岛常放置陶瓷、石灰石、沸石等介质材料，湿式浮岛简单一些，直接将挺水植物种植在浮岛的定植孔中，也可以在浮岛下悬挂生物绳等填料，一般植物浮岛主要指的是湿式浮岛。”

李俊：“那这浮岛有何作用呢？”

水多星道：“浮岛的核心功能是生态功能和水质净化功能。浮岛植物根系发达，有时候长达2m左右，在其上生长着大量根际微生物，由于根系生长需要1年以上，为了使浮岛更快产生效果，在浮岛下悬挂生物绳填料，迅速在浮岛下水体中形成微生物膜富集区，吸引微型动物前来觅食，微型动物又会吸引小鱼，小鱼吸引大鱼，形成高密度、复杂的生物群落，强化生态功能。同时，由于生态系统食物链作用，加快物质循环，使水体污染物迅速向高等生物鱼类转移；同时植物根系分泌杀藻类化学物质，抑制湖泊藻类孽生；根际微生物膜和填料生物膜分泌絮凝剂，产生絮凝沉淀作用，使湖泊水体更为澄清，故浮岛也有水质净化之功能。”

李俊刚想赞叹一番，水多星接着道：“浮岛还具备其他多种功能。浮岛通过植物在水中生长的根系吸收氮、磷等，能抑制水体富营养化。在浮岛上的植物不用施肥和浇水也能生长得很好，可以培养农作物，收获蔬菜稻谷，有的浮岛种植美人蕉、菖蒲等花卉植物，创造出美丽的‘水上花园’。在海岸和河岸边如果能建成连片的浮岛，可以大大减轻风浪。”

李俊:“浮岛真是又漂亮又实用！待我重回暹罗国，也弄几个‘水上花园’，到时候一定要来参观呀！”

生态护岸——青青河边草，护岸见奇效

夏日炎炎之际，李俊看着蔫蔫儿的疲惫路人和蒸发冒烟的水多星道：“这城里就是忒多规矩，搁俺们那时候热了就往水里扎，水性就是这样练出来的。”这人越吹越来劲，又讲起了阮氏三雄的故事：“你可听过火烧芦苇荡之战？我那阮氏兄弟借着芦苇荡遮掩在水里灵活潜游，要弄得五百官兵头晕眼花，一把火烧了他们个溃不成军。咱梁山好汉以一敌百可不是说说而已！”

水多星赶紧叫停：“这大热天的就别讲烧火的事了，快想想找哪凉快去吧！”

话音刚落，一阵清风吹来，一人一兽不由得往那来风的方向望去，映入眼帘的是一排随风拂动的柳树，他们在树下的大理石凳上坐下，见到河道两岸各类挺水植物绿意盎然，浑圆的灰色鹅卵石错落镶嵌，几个孩童嬉戏玩乐其间。

李俊惊喜叹道："这地方好生舒服。"

水多星说道："此谓河道之生态护岸也。"

李俊疑惑道："这也有说法？"

水多星来了精神，讲道："我国河流虽多，但塌岸、水土流失这类决堤隐患也不少。传统河道为了排洪固岸，用水泥堤坝将河流裁弯取直，变成了'三面光'的'U'形排水渠，结果使河岸生态缓冲功能被硬化破坏，失去原有的弹性和截污净水功能，灰硬的壁面也不具有观赏性。考虑到生态和景观的需要，人们研发出了生态护岸。"

李俊疑惑道："这有啥区别呢？"

水多星解释道："生态护岸是用植物与土木工程相结合，对河道坡面进行防护的一种河道护坡形式。除了防止河岸坍方之外，它重新恢复了河道的植被，可使河水与土壤相互渗透，不仅增强河道自净能力，还具有自然景观效果。生态护岸还可建设亲水设施，例如水上舞台、卵石步道、临水长廊、嬉水乐园、灯光喷泉、亲水台阶等，或将人文历史融入景观设计中，例如古渡码头、古战船、诗花台、沿江浮雕等，为居民创造亲水公共活动空间，很受欢迎呢。"

李俊理解了，说道："如果说硬质护岸是铠甲，生态护岸就是铁布衫。前者僵硬不便，后者灵活自适。"

水多星指了指河岸线，道："这种灵活的自然力量是最神奇的魔法。在护岸种上湿生植物，可以成为岸边的陆生植物以及水里的水生植物衔接的桥梁，从而形成完整的植物系统。不仅如此，这层植物'铁布衫'利用根系牢牢抓住土壤，可以减少径流冲刷、积蓄下渗雨水，从而防护河岸边坡。"

李俊奇道："这小小青草竟有这般法力！"

水多星又举例道："杭州是个河网密布的城市，曾经为防洪排涝，大肆修建硬质河道，既破坏了沿岸的生态性、阻断了地下水的渗流，不仅影响河流生态系统，景观也单一乏味。后来人们倡导生态文明建设，将传统硬质护岸改造为生态护岸，不但河流水质、排涝得到改善，而且景观优美，'野芳发而幽香，佳木秀而繁阴'，整个环境和文化都有较大提升，人们来此休憩游玩，可尽享山水之乐也。"

李俊大赞："这人迹与自然同风光共繁荣，才是最美好的发展。"

城市发展与水环境容量——竭泽而渔要不得

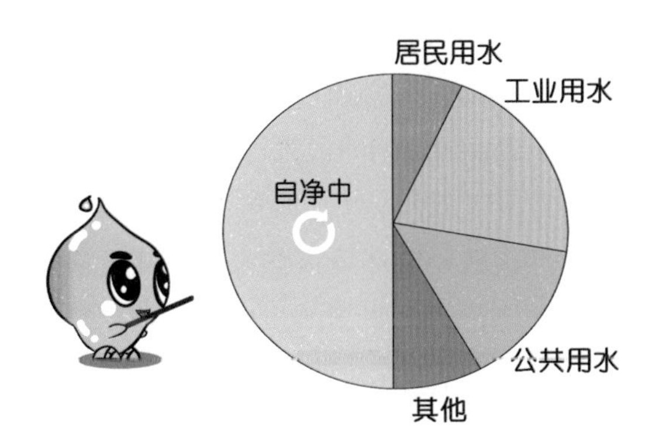

这日水多星带李俊到一处山野踏青游乐，晌午时分游人如织，路边卖煮玉米和卤鸡腿的摊子格外热闹。李俊馋道：“咱梁山泊最初也就几个头领带着几百弟兄，鼎盛时发展到一百零八将和几万大军，算上家属估摸着也有个十来万人口，算得上个小城市了。背靠着这八百里水泊，一夫当关易守难攻，和官兵周旋向来不虚。大家靠山吃山靠水吃水，劫富济贫好不快活。从一开始的巧取豪夺立威扬名到攻打州府替天行道，志同道合的英雄人才们不断慕名而来，我们梁山兄弟治贪官惩污吏，为百姓搏个安康，现在想来也是热血难平。”

水多星赞道：“这规模在当时可算得上了不起，不过如今这一片湖要养上一城的人可难了。当年梁山水泊供得上你们二十万人吃水捕鱼洗衣泄污，如今这些河湖的水却得供百万千万人吃喝拉撒和数不尽的工厂排污，水都快扛不住了。”

李俊有些疑惑地问道："水还有扛得住扛不住一说？"

水多星解释道："城市水系不仅要供给人们生活生产所需，还是污水的受纳体。水系本身有自己的生态系统，可以对外来的污染进行净化，但就像人吃多了会不消化一样，水体能接纳的污染量也是有限度的，这个限度叫作水环境容量。一旦往水里排放的污染物超过了水体的自净能力，水体的生态循环就会被破坏，渐渐发展成为富营养水体或者黑臭水体，这水就不能用了。如今人类城市高速发展，人口密集、工业发达，每日排放的污水量相当惊人，而城市生态系统生物量小，靠自身物质循环难以完成污染物转移，容易造成水体污染。因此城市可持续发展必须考虑环境的承载力，即在保证水体正常功能用途的前提下，水体所能容纳的最大污染物量。"

李俊更不明白了："这么一湖水，你咋知道它能容下多少污染呢？"

水多星指点道："这就要靠环境评估来计算环境承载力了，简单来说就是选取一些指标用数学方法计算得出的。比如用七亩地养一头奶牛，奶牛的粪便可以直接被自然生态降解掉，但用七亩地养一百头奶牛的话，原有的生态系统就无法尽数降解掉牛的粪尿，堆积起来就会污染这一片地，导致奶牛也很难继续生存。人类生活的地不止七亩，但同样是有限的，必须削减污染物总量，控制排污总量在环境容量之内才行。例如用城市人口、污染量来计算的，或建立水质模型，方法很多。除此以外，还可以通过生态修复、工业水回用、提高污水排放标准来提高环境容量。上海作为高速发展但环境资源相当有限的国际城市，就提出了'生态城市建设'，通过控制未来城市规模、优化城市生态布局、调整产业能源结构、深化环境治理来化解城市化和环境保护之间的冲突，谋求可持续的经济发展。"

李俊感叹道："枉顾环境的承受能力只求城市快速发展如同竭泽而渔，做人该有底线，发展经济也要有底线才对。"

水谱 013

城市水循环与中水回用——荒漠用水不发愁

话说李俊与水多星二人一路驾云往西飞去，沙漠中忽现一座车水马龙、人声鼎沸、繁华异常的城市，二人急按落云头，只见城头上上书三个大字——“水之城”。

水多星不解：“这荒漠中竟然会有如此繁华的都市！都说这水是生命之源，就凭这荒漠中这点水源，何以支撑这城市用水？”

二人正疑惑间，忽然城门大开，一队人马列阵摆开。为首者金发碧眼，身穿华服，行礼拜曰：“我乃水之城王子，方才在城楼上见到二位仙人乘云而来，特来接见。不知二位从何而来，又欲何往？”

李俊拱手回礼道：“我二人自东土而来，欲周游列国，方才见贵国建城于此荒漠之中，心中不解，特来咨询贵国用水之道。”

王子哈哈大笑，请道："仙人请随我来，我国用水之妙处，仙人一看便知。"

王子遂邀李俊与水多星同乘马车，一队人马浩浩荡荡入城而去。浩大车队城中急行，车如流水马如游龙，转眼间便来到城中一处秘境，王子介绍："二位仙人请看，此处正是我国水之命脉——污水处理厂和再生水厂。"

李俊不解："这，何为'污水处理厂'？这'再生水厂'又为何物？"

王子笑道："仙人有所不知，较之东土，我国实属不幸。身处这荒漠之中，水资源少之又少，如若不能循环用水，我国子民苦矣。正是仰仗二厂，我国污水利用率高达86%，长此以往，循环往复，水之难事不愁也。"

水多星不禁赞道："妙哉，妙哉！反观我东土，于污水之处理，却仅考虑达到排放标准，便排放到那河流和海洋里去！实属浪费，实属浪费！倘若有贵国治水这般精妙，这世界何愁用水之危！还请王子不吝赐教。"

王子摆摆手："仙人谬赞，东土乃天朝上国，资源丰富。我国这般，实属迫不得已也。"

行走间，众人来到工厂的中心处，王子用手指了指一片池子道："此处便是我国污水处理之核心，一切处理都仰仗此物。"

李俊疑惑道："此物，何也？"

王子答道："此物名为'微生物'，以污水中的污物及有害物质为食，亦可分解生活和工业污染最主要的成分——碳和氮化合物。经此物处理后，污水中大部分污染物被除去。出来的水一部分经再生水厂进一步处理，供人们饮用；另一部分则通过水管，作浇灌用水或是作为护城河、湖泊的补给用水。微生物吃掉水中污染物后，还繁殖自己，产生污泥。"

看到一堆污泥，水多星道："这些污泥作何用途？如果放任不管，可是又黑又臭的啊！"

王子笑道："不必担心，我们采用离心干化一体设备，直接把污泥变成泥粉，不论是农业用肥，还是用来改良土壤，都不够用呢！农业和园林绿化浇灌、护城河和湖泊等地表水系补给的水，一部分渗入地下，涵养我们城市的地下水源；一部分蒸发，增加我们城市湿度，经过一段时间后，又通过雨水回到地上。回到地上的雨水一部分渗入地下，另一部分又形成地表径流，流进地表水系。"

李俊疑惑道："按此说法，地下水岂不是越来越多？"

水多星抢答道:“非也,其实地下水系和地表水系是相通的,相互涵养。”。

李俊赞道:“原来一城乃至一国的水循环利用,根本在于此污水处理,真是比天界的法宝还要厉害!受教了,真是不枉老夫此次西行也。”

李俊接着问:“贵国处于沙漠之中,为何还能有如此茂密的植被?还能发展出如此发达的农业和畜牧业?”

王子答道:“正因极度缺水,所以我国对水的重视程度不仅有明文的法律规范,百姓也深谙其道。我国将大量的科研技术用于节水灌溉上,研发出滴灌、喷灌、微喷灌、膜下灌和渗灌等方式,这才使我国水利用效率大大提高。不仅如此,为了进一步提高用水效率,我们还研发出了‘大气提水器’。利用降温液化技术,可以从空气中提取新鲜、洁净的水。如此一来就实现了一滴水在我们手上多次循环使用。为了使沙漠土壤留住水分,我们还利用污水厂污泥,增加土壤的保水性能,同时还发展畜牧业,增加土壤肥力。我们生产的水果都是有机的呢,二位,尝尝这红苹果。”

水多星咬了一口红苹果,嘟着嘴对李俊做了个鬼脸喃喃道:“有机苹果,好吃好吃!李大王你看世界之大,水处理之法各有千秋,取他人长补己之短,方为上策也。”

水谱 014

污水管网和雨水管网——兄弟同心，其利断金

一日，李俊和水多星二人来到城市河道柳树下散步聊天，突降一场大雨，两人急忙躲入河边的凉亭之中。不一会儿，河道两边的闸门自动开启，一股直径约1米的水柱向河道喷出，李俊奇怪道："水兄，你可知这水从哪儿来啊？"

水多星笑道："这水是从雨水管道来的。"

李俊说道："我一直以为这雨水顺着地面就流到了河水或土地之中，地下只有污水管道，没想到竟然还有雨水管道！"

水多星说："以前的确如此，最开始城市排水采用的合流制排水系统就是生活污水和雨水一起收集的。"

李俊道："哦？何为合流制、何为排水系统啊？"

水多星解释道："李大王，生活污水、工业废水和雨水采用不同排除方式所形成的排水系统就称为'排水系统的体制'，简称排水体制，常分为合

流制和分流制两种类型。合流制就是采用一套管渠排除生活污水、工业废水和雨水。最早出现的合流制排水系统，是将排出的混合污水不经处理直接就近排入水体，很多国内外的老城市几乎都是采用这种排水系统。而分流制排水系统是将雨水排水系统和污水排水系统分开。合流制管网将大量生活污水随雨水排入河道，造成城市地表水系污染，在城市建设中采用分流制也是大势所趋。”

李俊：“啊，我了解地表径流，它常常会带来面源污染，危害水体环境。那你能给我详细说说，这污水管网和雨水管网有何不同吗？”

水多星：“这污水管网和雨水管网简直就是两个亲兄弟！俗话说：亲兄弟也要明算账，二者长得十分相像，但是其作用却大有不同。

污水管网想必李大王已经有了一些了解。作为早出现的‘哥哥’，污水管网采用重力流，管道具有一定坡度，一条污水干管往往收集一个区域的生活污水，设计水量由区域人口和用水定额共同确定。多条干管汇集到主干管，再由提升泵站提升至污水处理厂进行集中处理。在各条管道衔接处会设置检查井用于检修，您在路上看到的井盖下边就是检查井了。这污水管道常常不满流，为未预见的水量留有余地，同时利用管道的通风，排除有害气体。另外污水管道对设计流速也有一定要求，流速过小会产生管道淤积，而流速过大会因冲刷损坏管道。”

李俊：“听起来这个‘哥哥’可不简单哦，不知那个‘弟弟’又如何呢？”

水多星答道：“‘弟弟’雨水管网铺设思路大体与污水管网相同，但由于降雨量分布很不均匀，全年雨水绝大部分集中在夏季，常常会出现瞬时大雨或暴雨，在极短时间内就能形成大量的地表径流，如不能及时排除会产生巨大危害，使居住区、工厂、仓库等淹没受灾，交通受阻。因此对于城市雨水管网的设计，会根据暴雨强度和暴雨重现期、降雨面积和汇水面积、集水时间来确定，同时由于地面覆盖情况、地面坡度、建筑密度、路面铺砌等情况不同，也要采用不同的径流系数。有些地区将收集到的雨水直接或经过处理后排入河道，也有些地区将雨水处理之后再利用。

这污水管网与雨水管网在设计理念、铺设原则、埋设深度等众多方面都不同，但是‘兄弟二人’都为城市水环境做出了贡献。”

李俊点头道：“我明白了，雨水管网的设计最主要的考虑就是暴雨引起的城市内涝吧。以前常常出现天降暴雨淹没城市的情况，我当日水灌太原城便是利用了这一点。”

水多星：“李大王说得没错，通常暴雨危害最为严重，是排水的主要对象之一。冲洗街道和消防用水等，由于其性质与雨水相似，也会并入雨水。过去认为，雨水不需要处理，可直接就近排入水体。但随着时代的发展，环保工作者们发现，初降雨时所形成的雨水径流会携带大气、地面和屋面上的各种污染物质，是雨水污染最严重的部分，应当予以控制。近年来，由于大气污染严重，在某些地区和城市出现酸雨，严重时pH值达到3.40，对城市建筑造成严重威胁。此外，收集到的雨水经过简单处理之后还能用于城市绿化等，可发挥更大的作用。因此雨水管网也逐渐受到了关注。”

李俊说到：“雨污分流，建设雨水管网，不仅能够防止暴雨引起城市内涝，还能减少水体污染、减少用水压力，简直是‘一举三得’。哎，水兄之前说老城区多是采用合流制，那老城区的初雨污染问题可有解决办法？”

水多星答道：“现在的许多老城区采用‘源头控制、过程收集、末端处理’的组合策略，缓解暴雨对于排水管网的压力。也有城市在河道岸边道路下布设调蓄池，在初期雨水调蓄的同时减少对老城区的影响。”

李俊：“我明白了，兄弟同心，其利断金嘛，污水管网和雨水管网‘两兄弟’打好配合，城市水问题不用愁！”

水污染防治攻坚战——处处都有“水军总司令”

这日，李俊愁眉苦脸，闷闷不乐。

水多星问：“李大王，为何心事重重？”

李俊说：“俺这次到人间以来，已随你巡水多日，发现人间的水体水质状况真不容乐观，能够媲美当年梁山水泊的水体不多啊！”

水多星：“是的，李大王，目前整体的水体状况确实不够理想，因为过去的几十年间，随着人口增长和经济的发展，产生了越来越多的污废水，大多数未经处理就直接排进水体，使原来清澈的水体受到了污染，甚至变黑变臭。”

李俊：“那如何是好，难道就没人管了吗？”

水多星：“有人管，正在管，现在全国各地都打响了水污染防治攻坚战，深入实施水污染防治行动计划，重点做好治理城镇污染、农业和农村污染、治理水源地污染、治理工业污染、治理船舶港口污染等‘五治’工作。为了便于管理还建立了‘河长制’‘湖长制’，也就是说现在每条河、每个湖的治理都任命了一个与大王当年头衔类似的‘水军总司令’，明确职责，统筹污染减排和生态治理两手发力，全面推进水污染治理、水生态修复和水资源保护‘三水共治’。”

“水污染防治攻坚战也是污染防治三大攻坚战之一，而且今年（2020年）就是决战决胜之年。”水多星补充说。

李俊:“攻坚战？打仗吗？这个我喜欢！那么多的水泊岂不是有好多个‘水军总司令’？那这场战役谁是最高统帅啊？”

水多星：“当然是政府啊！”

李俊：“政府是什么人？”

水多星：“政府不是具体一个人，它相当于你那个时代的朝廷。”

没想到李俊听到这脸色突变，转而勃然大怒：“朝廷？朝廷说的话你们还相信！当年我兄弟108人接受朝廷招安，我们战辽国、平王庆、擒田虎、征方腊，建了多少功业？折损了多少兄弟？结果没想到，朝廷背信弃义，还对我们幸存的兄弟加以迫害，幸亏我早逃至海外才幸免于难。可怜了宋江哥哥、可怜了我的卢俊义等惨死的兄弟啊……”言罢哽咽不止。

水多星赶紧解释：“李大王，请少安勿躁，当今政府深明大义，与当年腐朽昏暗的朝廷完全不同。在中国共产党的领导下，新中国经济发展迅速，人民生活日趋富裕，取得了一个又一个的伟大成就，实现了一次又一次飞跃，全面建成小康社会的目标也即将实现。今年（2020年）新冠肺炎疫情暴发后，政府始终以人民利益为中心，把人民的生命安全摆在首位，同心协力、共克时艰，最终取得了抗疫的初步胜利。而且中国政府在疫情中也体现了大国担当，及时公开信息，无私地与世界各国分享抗疫经验，并在人力、物资等多方面支持各国的抗疫工作，赢得了世界人民的尊重。”

李俊：“照你这么说，当今‘朝廷’可真不错啊！”

水多星：“几年前，中国已将生态文明理念写入党章，创新提出建设美丽中国的构想。近年更是把树立和践行‘绿水青山就是金山银山’的发展理念作为党的重要执政理念之一。相信下次大王再下凡时，呈现在你眼前的水体环境将会大为改观。”

李俊：“很好！今日听了你这席话我安心多了，那我就拭目以待了。”

水与气候变化——温室效应惹的祸

这一日，天气酷热难当，李俊和水多星路过一条商业街，饮品店外大排长龙，李俊对水多星逗趣道："看看现代人们饮用的各色饮料，当年可只有米酒才是解渴良物，智取生辰纲是梁山第一战，就是从一碗含有蒙汗药的米酒开始的。"

水多星笑道："都是这热天气惹的祸。"

李俊话锋一转："现在才是 5 月中旬，天气已然是酷热难耐，咱们取生辰纲那会儿可是 7 月呀！"

水多星在热天里有点打不起精神："这就是温室效应惹的祸了。太阳的短波辐射透过大气到达了地面，地面受热会反射出长波热辐射，底层大气吸收了热量，导致地表和大气温度升高。自从工业革命以来，人类燃烧化石燃料等活动排放了大量二氧化碳进入大气。二氧化碳是一种吸热性强的气体，在它的加持下，大气和地面之间共同升温，造成了全球的温度升高。因为这种作用类似于栽培农作物的温室，故名温室效应，二氧化碳也被称为温室气体。这气候一变化，我们水再敏感不过了，全球的水文循环都要看天气的脸色呢。”

李俊听不懂了，忙问：“除了下雨下雪下冰雹，还有什么气候和水有关系？”

水多星找了个阴凉地躲着，继续讲道：“地上的水蒸发成水汽升上天，水汽在天上悠悠荡荡，又化成雨降回地，构成一个大循环。而气候变暖了，会加速整个循环过程。”

李俊不以为意：“嗐，就这啊，快点就快点呗，有啥了不得的？”

水多星摆摆手：“这事情可大了。水老爷受了热，发起脾气来这一加速，水干得快、降得多，提升了季节和地区的气候变化率，会造成水旱失调。而且气温升高让常年不融的冰川也加速融化，这水量进入水循环中，不只是打乱了以往季节的流量节奏，更会带来海平面上升、淹没沿海城市的问题。何况气候、淡水和社会经济都是深刻相互影响的，牵一发而动全身，旱涝灾害一来老百姓可遭难了。”

李俊大骇道：“有这么严重？”

水多星道：“办法总比困难多，如今全世界都在重视这温室效应的事呢。为了控制气温上升，国际社会签订了《巴黎协定》，积极向绿色可持续的增长方式转型。想来也令人愤怒，M国居然退出《巴黎协定》，倒行逆施啊，中国就不同了，2005年之后，中国就有效控制了碳排放增速，这主要缘于国家提高能效、发展可再生能源、治理大气污染和促进碳交易市场的努力，未来的节能减排成效更会稳步向好。除此之外，强化灾害性气候预警和科学调整水资源分配也是应对水旱灾害重要的一环。为了解决北部干旱缺水的困难，中国启动南水北调工程以优化水资源配置、促进区域协调发展，目前对北方地区的生态和环境都起到了积极改善作用。”

李俊感叹：“平时学问少，用时好苦恼。要是俺有这脑子，一定去搞研究造福万民。光是热一点就这么多麻烦事，人类在做事时还是得多多考虑大自然的脾气啊。”

地球水循环——“神奇”而稀奇的水

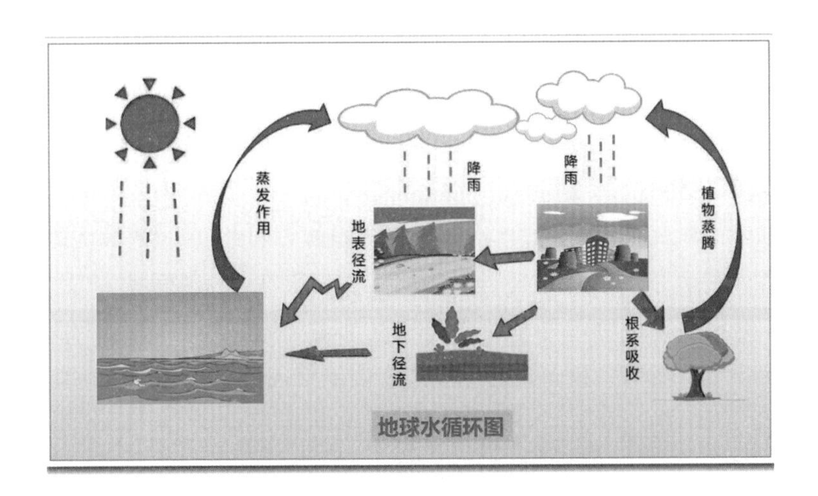

在绵绵细雨中，李俊与水多星来到了浔阳楼宋江题词之处。李俊望着那滚滚浔阳江，感慨道：“对这条河我可有着很深的情怀呢，这人与人，果真是有缘才可一见啊！”

水多星：“怎的，这里头有故事？”

李俊答：“想起我第一次见到宋江大哥，是在揭阳岭‘催命判官’李立的酒店里。李立那厮正要祸害我大哥，好在我及时赶到将他救下，这是我们的第一次相遇。我俩第二次相遇是在浔阳江‘船火儿’张横的船上，大哥误上了贼船，又是我将他救下。”

李俊感叹，接着说道：“我宋江大哥急公好义，外号‘及时雨’，和我‘混江龙’结缘于江州，患难于浔阳江上。你说，这江、这水、这雨、这人，不就是缘分吗？”

水多星："嚯，听起来让人好生羡慕啊，难道这就是爱情的力量吗？"

李俊："什么乱七八糟的，那叫兄弟情义。"

水多星一脸似懂非懂，笑道："哈哈哈，开个玩笑开个玩笑，千万别当真嘛。"

站在窗前望着这雨水击打那浑厚翻滚的浔阳江，李俊不禁发问："雨水流到浔阳江里，江水再流到下游，而上流还源源不断有水流下来。水兄，你说我们每天都得用水耗水，拉屎拉尿还产生污水，这些水来来去去的，到底最终会去到何处呢？"

水多星充满智慧地答道："我们现在看见的浔阳江水实际上是地球水循环一部分。"

李俊充满好奇地问道："哦？听起来很神奇的样子，关于这水循环，水兄能给我说得更明白一点吗？"

水多星："水循环，其实就是指地球上不同地方的水，通过吸收太阳的能量，改变自身的形态到达另一个地方。例如地面的水分被太阳蒸发成为空气中的水蒸气，然后这些水蒸气会通过大气的运动飘到别的地方，通过降雨的形式又重新回到了地面上。我这样说，李大王理解了多少？"

李俊："明白了一些，可是地球上为什么会发生水循环这样的神奇事情呢？"

水多星："水循环形成的原因分为两部分。一部分是外界因素，太阳的辐射和重力作用，为水循环提供了水的物理状态变化和运动能量，就像水从固态变成液态再变成气态，这过程都需要吸收能量；而另一部分就是水自身的内在因素了，水本身拥有在通常环境条件下，气、液、固态三形态之间相互转换容易的特性。"

李俊一脸满足地说："原来如此，涨知识了。有了这样神奇事情的存在，那我们人类不就有无穷无尽的水资源可以利用了？"

水多星："李大王，你想多了，地球上究竟有多少地方缺水你无法想象。纵使存在地球的水循环，我们也切勿过度使用和开发水资源，反而应该依靠水循环更好地利用水资源。地球水量虽多，可用的淡水却不多，同时，人类耗水量不断增加、水污染限制水的可利用性，以及气候变化等问题，造成水资源时空分布不均匀现象逐渐加剧，导致人类可利用的水实际上是少之又少的。"

李俊："原来如此，听了你说的这些，我这才深知水来之不易啊！所以，

从此刻起，我们应该树立珍惜水源的意识，合理开发水资源，避免水资源被破坏，提高水资源利用率，并且对其进行污染防护。”

水多星点头赞许：“没错，我们可以兴建调节水库，增加稳定径流量；还可以引水调水，跨流域调水，改变水资源时空分布；还有合理开发地下水，在地表径流偏少或径流季节分配不均匀地区，通过人工打井方法将地下水加以开采利用，但不可过量开采，以免破坏了地表水与地下水之间的平衡。”

李俊：“相信在我们共同努力下，地球一定会变得越来越美好！”

水谱 018

海洋垃圾污染——大海不是垃圾的故乡

李俊：“当年我离开梁山后，与童威、童猛等人驾船出海，路过一处沿海的村落，看到海滩上有一些鱼类死亡，它们的身体被渔网缠住，剖开肚子，里面竟然有好多垃圾！在村中停留几日发现，原来是村民平时随意向海洋丢弃废物惹的祸，大家把海洋当成一个无底洞，以为将垃圾往海里一丢，就能一劳永逸地处理掉这些废弃物，没想到这些垃圾竟然以这种方式再次还回给村民们，让他们自作自受。”

水多星：“李大王说的是典型的海洋垃圾造成的危害，海洋垃圾是指海洋和海岸环境中具持久性的、人造的或经加工的固体废弃物，现在的海洋垃圾污染与过去相比可是有过之无不及。随着科技进步，人类多了许多古代没有的物品，例如各种便捷包装用品——塑料制品、玻璃瓶、饮料罐等，这类垃圾与烟蒂在海洋中最为常见，占据了海洋垃圾的一半。”

李俊：“可人类主要在岸上活动啊，产生的垃圾为什么会进入海洋呢？”

水多星：“这些垃圾进入海洋主要有两个途径，也就是陆地垃圾的失控（人类海岸活动和娱乐、工厂生产垃圾等）和海上活动（航运、捕鱼等）。它们有的停留在海滩上，有的漂浮在海面，还有一部分会沉入海底，将会在海洋中长久存在。”

李俊：“我的确听说有些垃圾，比如塑料废物可存在于环境中长达几百年，照这样说来，这些垃圾不断地输入海洋，却没有及时输出，随着时间的推移……天哪！那海里岂不是被越塞越满了？”

水多星：“您的担心不无道理，目前海洋垃圾已经数量巨大，就以著名的‘太平洋垃圾带’为例，从北美洲海岸外几百公里开始一路延伸到日本海岸的数公里外，范围可达到300万平方公里，是最大的海洋垃圾聚集区块。如果不采取措施，不但影响海洋‘颜值’，还会使海洋‘生病’，更严重则会影响人类生存。”

李俊：“海洋垃圾居然能延绵几百万平方公里！看来海洋垃圾污染已经非常严重了，那海洋垃圾对海洋和人类生存究竟有哪些危害呢？”

水多星：“海面漂浮垃圾如废弃塑料会缠住航海船只螺旋桨，损坏船体，影响航行，水下的半沉垃圾会危害大量海洋生物，就像你当年在村子里看到的，渔网会成为海洋动物的‘死亡陷阱’，将它们紧紧缠住。其中有些垃圾会被海洋生物误认为食物吃下去，例如鲸类会将棕褐色塑料垃圾误以为是磷虾，吞进肚中以后，由于动物没法消化这些垃圾，会导致胃肠不适，大块垃圾可永久性卡在动物的食道，或划破动物的器官造成感染，甚至死亡。当海洋垃圾产生的有害物质通过食物链完成生物积累，最终可能进入人体，受灾的还是人类。”

李俊：“这海洋垃圾实在凶猛，对它们的处理刻不容缓啊，目前都有什么好的办法吗？”

水多星：“世界各地的人们已经发明了各式各样的海洋垃圾收集和清理装置，可是即便收集起来，大量的海洋垃圾也需要有个归宿，因此，人类发挥自己的创造力，研究出各种应对海洋垃圾的策略：第一，就地水下填埋，马尔代夫便有这样一座水下‘垃圾塔’，暂存于塔内的垃圾可能在未来能源危机时被取出合理利用。第二，将垃圾回收后进行二次利用，比如澳大利亚将垃圾中的有害物质分离出来，制成浮动平台后建成一座岛屿——垃圾旅游岛。也有一些国家建造了垃圾博物馆，日本还利用海洋垃圾建造了海底养殖场，由粉碎的海洋垃圾编织成细密的网围成，网的外形可以吸住海洋中的塑料垃圾，同时设计的网眼还便于小鱼小虾自由进出，维护生态平衡。第三，利用垃圾提供能源，如将垃圾运送到垃圾发电厂，利用焚烧产生热能。此外，由于塑料本身是化石燃料制备而成，通过热化学作用可以从塑料垃圾中重新获得石油或者其它化学品，通过重整作用同样可将生物质垃圾和塑料垃圾转变成可燃气体（如氢气、甲烷和一氧化碳）和附加化学品等。近年来，有美国科学家甚至还将目光投向了宇宙，设想将垃圾投入黑洞呢！”

李俊赞道：“这海洋垃圾用了上述方法妥善处理后，不但可减少海洋污染、避免对人类产生反馈危害，还能‘变废为宝’，极好极好！”

“厕所革命”——敢叫茅坑换新颜

一日，水多星和李俊在酒店住宿，李俊上完厕所后回到客厅向水多星感慨道：“现在人类的厕所真是高级，竟一点臭味也没有呢！还可自动冲水，这世道变化可真的太快了，我们那个年代的茅坑，可谓臭矣！每次我都得捂着口鼻进入。想起来着实好笑，我们梁山许多兄弟的趣事也是因为上茅坑而起，这晁盖哥哥借上茅坑赶往门房见刘唐兄弟，这一趟茅坑不要紧，一场智取生辰纲的大戏由此拉开帷幕。”

水多星也点头称赞道：“是的，还有你时迁兄弟的那一泡尿，顺道悄悄地去溪边杀了一只鸡，导致与店小二闹僵起来，最后上演了一场历经三大回合的祝家庄与梁山间的大战呢！”

李俊继续说道：“现在人们上厕所的习惯也改变了呢，你瞧这厕纸，真柔软啊，我们当时用的是厕筹(用来拭秽的木条或竹条)，那可真不舒服！而且我们当时还得靠人挑出粪便呢！现在直接冲水就行。”

水多星笑道：“哈哈，现在这‘厕所革命’（最早由联合国儿童基金会提出对发展中国家的厕所进行改造的一项举措，称之为“厕所革命”）推动了人类传统卫生习惯和观念的改变，还使得肠道等传染病发病率逐年下降呢！一般来说卫生厕所要求有墙和顶，贮粪池不渗漏并且密闭有盖，厕所内须清洁无蝇蛆，整体基本无臭，粪便必须按规定清出。”

李俊听后，耐心向水多星请教道：“现在这‘厕所革命’采取了什么措施呢？这个革命的效果竟然这么显著！”

水多星继续说道：“具体的措施简而言之就是发展新厕所，改造旧厕所。现在城市的厕所基本都是卫生厕所了，所以近年来工作重心也变成了对农村地区的厕所进行改造。过去的农村厕所是‘土坑垫上两块砖，三尺土墙围四边’的旱厕，没有经过无害化处理的粪便，可能会导致肠道传染病和媒介性疾病流行，严重影响人们的身心健康呢！所以这厕所的基本要求就得包括储存粪便尿液，并对排泄物进行初步预处理，除去病菌和虫卵。建设化粪池是一个很好的选择，化粪池在厌氧腐化的环境中，杀灭蚊蝇虫卵，可临时性储存污泥，对有机污泥进行厌氧腐化，熟化的有机污泥还可作为农用肥料。近几年经过对农村地区厕所不断改造，农村居民也能用上卫生厕所了。”

李俊点点头道：“那可真是太好了！这厕所可是衡量文明的重要标志，改善当地厕所卫生状况直接关系到国家人民的健康和环境状况！”

水多星继续说道：“即便这样，现在许多卫生厕所还存在着冲水量过大、粪便处理不佳等问题，还需要进一步提升，使之成为无害化卫生厕所，主要强调了粪便处理处置。最近，人们又提出了生态厕所的概念，其指的是具有不对环境造成污染，并且能充分利用各种资源，强调污染物自净和资源循环利用概念与功能的一类厕所。从不同的角度出发，已经出现了生物自净、物理净化、水循环利用、粪污打包等不同类型的生态厕所。其中，值得一提的是循环水冲洗厕所，厕所的水源取自粪尿经过处理后获得的洁净水呢！”

李俊惊呼："哇，竟然有这么多种厕所，粪尿经过处理获得的水还能就地回用，那可真是太不可思议了！"

水多星："随着生活水平的提高和新技术的发展，人们对新厕所的需求越来越高，未来会出现更多'不可思议'的厕所呢！未来李大王您坐在舒适的可自动调温马桶上，听着音乐，闻着香味，免费使用 Wi-Fi 网上冲浪，轻轻松松就如厕完毕，之后自动冲洗、烘干臀部，您还可使用循环水冲厕、洗手，水消耗量小，粪尿进到化粪池后原位处理达标排放，粪便变成有机肥料供养厕所旁边的绿植，整个厕所的电力可全由太阳能提供呢！"

李俊惊呼："那可真是太好了！等这样的厕所出来了，我一定得向天界推广使用！"

第二章
水污染篇

水谱 020

有机污染物——祸害水体健康的“恶人”

一日，李俊携水多星到榆柳庄故地重游，来到了太湖附近，发现该处已成为旅游胜地。他们找到一处酒楼，高处坐下，点了一盘宜兴特产猪婆肉、一条太湖白鱼、二壶米酒，二人海阔天空聊了起来。

李俊说道：“当年我兄弟7人结义，采用移花接木之计，帮宋江哥哥夺得苏州城，费保兄弟一番话，让我振聋发聩啊！”

水多星问道：“哦？赤须龙费保吗？他说什么了？”

李俊继续说道：“正是他，他说‘我若想做官，至少能在方腊手下做个统制。’

他还说：‘为何小弟不愿为官？只因当今皇上昏庸，奸臣当道，当下狼烟四起，你等尚可在朝为官，一旦天下太平，必将兔死狗烹，不得善终，不如赴身海外，寻个了身达命之处，以终天年，岂不美哉！’于是我等饮酒盟誓，共同相约，待我帮宋江哥哥搞定方腊之事，共赴海外发展，才有了后来暹罗国的故事。”

李俊说到得意之处，和水多星碰了碰酒杯，正欲一饮而尽，突然飘来一股臭味，李俊皱了皱眉，对水多星说道：“水兄，怎么感觉如此难闻呀，咱快去看看怎么回事！”

二人循着臭味来到一处河道，只见河水又黑又臭，上面还漂浮着塑料袋等杂物，水多星转头向李俊说道：“我看，这是河水被污染了！”

李俊说：“这是什么污染导致的呀，能使这河水如此黑臭？”

水多星继续说：“这是有机污染物所致，当有机污染物超过河道自净能力后，出现有机物累积，水体中的有机物在氧化分解的状态下，耗氧速率明显高出复氧速率，使得水体内的缺氧现象越来越明显，而水体中的厌氧微生物迅速繁殖，厌氧分解产生硫化氢、甲烷或氨气等恶臭污染物，硫化物与水中还原性铁、锰离子结合，形成黑色硫化亚铁、硫化锰等颗粒物，时间一长将会导致水体发黑及发臭。”

李俊问道：“那这有机污染物是指啥呀？都有哪几类呀？”

水多星说道：“有机物污染物是指造成环境污染和对生态系统产生有害影响的有机化合物，可分为天然有机污染物和人工合成有机污染物两大类。前者主要是由生物体的代谢活动及其他生物化学过程产生的，如以碳水化合物、蛋白质、氨基酸以及脂肪等形式存在的天然有机物质。后者是随着现代合成化学工业的兴起而产生的，如塑料、合成纤维、合成橡胶、洗涤剂、农药、食品添加剂、药品等。据统计，人工合成的有机污染物，每年被排放到环境中的数量有数千万吨，种类达几十万种。”

李俊惊叹道：“原来这有机污染物这么多呀，健康水体全被此等‘恶物’祸害了呀！”

水多星说道：“是啊，这有机污染物对环境危害极大，天然有机污染物过量消耗水体中氧气，使水体黑臭以及高等生物死亡，生态系统崩溃；人工合成有机污染物难以降解，能长期在环境中滞留。不少有机污染物是致畸、致突变、致癌物质，有些在环境中发生化学反应转化为危害更大、毒性更强的二次污染物。并且还存在毒性物质通过食物链累积的现象，这不仅破坏了水生生态系统，对人体健康也有巨大危害。”

李俊思忖着问道：“那如何才能治理水体黑臭呢？去除这些有机污染物质都有些什么法子呢？”

水多星继续说道：“黑臭水体的治理首先必须建立污水收集管网，将污水接入城镇污水厂进行处理，达标排放；在截污的基础上，遵循‘生态护岸、疏浚清淤、水质净化、生态修复’的原则，结合河道曝气等工程措施，对黑臭水体进行综合治理。”

李俊开心地说道：“有方针有办法就好，我相信未来咱们一定能把水体中的有机污染物去除掉！”

COD 与 BOD——亲兄弟，暗算账

施耐庵笔下《水浒传》中的好汉，纷纷聚义梁山，个个称兄道弟，结为生死之交。而实际上，108 将中也有不少为亲兄弟，如“及时雨”宋江与“铁扇子”宋清、“小遮拦”穆春与“没遮拦”穆弘、“出洞蛟”童威与”“翻江蜃”童猛、“船火儿”张横与“浪里白条”张顺、“毛头星”孔明与“独火星”孔亮、“病尉迟”孙立与“小尉迟”孙新、“两头蛇”解珍与“双尾蝎”解宝、“旱地忽律”朱贵与“笑面虎”朱富以及阮氏三兄弟阮小二、阮小五、阮小七等。他们在各自擅长的领域兄弟同心，为梁山的发展做出了应有的贡献。

水多星告知李俊，在水污染的水质指标中也有兄弟两人，为评价水体污染程度方面提供了宝贵的参考依据，它们是“哥哥”COD 和“弟弟”BOD。

有机物是水中主要污染物之一，所以能否迅速掌握有机物在水体中的含量从而及时判断水体污染程度至关重要。然而有机物种类多、形态各异，想直接测量根本无从入手，但是所有有机物有个共同的特点，就是对氧元素天生“喜好”。这种“喜好”落实到具体行为上就是有机物与氧元素两者发生反应，有机物被氧化成二氧化碳和水，而有机物含量的高低与所参与反应的氧成正比关系，也就是说我们只要统计用掉多少氧就能暗自推算出有机物的含量了。

那么问题来了，氧元素从哪里来？跟COD与BOD两兄弟有半毛钱关系没有？

“哥哥”COD全称化学需氧量，别名化学耗氧量，是指在一定条件下，用强氧化剂氧化废水中的有机物质所消耗的氧量。“弟弟”BOD全称生化需氧量，是指在温度、时间都一定的条件下，微生物在分解、氧化水中有机物的过程中，所消耗的溶解氧量。画重点，“哥哥”COD用的“武器”是强氧化剂——重铬酸钾或高锰酸盐，统计的是它们的消耗量；“弟弟”BOD使用的是生物“武器”——微生物，统计的是水中溶解氧的消耗量。“哥哥”COD是性子急，不受水质条件限制，讲究快、准、狠，强行与有机物发生反应，测定的时间短，几小时即有结果；而“弟弟”BOD是温和派，在微生物的撮合下，水中的溶解氧和有机物先慢慢培养感情，再自愿发生反应，往往要花上好多天，短则5天，长则20天，所以在水质指标中有BOD_5与BOD_{20}之分。

虽然从测量速度而言，“哥哥”COD稍胜一筹，但它的缺点是不能区分可被生物氧化的和难以被生物氧化的有机物，不能像BOD_5那样表示出被微生物氧化的有机物的含量。如果废水中有机物的数量和组成相对稳定，两者之间会有一定的比例关系，可以互相推算求定。生活污水的BOD与COD的比值大致在0.4 ~ 0.8。对于一定的废水而言，一般说来，$COD>BOD_{20}>BOD_5$。

总的来说，COD与BOD的数值越高就代表水质越糟糕，处理的难度就越大，这一点兄弟两人表示高度一致。

李俊（旁白）：“很多人把俺与‘催命判官’李立当成亲兄弟，其实不然。我俩没有血缘关系，也不是什么亲戚，只不过刚好同为揭阳岭一霸而已。”

“三致”有机物——这种“怪鱼”你敢吃吗

梁山好汉中论水下抓鱼的能耐，当数“三阮”，用几只破渔网就能抓到十四五斤的金色大鲤鱼，李俊作为梁山水军总头领，水上功夫自然不差，抓鱼的功夫也是杠杠的！

这天阳光明媚，惠风和畅，李俊约了水多星一同去秋游钓鱼，李俊兴致勃勃地跟水多星说道：“当年我任扬子江艄公，闲来无事便去江边钓鱼，钓过的鱼不计其数，还没有我钓不上来的鱼呢！”

水多星看了看有点发暗的河水，感叹道：“好汉不提当年勇，你那时候草丰鱼肥，你看现在这河水，都能闻到腥臭味了。”

他们二人在河边钓了一个时辰，都不见鱼漂动一下，李俊的面子有点挂不住了——“肯定是水质有问题。”刚说罢，水漂猛地往下一沉，李俊惊道：“上钩了！还是条大鱼！”只见他时而放长鱼线，时而收紧鱼线，遛起这条大鱼来，不一会儿鱼累了，李俊拿捞鱼网一抄，吓了一跳——“这是什么怪鱼？我这辈子可是头一次见到！”

水多星定睛一看，说道：“哇，这鲢鱼脑袋比正常的大2倍，我也是第一次见到。”说罢，抬头看了看河流上游的化工厂，“这河水肯定有问题，咱们去周边村落问问。”

果然，他们二人通过走访周边居民，发现周边村庄的居民自从河流上游的化工厂建好之后，癌症病人比原来多了不少。

水多星说道：“这肯定是上游化工厂排放的污水中有‘三致’有机物存在。”

李俊惊讶地说：“这就是之前提到过的有机污染物的一种吧！我记得我查过，‘三致’代表的意思是致畸、致突变、致癌，这对人和周边生物的危害可太大了！”

水多星说道：“你说得很对，饮用水中有700多种有机物，其中黄曲霉毒素、多环芳烃、亚硝胺、多氯联苯、铍化物等类型有机物均属于‘三致’物质，又称为优先控制污染物。美国环保署（EPA）早在1979年即公布了129种优先控制污染物‘黑名单’，其中有机污染物达到114种。我国环境优先控制污染物‘黑名单’中，共有14类68种，其中有毒有机化合物12类58种，占总数的85.29%。在我们国家不少江、河、湖、水库地表水和部分地下水不同程度受到‘三致’有机物污染，在个别地区的水中已测定具有致癌、致突变的物质在10种以上，可疑致癌、致突变物在数十种以上。”

李俊：“那具体会给人带来哪些不利影响呢？”

水多星答：“‘三致’污染物虽然在水体中浓度低，但长期饮用会降低人体的免疫力，影响人群的生殖能力，导致儿童发育过快，造成人群患癌症概率增加。而且河道中的生物也会受到‘三致’污染物的危害，你钓起的怪鱼就是活生生的例子，可真的不能吃啊！”

听到这，李俊着急了：“那咱们有什么办法能遏制水中的‘三致’污染物呢？”

水多星说道：“首先我们采集水样前往生态环境部门检测，得到证据关停上游污染源，并建议污水处理厂采用更严格的出水标准；接下来我们可以建议自来水厂增加监测指标并采用‘活性炭吸附＋臭氧氧化工艺’进行强化处理；此外，居民还可以利用纳滤膜对自来水进行深度过滤后再饮用。”李俊急忙说道：“那咱们赶紧出发吧！”

水谱 023

水体富营养化——水面颜色怪，是谁在使坏

（一）氮素营养污染物

李俊和水多星巡游至一个小城，感到天气炎热，日头晒得人直发晕，李俊便向水多星说道：“水兄，天儿太热了，前面有个绿色的湖泊，看样子好像还是山清水秀之地，不如咱们一同下水游几个来回，凉快凉快去？”

水多星笑道：“哈哈，您可是当年梁山的水军总头领，水上功夫那叫一个了得，我可比不上，我还是去湖前面小亭子喝点茶等你吧。”

于是李俊便自己走到湖前，一个猛扎下水，以为能像当年一样，畅游个把时辰，好好爽快爽快，没想到下水后一阵腥臭味扑面而来，臭不可闻！等他出了水来，全身如同染上了绿色油漆，湖边还漂着好多死鱼，这令李俊恼

火不已，急匆匆向小亭走去。

李俊刚看到水多星，就嚷嚷道："水兄，可不得了了，前面那个湖全变绿啦，臭气熏天，还漂死鱼，这湖水是怎么了呀？"

水多星看李俊全身都是绿色，笑着说道："哈哈，这是湖水的营养过剩啊！"

李俊正色道："我只知道人体营养过剩，可能会导致肥胖的，这水体营养也会过剩？"

水多星说："是的，水体营养过剩称为水体富营养化，是指水体中氮、磷等营养盐过剩，引起藻类及其他浮游生物迅速繁殖，在流动缓慢的水域聚集而形成大片的水华（在湖泊、水库中）或赤潮（在海洋中）。而藻类的死亡和腐化又会大量消耗水中溶解氧，导致水质恶化，鱼类及其他生物大量死亡。"

李俊指着自己身上问："那我身上这绿色的就是藻类咯？"

水多星说道："是的，氮、磷等营养盐的过剩，导致水生态系统物种分布失衡，单一物种疯长，破坏了系统的物质与能量的流动，使整个水生态系统逐渐走向灭亡。这湖泊的藻相也由多样化走向单一，由单胞藻走向低等丝状藻，藻类分布由上下均匀分布走向主要分布在湖泊表面，才使得你这身上一身绿藻！"

李俊说道："看来什么东西过量了都不好啊，适可而止才妥当，水体营养过剩后果真挺严重啊！"

水多星说道："是啊，人们把可引起水体富营养化的物质称作营养性污染物，主要是指氮、磷等营养性元素，还有钾、硫等。此外，可生化降解的有机物、维生素类物质、热污染等也能触发或促进富营养化过程。"

李俊点头说道："那你先给我仔细讲几种比较重要的，我记一记！"

水多星继续说道："其中一种很重要的营养污染物就是氮素营养污染物，主要有来自生活污水的含氮有机物，还有来自工业废水和化肥等的含氮无机物，比如硫酸铵、硫酸氢铵、尿素等含氮物质。"

李俊问道："那这些含氮物质是怎样循环的呀？"

水多星感叹道："氮、磷元素在水体中被水生生物吸收利用，当氮素进入动植物体内后，以有机氮的形式在动植物体内转化，这些有机氮最终会被微生物分解为氨氮，然后在硝化菌、反硝化菌作用下以氮气的形式返回大气

中。”

李俊接着问道：“那我们怎么才能去除江河、湖泊等水体中的氮素营养污染物呀？”

水多星回答道：“要去除这类水体中氮素营养污染物，首先应该着重减少或者截断外部营养物质的输入。控制外源性营养物质，应从控制人为污染源着手。在自然水体中，含氮、磷等营养污染物的主要来源就是生活污水，因此，我们要加强城市生活污水处理，严格控制污水排放，才能保护水环境健康！”

李俊点头说道：“看来，污水处理是个重要的课题呀！那你一定要带我再去学学污水处理相关的内容啊！”

水多星笑着说道：“哈哈，好啊好啊，你要学的还多着哩！”

（二）磷素营养污染物

这天，水多星和李俊在空中漫游，从高处俯瞰，看到下面有框格蓝绿相间，活像一幅巨大的棋盘，蔚为壮观。

于是李俊对水多星说：“水兄，你看下面这是什么呀？”

水多星说道："这是闻名遐迩的桑基鱼塘！"

李俊觉得陌生，便接着问道："什么是桑基鱼塘呀？你快给我讲讲！"

水多星继续说道："桑基鱼塘就是农民挖深鱼塘、垫高基田，形成基塘系统，塘中养鱼、基上种植，并且以塘泥作为植物肥料，从鱼塘底泥中回收磷再利用，这可是在中国古代就有记载的聪明办法，你从未听闻？"

李俊说道："虽说我也是个'古人'，但我对这还真是不知分毫。说到这个磷，我记得上回你和我说过，磷素营养过多也会导致水体富营养化。"

水多星回答道："对，你说得没错！磷是植物生长必要元素。人类种植的农作物可以吸收土壤中的磷，磷随着农作物等产品运入城市，而城市垃圾和人畜排泄物中所含的磷元素往往不能返回农田。这样农田中的磷含量便逐渐减少，为补偿磷的损失，农民必须向农田施加磷肥。但磷利用率不高，大部分随地表径流进入河湖，使得河湖磷素营养物过剩，引起水体富营养化。"

李俊又问道："我还有点疑问，这磷元素在水中是怎么被利用，又是怎么循环转换的呀？"

水多星回答道："陆地生态系统中的磷，有一小部分会由于降雨等作用最终归入河湖海洋等水体。在水体中，磷首先被藻类和水生植物吸收，然后通过食物链逐级传递至水生动物。水生动、植物死亡后，跟陆地上的残体一样被分解，此后磷又进入了循环。进入水体中的磷，有一部分随河流流入大海，可能直接沉积于海底，短期内难以参与循环，直到地质活动使它们暴露于水面，再次参加循环。"

李俊急切地说道："哎呀，那水体中磷素营养过剩，是不是那藻类什么的又得疯长啦？"

水多星说道："是的，水体中磷元素主要是以有机磷、无机磷酸盐的形式存在，其中以无机磷为主。这个磷元素，又是水体中浮游植物生长生殖的限制因子，当磷元素的含量不足，浮游植物所需的营养物质不足，会导致生长减慢，甚至大量减少。反之，过高的磷含量会使得浮游植物（比如藻类）大量繁殖，水体出现富营养化现象。研究表明80%的湖泊富营养化是受到磷元素的影响，因此除去磷素污染是解决水体富营养化面临的第一大问题。"

李俊焦急地问道："那可怎么办呀？我们该如何去除江河、湖泊中过剩的磷素营养污染物呀？"

水多星回答道："治理污染首先要治理源头，我们应该限制工业用磷，减少农业化肥使用，从而减少农业排放的磷；在生活污水处理中，强化生物除磷，减少磷素排放。同时，由于磷循环部分不可逆、周期长等导致磷资源缺乏，对于湖泊水体的底泥中所贮存的含磷物质，也应该学习类似桑基鱼塘的思维方式，合理回收利用磷。"

李俊听罢自豪地说："那看来我们'古人'的办法在今日还是可以派上用场，还是挺管用的嘛！"

（三）赤潮与水华

这天正午时分，烈日当空，李俊与水多星来到一处海湾，只见海水一片血红色，一个浪头打来，不时浮出几条翻白的死鱼，一股腥臭味随海风阵阵飘来，令人作呕。

李俊问道："这海水犹如染缸，和湖泊富营养化是同一种现象？"

水多星抬头张望，叹气道："那是'赤潮'，也是水体富营养化的结果。"

李俊："原来这也是水体富营养化现象，之前我也略有耳闻，据说我国第三大淡水湖——太湖，素有'太湖八百里，鱼虾捉不尽'的美名，曾经就爆发了一场蓝藻危机，导致居民饮用水源被污染，城市供水都瘫痪了。近日福建多地海边频繁出现的‘蓝眼泪’，风靡网络，给大家营造一种如梦似幻的神秘感，但其实就是水体富营养化的结果，在淡水系统中被称为‘水华’现象！”

水多星：“是啊，千万不要被那看似奇幻的外表蒙蔽了，事实上它的杀伤力可大着呢！富营养化后果非常严重，常导致藻类上浮、遮住湖面，形成表层好氧而下层厌氧的现象，鱼类缺氧而死，水面散发异味。此外，富营养化的水体中含有大量的亚硝酸盐和硝酸盐，且微囊藻的毒素会影响饮用水水质安全。”

李俊：“究竟是何原因导致富营养现象的发生呢？”

水多星：“一旦水体含有充足的氮、磷含量，适度的铁、硅含量，适宜的温度，光照和溶解氧含量以及缓慢的水流流态、水体自净更新周期长时，便为富营养化现象的发生创造了条件。这时，藻类大军迅速组建，然后便会‘一统江山’，遮蔽水面，阻碍阳光透过，水中植物由于得不到阳光而生活艰难，它们赖以生存的正常光合作用受阻，水中溶解氧含量便进一步下降。此时，厌氧细菌开始活跃，它们通过代谢不断释放硫化氢、甲烷等有害气体，散发出难闻的气味，这样一来，水生动植物更加遭殃了。长此以往，水中的居民难以维系生命，水体中生物群落物种多样性因此下降。”

李俊：“它的危害如此之大，可有治理方法？”

水多星：“截污是控制富营养化的最根本措施，主要目的是减少外源性营养盐的输入。对于内源性营养物，可采取底泥氧化的手段防止底泥中的营养盐向水体释放。同时，利用水体生态修复方法，可不造成二次污染，如投放沉水植物，利用其释放的化学物质抑制藻类生长；建立生态护岸，种植挺水植物，不但可吸收水体中的营养盐，还可避免水体高温。此外，可人为进行深层曝气为水底补充氧气，使水与底泥界面不出现厌氧层，并通过对湖水推流，促进水体的流动，使水体经常保持有氧状态。”

李俊：“还好人类已经研究出治理对策，不然这富营养化严重影响生态环境和对水资源的利用啊，这水体腥臭，别说我，就算能在水里憋气七天七夜的‘浪里白条’张顺来了，也受不了啊，恐怕在这种水体里也早不是‘白’条了！”

水多星苦笑道："其实在自然条件下，水体从贫营养过渡到富营养是一个极其缓慢的过程，但人类活动排放的大量工业废水和生活污水会导致水体富营养化程度的加剧。唉，不说了，我们还是另寻他处消暑吧！"

说着，水多星捏了个诀，转眼便带李俊来到典型贫营养湖泊——万绿湖，只见湖水清澈浩淼，水质纯美，清风徐徐，远看水天一体，似一幅浑然天成的画作，两人见此美景，二话不说，一个扎猛子，尽情戏水。

水谱 024

重金属毒性——蒙汗药与砒霜请靠边站

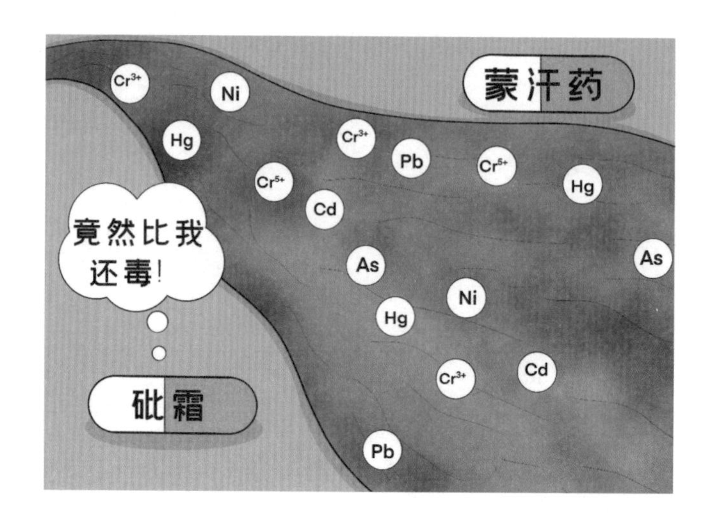

李俊：“水兄，当年宋江哥哥接连出征辽国、田虎、王庆、方腊等，屡立战功，最后却被高俅等奸臣设计用毒酒害死，卢俊义哥哥也被他们在饮食中下毒所害！在现代社会，还有因饮水而中毒的事吗？”

水多星：“现在人类饮用水安全多了！首先，水源地都是被列为保护区的河流、水库，源头保证了取水安全；水厂取水后，经过絮凝、沉淀、过滤、活性炭吸附、消毒等复杂的工艺，并经过严格检测；最后，通过自来水管道进入家庭。想在自来水中下毒，几乎不可能了。”

李俊：“原来如此，那现代人可安全多了！”

水多星：“但另一方面，由于工业发展，发现的毒性物质越来越多。在大王那个时代，使用最多的毒物也就是李立等人常用的蒙汗药、毒死武大郎的砒霜、毒死卢俊义大哥的水银这几种。但如今发现的毒物何止百种！单纯

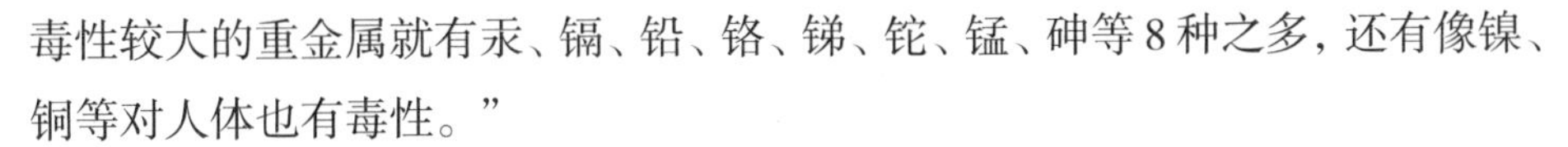

毒性较大的重金属就有汞、镉、铅、铬、锑、铊、锰、砷等8种之多，还有像镍、铜等对人体也有毒性。”

李俊：“重金属是什么？是像鹤顶红那样的毒物吗？”

水多星：“哈哈，鹤顶红其实不是指丹顶鹤头上的‘丹顶’，那东西主要成分就是一些蛋白质、透明质酸等。就像公鸡冠，对人体无害，说它有毒，其实是古代小说、演义中的一个误解。近年来的研究发现，古人所说的鹤顶红其实指的是一种叫红信石的矿物，其主要成分是砒霜，也就是一种重金属——三氧化二砷。西门庆所用之砒霜，能使人头痛、关节疼痛。若是高剂量则立马死人，低剂量也会使人失眠、健忘，直至致癌，缓慢而亡。”

李俊：“毒死卢俊义大哥的水银也是重金属吗？当年卢俊义大哥所食的御膳中，被奸臣暗下了水银，当时没有发作，在回去船上，水银坠入腰胯，腰肾疼痛难忍，册立不牢，酒后失脚，落水而亡。每每想起，我都咬牙切齿，恨不能回到宋朝，杀了这帮鸟人！”

水多星：“然也，水银就是汞，也是一种重金属，食入后直接沉入肝脏，对大脑、神经、视力破坏极大！天然水每升水中含0.01毫克，就会导致人中毒。”

李俊：“水银的毒性可真是太可怕了！”

水多星：“其他重金属毒性也各有千秋，镉导致高血压，引起心脑血管疾病、肾衰竭；铅直接伤害人的脑细胞；铬造成四肢麻木，精神异常；锑对皮肤有放射性损伤；铊使人多发性神经炎；锰使人甲状腺机能亢进。更为有趣的是，很多重金属在不同化学形态下，其毒性相差甚远。”

李俊：“噢？毒性还会出现不一样的情况？”

水多星清了清嗓子，继续说道：“比如重金属铬，它常见的是二价、三价和六价三种不同价态。其中六价的铬毒性最强，相比三价铬毒性要高100倍，是强烈的致癌物质！再比如重金属砷，它常见的价态是三价和五价，三价态的砷就是常见的是三氧化二砷，也就是砒霜。与铬不同的是，三价态的砷比五价态的砷毒性大得多。猫吸入0.04mg/L的三氧化二砷，超过15分钟则会发生急性中毒，进而导致死亡。”

李俊：“受教了，佩服，佩服！原来水中的重金属这么厉害，不同的价态还有着不同的毒性。看来一定要保护好环境，特别要保护好水源，严防重金属污染。”

污水中的微污染物——琼英复仇有内幕

是日天色阴阴，李俊蹲在家里和水多星比赛讲故事：“你可是听过‘要夷田虎族，须谐琼矢镞’这预言？当年征伐田虎时，咱梁山好汉可是吃了苦头。忽一日李逵兄弟梦里听一个秀才讲了这句话，后面当真应验了。”

水多星答道：“是要讲女英雄仇琼英在仇人田虎手下隐忍多年，伺机弑亲报家仇的故事吧。”

李俊卖关子道：“你知那田虎据地为王，乃四大寇之一，若没有琼英里应外合，宋江哥哥要平叛绝不容易。原本琼英只知双亲乱世遇害，自己被田虎的夫人看中收养在身边，如待亲女。却有一日遇其母尸骸诉冤，听一田虎兵卒讲来，方知亲母乃田虎所害，琼英得知了父母之仇的真相。田虎哪知这一无名小卒几句话语激起了琼英兵变，成了最后击垮他的关键利器。你说，这看似庞大的队伍中的关键人物就是一个命门，一旦突破，整个团队都可能随之覆灭。”

水多星笑道：“那李大王可知，有一类污染物，在水里虽然含量极低，浓度是 ng/L、μg/L 级别的，就像那个失言的无名小卒一样微不足道，却对环境和人类健康有极大的影响。”

李俊来了兴致：“你且说说。”

水多星讲道：“就说说持久性有机污染物（POPs）吧，它们可以长期残留在环境介质中且对生物体有毒。这类污染物有时含量虽少，却在水体、土壤、污水和污泥中都有被检测到，能够以低浓度长距离迁移，对人类健康和环境带来危害。它们主要包括农药、杀虫剂、添加剂、洗涤剂、药品及个人护理品、激素、工业化工品，等等，部分化学品例如卤代物的‘三致’效应和生物累积相当危险。”

李俊不懂了：“啥是‘三致’效应和生物累积啊？”

水多星解释道：“‘三致’说明了这些污染物的高毒性，指的是致突变、致癌和致畸。致癌是外源化学品引起人体细胞癌变发展成肿瘤，有学者认为 80%~90% 的人类癌症和环境因素有关；致畸和致突变则会影响胎儿发育，毒害下一代的健康。某些地区的水源被不法企业偷排污水造成污染，导致癌症呈现群发现象，甚至被称为‘癌症村’，真是令人痛心！”

水多星接着道：“那生物累积是说，生存在污染环境的生物会摄入污染物，这污染物不能被完全代谢排除就滞留体内，随着食物链向上层富集，最后积累的浓度远大于环境中的浓度。例如小虾米体内有一些微量污染物，小鱼吃虾米，大鱼吃小鱼，人吃大鱼，每一级都会积累到成倍的污染物，人吃的动物在食物链中级别越高，毒性可就越大呀，所以，你知道为何我经常劝你别吃那些石斑鱼类的凶猛鱼类了吧！”

李俊忧道：“污水厂就不能把这些东西都给灭了吗？”

水多星摆摆手：“传统的处理工艺对一些残留水平极低且难降解的污染还是束手无策，二级出水中仍然存在微量剩余物。不过目前污水厂已经有强化工艺来解决这问题。高级氧化法（AOPs）、厌氧消化法、活性炭吸附法和膜过滤等都有一定效果，可以部分解决这些毒物的排放问题，不会影响健康呢。”

李俊感叹道：“这微小的不一定是可以忽略的，一时不察埋下的隐患，终有一日是要付出代价的。”

水谱 026

污水中悬浮物——一壶浊酒知多少

话说那日，李俊与水多星又相约漫游人间，边欣赏风景边高谈阔论，李俊先是说起红尘中的繁华与落寞，后便谈到云山雾海、神仙玄幻之事，水多星听后连连赞叹。不知不觉，这一仙一兽说说笑笑地来到一条河边，李俊江湖人称“混江龙”，深谙水性，今日见到水，兴致突来，想嬉戏一番，便跳入河中。他圆睁虎目，却发现能见度只有半尺不到，不似旧时河水内随便能看到四尺以外。

李俊随即爬上岸来，疑惑道：“这河水怎么如此浑浊？想当年宋江哥哥江州火烧无为军，被黄文炳那厮走脱，撑船摇至江面，却被我一挠钩搭住了小船，准备捉拿。谁知那厮也颇为机灵，往江里纵身一跳，差点逃脱。幸亏张顺兄弟在水底看得真切，劈腰抱住，拦头揪起，扯上船来。这可是送给宋江哥哥的一份大礼呀，如果当年江水如现在般浑浊，如何抓得住黄文炳那厮？”

水多星往河里一瞧，说到："李大王，这河水浑浊是因为含有大量悬浮物。"

李俊问："水兄，什么是悬浮物啊？"

水多星笑道："李大王，这悬浮物对你来说，其实并不陌生。还记得当年梁山好汉最爱喝酒吗？不管走到哪里，但凡有酒，都得喝上几碗，好汉们经常不是在喝酒，就是在去喝酒的路上。"

李俊点头大笑道："当然，自古英雄爱美酒，酒助英雄扬威名。我们梁山 108 位好汉，个个能喝善打，其中最能喝的那还数武松兄弟、鲁智深兄弟和李逵兄弟，这三位兄弟嗜酒如命。尤其是武松兄弟，越喝酒就越发勇猛神武，当年在'三碗不过冈'酒店里，跟店小二足足讨了十八碗酒，这才有了景阳冈打虎时的超人的胆量和勇猛。"

水多星边称赞边笑问："那你们当年喝酒，是否常跟酒保说'小二，给洒家筛几碗酒过来'。"

李俊连连点头说："那是自然！"

水多星继续说："李大王，你可知这'筛酒'二字大有学问！古代酿酒主要依靠粮食发酵，酒酿造好后，酒液中常有沉淀的酒槽（粮食酿酒后剩余的残渣），显得有些浑浊。因此，古代人喝酒前需'筛酒'，就是用网眼筛子把酒过滤一下，即可将酒中那些肉眼可见的杂质去除，以免被人喝了下去。这种杂质我们今天称为悬浮物。筛酒其实就是'过滤'，这也是现在去除悬浮物一种最主要的技术。"

李俊道："难怪！当年饮酒多为浊酒，想必是酒没有过滤完全，里边有悬浮物的缘故。"

水多星道："没错。今日我们所见的河水出现浑浊现象，也主要是由悬浮物造成。水中悬浮物通常是直径为 0.1 ~ 100 μm 的固体微粒，包括不溶于水的无机物、有机物、泥沙、黏土和微生物等。当这些微粒直径更小一些，在 0.001 ~ 0.1 μm 时，就不称作悬浮物了，而称为胶体。我们平常在水中或者树林中观察到的一条光亮的'通路'，就是因为可见光透过胶体时产生明显的散射作用，称为丁达尔效应。胶体比较稳定，而悬浮液随着时间推移会自然发生分层。"

李俊道："原来如此！既然悬浮物和胶体的性质不同，那去除它们的方法应该会有区别吧？"

水多星答道："那是当然！去除污水悬浮物的方法，除了过滤之外，还可以使用沉淀法。当悬浮物密度大于水时，悬浮物会下沉与水分离，我们便可直接用沉淀法去除悬浮物。而在去除胶体时，由于胶体比较稳定，难以沉淀，还需先使用絮凝方法。絮凝法是利用絮凝剂把颗粒物相互凝聚生长成大矾花后再沉淀分离，絮凝剂就像个首领，一声令下，这些颗粒物小弟就迅速聚集过来了。絮凝、过滤和沉淀的方法被广泛应用于当今污水的深度处理中。当前，一些污水处理厂为了满足新出台的出水水质标准，需要提标改造，进一步去除出水中的悬浮物（SS）和总磷（TP）。高效沉淀池与滤布滤池的组合工艺就在污水处理厂的提标改造中应用广泛。高效沉淀池集机械混合、载体絮凝、斜管沉淀、污泥浓缩为一体，而滤布滤池工艺主要通过一定孔径的滤布的拦截作用，去除水中的颗粒物。通过两种工艺的组合，污水处理厂可以进一步降低悬浮物、TP 等各项指标，满足提标改造的要求。"

李俊叹道："这生活中真是处处有学问，今天本王我是长知识了！哎呀，今日既已谈到酒，不如我们去找个酒楼，好好痛饮一壶吧！"

水多星笑应："走！"说完，随李俊飘然而去。

此景正是：与君共饮一杯酒，叹今朝，忆往昔！

污水盐度与碱度——在古代肉是怎样保存的

一日，李俊和水多星来到孟州道十字坡饮酒，李俊告诉水多星：“这地方可不简单，当年菜园子张青和母夜叉孙二娘在城里待不下去，来此处开店，干着不可告人的勾当，直至认识武松并一起同归梁山担任梁山驻西山酒店迎宾使兼消息头领。”

水多星问：“没想到小小的十字坡客栈有这么多故事！我还听说鲁智深路过此地曾被麻翻，差点丢了性命呢！那大王你知道他们当年如果肉吃不完是用什么办法保存的呢？”

李俊答道：“用盐腌制啊！反正腌成咸咸的，就不会发臭，至于其中道理是啥我就不知道啦。”

水多星笑着说："是的，古人很聪明。用盐腌制实际是人为地形成高盐度的环境，产生高渗透压的作用，使微生物的细胞发生质壁分离现象，造成微生物的生理干燥，迫使它处于假死状态或休眠状态。所以咸菜和酱菜的含盐量一般都在10%以上，这样就不会发臭变质。"

李俊应道："那么食物制作时是不是尽量做得咸一点更好？"

水多星答道："不然，不是所有食物都适合做咸的，而且食物生产过程中会产生食品污水，如果污水的盐度过高就会对污水厂中的活性污泥造成伤害。就拿你常吃的乌江榨菜来说吧，榨菜厂腌制过程就会产生大量的高盐度废水，给污水处理制造很多难题。高盐度废水中所含盐类物质多为Cl^-、SO_4^{2-}、Na^+、Ca^{2+}等盐类物质。虽然这些离子都是微生物生长所必需的营养元素，在微生物的生长过程中起着促进酶反应，维持膜平衡和调节渗透压的重要作用。但是如果这些离子浓度过高，就会对微生物产生抑制和毒害作用。"

李俊好奇问道："没想到竟这般复杂，那高盐度对生物的影响具体是如何表现的呢？"

"如果水中盐浓度高、渗透压高、微生物细胞脱水引起细胞质壁分离；盐析作用使脱氢酶活性降低；氯离子浓度高会对细菌有毒害作用，此外，盐度高，废水的密度增加，活性污泥易上浮流失，从而严重影响生物处理系统的净化效果。因此实际高盐污水的处理过程中，往往采用蒸发、混凝沉淀、电解法及膜分离技术进行处理。除此之外，水中盐度高也不一定是坏事，海鱼比淡水鱼肉要紧实，味道好，因此有人开发淡水咸化技术，罗非鱼在淡水中长大，慢慢加盐咸化，做成咸化罗非鱼产品，价格比一般罗非鱼还高了不少呢！"水多星回答道，"除了盐度，你知道还有哪种指标是衡量水质的重要参数吗？"

李俊挠了挠头："这你可真难住我了，影响污水处理的水质因素有这么多吗？还请你赐教啊。"

水多星答道："哈哈哈，虚心学习的态度值得表扬！除了盐度，还有一个重要的水质指标叫作碱度。"

李俊问道："碱度？就是家里做馒头发面的时候加的碱吗？"

水多星忙道："你说得很接近啦，但是还不够全面，发面碱的成分是纯碱（化学式Na_2CO_3）与小苏打（化学式$NaHCO_3$）的混合物，发馒头的原理

是纯碱加热产生二氧化碳，在馒头中形成气泡。单纯加小苏打发馒头，气泡少，容易泛碱发黄，如果加一点醋，气泡多，还能够中和碱味。而水中碱度可不仅仅是这两种，它包括碳酸氢盐、碳酸盐和氢氧化物，其中碳酸氢盐是水中碱度存在的主要形式。此外，碱度是判断水质和废水处理控制的重要指标，在污水处理过程的硝化阶段，硝化细菌消耗碱度来进行硝化。倘若水中碱度不足，就会出现硝化不完全的现象，影响污水处理效果。因此在高氨氮水体处理时，需要加一定碱来保证硝化作用完全。”

李俊感叹道：“没想到有这么重要的水质指标需要去关注，这些小细节我可都要拿笔记录下来。”

水谱 028

活性污泥处理——让污水变清水的“工具人”

水多星带着李俊重回水泊梁山游览，如今的水泊梁山风景区早已没有当年“八百里绿树碧水相映”的自然风光，周围楼房林立。

水多星见李俊一脸诧异，便赶紧解释道：“你们当年的故事早已家喻户晓，这水泊梁山成了著名景点，人们纷至沓来。如此的风水宝地，周围自然被商家开发成了高档小区卖给百姓们居住。”

李俊思忖片刻，不解地问道：“当年只有宋江哥哥、吴用军师这些讲究人在茅房出恭，大部分兄弟还是习惯随地大小便。但山寨人数虽有近十万人，但远小于现在的城市人口，而梁山水域面积却远大于目前湖泊面积，按你们的说法就是自净能力还行，所以梁山水泊还能保持山清水秀。可如今梁山泊比俺们当年繁华了很多，这么多人往湖里排污水，不会把湖水变成臭水潭吗？”

水多星说：“放心吧，如今早就形成了科学的污水处理体系，把脏水变成干净的水，然后再排放到湖泊河流里的。”

说着便带李俊腾空转身，来到一个有成片水池子的上空。

水多星指着水池子说：“你且往下看，这就是我所说的污水处理系统中的污水处理厂。”

李俊看着下面或矩形或圆形的池子，不解地问：“这看起来褐黄色的东西是什么呀，真能把污水变干净？”

水多星笑着说：“这些看起来褐黄色的是活性污泥，用它们处理污水叫作活性污泥处理。活性污泥可是名副其实的把污水变干净的‘工具人’。”

李俊接着问道：“污泥？这么厉害的污泥我可从来没见过，请水兄具体介绍一下。”

水多星回答道：“这活性污泥处理，就是采用活性污泥方法进行污水处理。活性污泥不是真的‘泥’，而是微生物群体及它们所依附的有机物质和无机物质的总称。”

看李俊颇有疑惑，水多星解释道：“活性污泥中的微生物特别喜欢抱团取暖，它们彼此依偎在一起。这里面丝状菌像网架一样拴住其他的球菌或者杆菌，团成一个团。它们又能分泌一些叫 EPS 的黏性物质，把各自粘贴得更结实一些。如此的一团、一团，相互被 EPS 紧密粘连，逐渐变大形成了菌胶团。菌胶团们聚在一起悬浮在水里，就成了活性污泥。放大看它们就是絮状的样子。菌胶团中微生物抱团紧凑，结构密实。在静置状态下，很容易实现泥水分离。上清液就是处理干净的污水了。”

李俊惊讶地说：“原来是这样啊，那这菌胶团里有微生物吗？”

水多星回答说：“菌胶团里的微生物种类多样，它们自身就能构成一个微型生态系统。如硝化菌、反硝化菌、聚磷菌、异氧菌、原生动物、后生动物等。这些微生物抱团在一起，相互辅助完成水中污染物的去除工作。”

李俊笑着说：“这就像我们当年打仗，得 108 个兄弟齐上阵才好。”

水多星说道：“是啊，活性污泥处理已经有一百多年的历史，适用在各种废水的处理中，好像一个闷头苦干的‘工具人’。但是活性污泥有时候也会闹脾气，动不动就膨胀了，过量污泥便会随水流流出处理系统。有时候是丝状菌突然‘超生’造成的污泥膨胀，有时候是EPS分泌过多引起，总之只要它们一膨胀，就很难沉降下去，泥水分离的效果大打折扣，直接恶化出水的水质。”

李俊笑道：“谁还没有个闹脾气的时候。还是感谢活性污泥这个把污水变‘清水’的‘工具人’，既让水泊梁山繁荣发展又能保住碧波荡漾。水兄快带我下去看看，我要近距离观看这个现代社会的污水处理工艺。”

李俊说罢，便与水多星一起往污水处理厂飞去。

生物膜处理——最优秀的“HR”

生物转盘

李俊带水多星到暹罗国休假。一日，李俊从朝中回来之后满面愁容，嘴里还念念有词：“哎，朝中这些大臣真是气死我也！我可真是太难了！想当年聚义梁山水泊，众虎同心，是何等的风光。我若是能像当时一般有一群同心同德的兄弟，定能带领我们暹罗变得更加强大！现如今我这些臣子们烦得我头发都掉了好几把。哎……”

水多星：“李大王，莫烦忧，您不如跟我说说，兴许我能为您排忧解难。”

李俊道：“我朝中大臣个个都有奇思妙想，今天上朝时，管监狱的家伙吵着讨论如何建设精神文明，负责经济的官员竟然满脑子都是怎么和邻国作战，然而怎么处理水患的问题还没解决 ......”

水多星听了笑道：“我知道您管理朝臣的问题在哪了，现在我陪您去护城河散散心如何？等您气消了我们再慢慢谈。”

二人一路来到河边，在河边看到沿河有许多工厂，但是河水却依然清澈见底，鱼虾不时跃出水面。

李俊问道：“这工厂终于不把污水排到河水里了么？我还以为工厂下游的水会很脏呢！”

水多星：“这些工厂的污水都汇入污水处理厂了。李大王不如随我一同到污水厂中参观一二。”

二人来到污水处理厂，一个大大的圆盘映入眼帘。李俊不耐烦地说：“哎呀，水兄我知道你的心思。你就快告诉我吧，这污水处理厂与管理朝臣到底有什么关系呀？”

水多星听到嘿嘿一笑：“李大王别急，您看这个大盘，搞懂这个盘盘，你就知道如何当皇帝了。这就是这座污水厂的核心处理工艺，名叫生物转盘，是生物膜法的一种。您看，那转盘上是不是覆着一层薄薄的膜？

这生物膜法，就是采用不同形状的载体，在这里的载体就是这大圆盘，有时候也采用蜂窝结构的、小球结构的载体。在这些载体上长着厚厚的生物膜，这些生物膜都由高密度的微生物构成。这些微生物呀，那真是分工明确，各司其职，分得清主次，担得起重任，去除污染物那是十分高效。

这生物膜从内到外，可以分为四层，就像是有四个车间，分别是厌氧层、好氧层、附着水层和流动水层。其中好氧层和厌氧层由不同功能的功能菌组成，每种菌群针对特定的污染物，它们根据营养物和溶解氧的分布在空间上都具有十分合理的分工。流动水层主要负责为生物膜提供新的污染物和新鲜的氧气，经过附着水层的中间搬运，污水中的有机污染物和微生物需要的氧气都被安全且快速地按照需求量运送到好氧层和厌氧层。在好氧层，勤劳能干的好氧细菌日夜不停地努力工作，处理掉自己‘分内’的污染物，异养菌们及时分解有机污染物和厌氧层代谢产生的有机酸，形成 CO_2 和 H_2O，使水中大部分的COD、BOD_5 得到去除。而自养菌（如硝化细菌、硫细菌等）氧化厌氧层产生的 NH_3 和 H_2S，形成的 NO_2^-、NO_3^- 和 SO_4^{2-} 等产物都会再被运送到需要的地方。厌氧层的反硝化菌接收到来自好氧层的 NO_2^- 和 NO_3^- 之后，就会发挥自己的反硝化作用生成 N_2，使水体中的有机氮得到去除。这就是生物膜法的同步硝化反硝化功能（SND功能），在活性污泥法中，往往需要多个反应器才能达到这样的效果，而生物膜法只需要一个就能够完成。

除了上面所说的生物外，有时候还会有原生动物和后生动物等来监工，它们会‘捕食’掉那些已经没有工作能力的衰老微生物。微生物会根据来水中有机物的不同，调整自己的种群结构。当有机物浓度较高，到了适宜异养菌生长的范围，异养菌就会大量繁殖，导致生物膜厚度变大，生物量也有所提高。但此时对于氧气和生存空间的竞争也会陡然加大，导致一部分异养菌不得不‘含泪辞职’，这就是生物膜的脱落。而当有机物少的时候，好氧层就会以吃得比较少、长得比较慢的硝化细菌为主，这种细菌不争不抢，比较佛系，生物膜就比较薄，也就不那么容易脱落。

由于在生物膜法处理污水的系统中，生物量多，食物链长，能够处理的有机污染物数量也多，每个层中的生物都坚守着自己的岗位，兢兢业业地工作，处理效率高，效果也比较稳定。”

李俊听完恍然大悟：“哈哈，我明白了，各司其职，因才选人，根据大臣们的需求和追求安排工作，分清工作的主次，并且时常安排新人选拔和绩效考核，使朝中达到良性的新陈代谢，这就是你要讲给我的道理吧。我这就回去命人起草任职书，先选出来一个专业的人来帮我安排大臣们的职位！”

电化学法水处理——快给溶液加个电吧

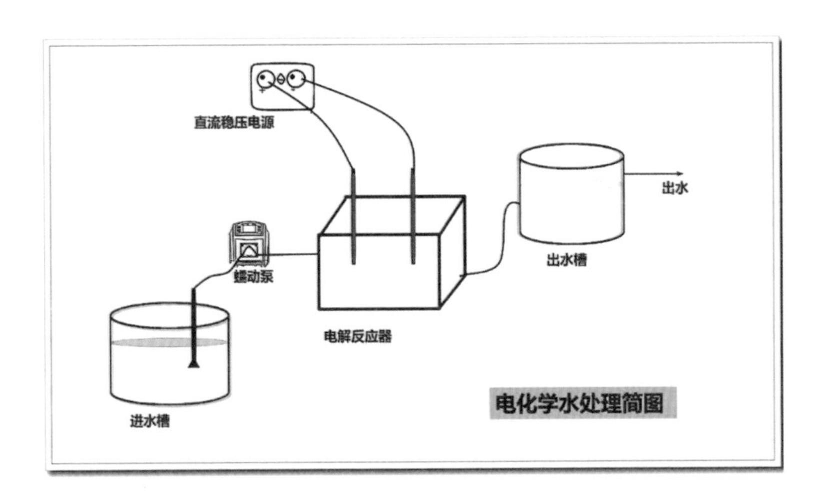

电化学水处理简图

这天傍晚，水多星与李俊正在公园散步，忽然感觉空气沉闷，远处传来阵阵响雷。水多星开心道：“好像要下雨的样子哎，每当雨天我就感觉身心舒畅，好像回到了水里一样。”

说话间乌云已经笼罩过来，天空有闪电划过，李俊拉起水多星道：“这雨真是迫不及待，刚刚听到雷声，就倾盆而下了。湖边有个凉亭，正好我去里面避雨，也方便你在亭外雨中玩耍。”

二人转眼来到亭中，李俊拧着衣服上的水，手上动作不自觉慢了下来，陷入了回忆：“这雷雨天让我想起了梁山传来朝廷招安消息的那日，天上也是电闪雷鸣，这一场雨一道雷，像是为梁山命运劈开了一道分水岭。朝廷招安直接改变了梁山聚义的性质和全体梁山兄弟们的命运。招安前，大伙儿每日喝酒吃肉，肆意潇洒，可是招安过后，我梁山兄弟一直被朝廷当枪使，受大大小小官僚的层层束缚与压迫，最后兄弟们伤亡过半，大多不得善终啊。”

正说着，又一声惊雷轰隆隆响起，还带来了一道道闪电，似在头顶炸开一般，打断了李俊的回忆，二人一同向天空望去，李俊叹了口气道：“唉，连这天上闪电来得也与当年何其相似啊！”

水多星：“李大王别难过了，虽然人已逝去，但是梁山好汉的英雄故事流传千古，被后人世代铭记，你们当年疾恶如仇，重情重义的精神也不断被传颂。只是没想到你对闪电还有这样难解的情结，竟然勾得你如此伤心，其实这闪电没啥大不了，由于暴风雨天气云层中会产生电荷，电荷都是成对出现的，有正电荷和负电荷，这两者就像一对好兄弟，分开后还彼此吸引，再次相遇的时候还会产生火花，发出耀眼的光芒，从而就形成了闪电。宋代沈括在《梦溪笔谈》中曾对雷电有过翔实的记载，但当时却并没有现代科学中电的概念，而现在人们已经自己生产电来使用了。”

水多星接着说道：“电的发现可以说是人类历史的革命，它不但是电子信息技术的基础，人们还可以从中获取能量，在污水处理中电化学处理技术也起到了极大的效果呢。”

李俊惊讶：“电与水还扯上关系了？当年我在学游水时可是被反复告诫天上闪电时千万别沾水，水与电共存会取人性命的！”

水多星笑道：“我说的是用电来进行污水处理，电化学水处理技术可使污染物在电极上通过电子转移发生化学转化被减少或去除。大多数通过氧化作用降解有机污染物，本质其实和生物氧化原理一样，都是把有机物分解成二氧化碳，只不过电化学氧化反应更加强烈，能氧化生物氧化不了的难降解有机物。”

李俊：“这技术听起来这么神奇，究竟是怎么用的呀？”

水多星：“它的用法可多了，现在成熟的有电絮凝－电气浮法、电沉积法、电渗析法、电吸附法、电芬顿法等好多工艺呢！”

李俊：“这么多工艺，它们的原理和用处肯定不一样吧，具体都啥意思呢？”

水多星：“电絮凝－电气浮法是在阳极产生可让胶体污染物凝聚的阳离子，使污染物‘抱团’成大块沉淀下来，同时两电极还会产生小气泡，小气泡会在水中上升，同时将污染物托起浮到水面，主要用于高色度、重金属废水处理；电沉积法是使溶解性金属在阴极变成不溶性金属物质析出，这种方法可用于水中金属离子回收，非常绿色环保；而电渗析是使溶液中的带电粒子透过一个膜后定向迁移，从而从溶液中分离出来，可以用于溶液的浓缩、淡化、精制和提纯；电吸附法是强制阴阳离子分别向带有相反电荷的电极板上移动，达到离子从水中去除的效果，主要用于苦咸水淡化、水体除盐等过程；电芬顿法利用芬顿试剂反应，使双氧水在铁离子（表示为 Fe^{2+}）的催化作用下生成羟基自由基来降解水中有机污染物，而电芬顿的实质就是在电解过程中直接生成芬顿试剂，适用于垃圾渗滤液原水、浓缩液以及化工、制药、农药、燃料、纺织、电镀等工业废水的预处理。”

李俊问：“那这种方法与水兄之前给我讲的其他污水处理工艺相比，有何优点呢？”

水多星答：“说到优点就多了，电化学水处理工艺设备简单，不需要很大的占地面积，维护费用也相对低廉，对反应条件要求也比较低，方便控制，而且该方法还能有效避免二次污染呢。以垃圾渗滤液处理为例，由于成分复杂多变、毒性大，COD 浓度高，常用的微生物处理方法很难达到良好的处理效果，电化学水处理工艺是处理垃圾渗滤液的理想方法，可通过采用混凝剂对渗滤液进行预处理去除一部分腐殖质、固体悬浮物和有机物，降低后续处理电耗，然后利用电催化氧化产生的强氧化性羟基自由基再进行深度处理，整体工艺无须添加额外氧化剂、二次污染小、并能得到理想的处理效果。不过公正地说，电化学水处理工艺也没有那么完美，实际运用中也存在电能消耗高、效果不稳定等缺点，使其难以推广，所以还需学者们继续研究以达到更加节能高效的目的。”

李俊：“这电化学处理技术应用好广泛啊，而且听起来也太方便了吧，给溶液加个电就能解决这么多问题！”

水谱 031

污水硝化和反硝化——微生物也施“连环计”

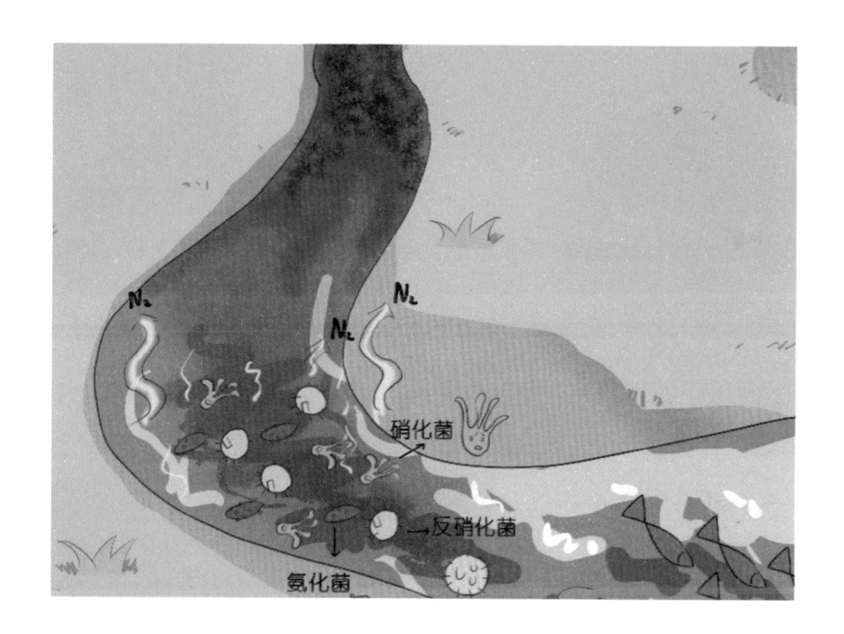

《水浒传》中宋江前两次攻打祝家庄，非但没有攻下，反而损兵折将，只好请才智超群的吴用军师下山助阵。吴军师一到，立即设连环计，先安排新入伙的孙立一行冒充登州驻军拜访栾廷玉，之后孙立便被栾廷玉引荐给祝家。为了让孙立被祝家信任，吴用让石秀配合孙立假装被抓。在孙立完全取得祝氏兄弟信任后，吴用让宋江从外部攻打，同时石秀在庄内放出被俘的兄弟，从内部反攻，里应外合，最终攻破祝家庄。

李俊想到这段经历就感叹道：“这是吴用军师经典之作，从此，‘宋江－吴用组合’正式成立，我梁山军队战无不胜！”

水多星神秘地说：“李大王，自然界有很多生物的‘连环计’也让人心服口服，详情容我给大王一一道来。”接着，水多星就向李俊专业地普及了水中有关氮的知识。

“水体中的氮以四种形态存在，分别为有机氮、氨氮、亚硝态氮和硝态氮。水体中也富含多种微生物，其中参与‘脱氮连环计’的主要为氨化菌、亚硝化菌、硝化菌和反硝化菌。

要想完成水中氮素的去除，一共分为三步。第一步为氨化反应。氨化过程主要由水中的氨化菌参与。它能够将水中的有机氮化合物水解转化，从而生成氨氮（游离氨）。氨化菌能力特别强大，它在好氧和厌氧的环境中都能完成氨化反应。

第二步为硝化反应。在这一过程中主要由亚硝化菌和硝化菌协作完成，这两种细菌是近亲。两兄弟相互配合，完成硝化反应。首先亚硝化菌能够将氨态氮氧化，生成亚硝态氮。生成的亚硝态氮则在硝化细菌的作用下进一步氧化，生成硝态氮。

第三步为反硝化反应。这一步就需要靠反硝化菌来完成了，这也是水中脱氮的最后一步。上步反应生成的硝态氮、亚硝态氮被反硝化菌还原为氮气，从而从水体中逸出，这样就完成了水体脱氮过程。人们通常利用这个连环过程就把氮素从污水中给去除了。

但是自然界的一些生物要比人类想像的聪明很多，它们看到硝化过程太过漫长，因此也开始‘投机取巧’起来。它们利用亚硝化过程产生的亚硝态氮直接进行反硝化过程生成氮气，这个过程叫短程反硝化。还有一些‘自我牺牲’行为也非常让人惊讶，它们会自己（亚硝态氮）‘攻击’自己（氨氮），最后都变成了氮气，同归于尽。

当然，聪明的人类发现了微生物这些‘投机取巧’和‘自我牺牲’行为之后，也相应地开发出新型的污水处理工艺与设施，使污水处理变得更加节能、高效起来。”

李俊听完笑道：“看来这微生物也不一般呀，有此完美的‘连环计’，再也不怕我梁山泊出现水草丛生的现象了！”

水谱 032

污水除磷——“饭量”堪比鲁智深的聚磷菌

一日，李俊水多星来到一家酒店，点好几个酒菜，正准备开餐，只见对面餐桌来了几位客人，其中一位膀大腰圆，浓眉大眼络腮胡，颇有鲁智深的神韵。

水多星略有所思，问道：“李大王，当年山寨好汉中，最能吃的是谁？”

李俊：“说到水浒梁山一百零八将，各有神通、身手不凡。那酒量最牛的当数武松，而那饭量最牛的则非鲁智深莫属了。当年鲁智深在那五台山上不堪寂寞，下山喝酒吃肉，竟然将那半只狗肉吃得只剩下一条狗腿。这么美味的狗肉怎么能忘记自己师兄弟呢？于是鲁智深便带着这条狗腿回山，虽然师兄弟百般推辞，但是鲁智深硬是把这狗肉塞进一位师兄嘴里，让师兄也来尝了尝这人间美味！”

水多星笑道：“鲁智深的事迹当然家喻户晓了，但你知道吗？水环境治理微生物中，最贪吃的就莫过于聚磷菌。”

水多星继续道：“聚磷菌是一种兼性细菌，既能在厌氧环境中安逸地生活，也能在好氧环境中大块朵颐。它们根据所处的环境不同，有以下特点。

在厌氧条件下，聚磷菌能够将细胞中的多聚磷酸盐（ATP）水解生成ADP和正磷酸盐，为细胞生命活动提供能量（人类也是靠这种方式供能），正磷酸盐则部分被释放到水中。聚磷菌利用这些能量，摄取水中容易降解的有机质，并将它们以一种细菌体内的‘脂肪’PHB（储量的物质）储存下来。这PHB就是聚磷菌与其他微生物的不同之处。

在好氧条件下，聚磷菌则以游离氧为电子受体，氧化细胞内储存的PHB，产生大量能量，过量吸收污水中的正磷酸盐，生成高能磷酸化合物ATP储存在细胞内。

通过厌氧－好氧的方式，聚磷菌就能大量地‘吃’水中的磷酸盐。目前发现的聚磷菌主要有两类——不动杆菌属和假单胞菌属，不动杆菌属吸收进细胞内的磷酸盐能够达到其细胞干重的10%～20%，假单胞菌体内的多聚磷酸盐甚至可以达到31%。”

李俊问道：“真是太好了，那如何利用聚磷菌这个贪吃的家伙处理污水呢？”

水多星道：“富含磷酸盐的污水是聚磷菌大展身手的地方。人们设计了厌氧－好氧工艺，让聚磷菌充分发挥‘大胃王’的能力把污水中的磷通通吃掉。

聚磷菌经过污泥回流之后进入厌氧区。这时水中的溶解氧就像‘主人’一样控制着聚磷菌。聚磷菌就眼睁睁地看着大餐在眼前却不能动，甚至为了维持生命活动还释放出了一部分磷，但是它做了充足的准备——PHB，等待开餐时刻的到来。

接着聚磷菌来到了好氧区。这时溶解氧充足，聚磷菌就像被解除了封印一样开始疯狂进食，过量地吸收水中的磷酸盐。如果将聚磷菌的‘吃相’放大N倍，估计很容易会让人想起水浒传中那公认的‘吃货’——‘花和尚’鲁智深。

经过聚磷菌的一顿狼吞虎咽，污水中的磷酸盐都被去除了，此时可通过沉淀将聚磷菌和水进行分离，磷素污染就这样被固定在污泥中，得以去除。

聚磷菌的世代周期极短，污水处理需要通过排泥把过量吸磷的聚磷菌一起排出。但是聚磷菌有个‘死对头’——硝化菌，它世代周期很长。为了让硝化菌更好地进行硝化作用，需要延长污泥龄。由于磷相对于氮素更容易通过化学沉淀法去除，所以污水厂现在一般设计为优先满足硝化细菌的污泥龄要求，而受到影响的除磷过程则通过加入化学药剂来进行化学除磷。”

李俊笑了：“看来当个聚磷菌也不容易呀！不能想吃就吃，哈哈哈。”

水谱 033

重金属废水处理——杀害武大郎和卢俊义的“真凶”

水多星：“《水浒传》中，由口引入的祸端有三类，第一类是酒，它可以使人增长气力，胆气更壮，却也能误事。第二类是蒙汗药，会令人昏迷，即使英雄豪杰碰到它也要束手就擒。第三类是毒药，可直接置人于死地。当年李逵和宋江就死于不知名慢性药酒，武大郎死于砒霜中毒，卢俊义死于汞中毒。李大王，你还记得前面提到过的重金属么？这里面出现的毒药砒霜——学名三氧化二砷（As_2O_3），就是重金属砷（As）的化合物，而水银就是另一种重金属——汞（Hg）的俗称。”

李俊：“重金属离子作恶多端，印象深刻啊，怎能不记得。想起当年，幸亏自己在苏州城外诈中风疾，带童威、童猛等一众兄弟打造船只出海，方有今日啊。这重金属如此可恶，究竟是何方妖孽啊？”

水多星：“唉，李大王也算是福大命大。说到重金属，它是指密度大于

$4\sim5g/cm^3$ 的金属，在自然界中大约存在45种，如铜（Cu）、铅（Pb）、锌（Zn）、铁（Fe）、钴（Co）、镍（Ni）、锰（Mn）、镉（Cd）、硒（Se）、钼（Mo）、金（Au）、铬（Cr）、银（Ag）等。尽管Mn、Cu、Zn等重金属是生命活动所需要的微量元素，但是大部分重金属仍非生命活动所必需，甚至浓度超过一定限度将会对人体产生毒性。其实，在环境污染领域谈到的重金属主要指Hg、Cr、Cd、Pb、Cu、Co、Zn、Ni、Sn、As、Se等，它们毒性强弱不一，在工业领域有一定的有益用途，如Pb可制造蓄电池，Ni常被用作制备合金材料，红汞常用作消毒剂等。但是一旦重金属到了水中便危害巨大，不但难以通过自然界净化作用使其消除，反而会不断累积，具有非常强的不可逆性。”

李俊：“我了解到矿山、冶炼、电解、电镀等行业都是重金属废水的主要来源呢。这重金属可真是不可承受之‘重’啊！”

水多星：“是啊，这个强劲的‘敌人’实在不好对付，由于水中的重金属离子无法被分解破坏而将其彻底消灭掉，只能通过‘施法’将其转移（转移它们的存在位置）或变形（转变它们的物理和化学形态）了。”

李俊：“如此顽固，究竟什么‘法术’能对付它们呢？”

水多星：“目前已经琢磨出三种‘法术’对重金属废水进行处理呢！它们分别是物理法、化学法和生物法。”

水多星接着道：“化学法，顾名思义是通过化学手段来对付重金属废水。其中，为了使均匀分布于水中的金属离子‘现形’，需要其他化学药剂的帮助，加入的药剂与金属离子结合后转化为难溶物质，通过沉淀将其去除，这就是化学沉淀法；此外还有化学还原法，金属由原子构成，原子的外围分布着电子，当重金属离子从其他物质得到电子，自身便能从离子态‘变身’为固态，从而在废水中‘现形’。除了上面的两种以外，还可以请‘帮手’——电来帮忙，这里就涉及电化学方法，它包括电解法及电沉积法，这两种方法分别通过电来强化重金属离子的还原或强化重金属的沉淀，从而起到降低废水中重金属含量的效果。”

李俊调侃道：“我知道了，那么物理法就是在不改变重金属离子化学形态的条件下，通过吸附、浓缩而将其分离的方法呗。”

水多星：“李大王果然见多识广，说的还真是一点不差。物理法也有好几种小法术。其一便是吸附法，吸附剂常常具有大量的孔道结构，方便‘诱捕’重金属离子暂居于其中。吸附剂对于重金属离子的强大的吸引力主要源于两大‘法器’，一个是范德华力，存在于物理吸附中；另一个法器力量更强大一些，它是吸附剂与吸附质接触后发生反应生成的共价键和离子键，金属离子和吸附剂靠键牢牢地连在一起，这种情况存在于化学吸附中。其二是离子交换法，为了获得金属离子，可以利用另外一种化学试剂——离子交换剂，将其中的可交换基团作为交换条件与溶液中重金属离子进行交换，重金属离子取代可交换基团在离子交换剂上的位置，因此达到去除重金属的目的。其三是膜分离法，此法是利用半透膜所具有的选择渗透性来进行物质分离的技术，在外界能力的推动及半透膜对粒径严格的把关下，金属离子和水可被半透膜隔离在两侧。”

见李俊听得津津有味，还不时指挥速记羽毛笔在小本子上记录什么，水多星便接着道：“这生物法便要请生物出马了，生物法主要是借助微生物或植物对重金属离子进行絮凝、吸收、积累、富集而去除重金属离子。其中的植物修复法是利用植物的吸收、沉淀和富集等作用达到治理重金属废水的目的；生物絮凝法是通过微生物或微生物的代谢物进行絮凝沉淀重金属的方法；生物吸附法则是利用某些生物体本身的化学结构及成分特性来吸附水体中的重金属离子，再通过固液两相分离来去除重金属离子的方法，适宜处理大体积、低浓度重金属废水。”

李俊赞叹道：“不错、不错，看来这水体中重金属离子的去除已经是很成熟的技术了。”

水多星接着说：“当然了，但是除了离子态以外，重金属在水体中还常以结合态存在，将其转变为离子态是处理络合态重金属的主要技术难点。目前针对络合态重金属的去除主要‘法术’也有三个，其一是使用破络剂后进行沉淀处理，其二是使用络合常数大、络合后可产生沉淀的药剂强行置换，其三是直接采用吸附和分离方法去除水体中的络合态重金属。”

李俊听后若有所思，良久开口说道：“原来居然发展出这么多治理重金属污染的办法，暹罗国内现在工业发展迅猛，保不齐也有哪处水域受到了重金属污染，等这次游历结束，我回国也把主要水域巡查巡查，说不定今天所学的‘法术’还能派上用场。”

高浓度有机污水处理——喝酒不忘环保人

这天赤日炎炎，酷热难耐，李俊满头大汗，而水多星更是浑身冒着热气。“要是能有一壶米酒拿来解暑消渴，该有多好。想当年我梁山兄弟在那黄泥冈上，就是靠两桶米酒，取回了杨志押送的生辰纲。我已经好久没有再尝过酒了。”李俊惆怅地望向远方。

“李大王别难过，这里也有琼浆玉液，我来带你去品尝。”水多星边说边引着李俊来到一个酒厂旁边。

“李大王，现在的酿酒技术已经和之前大不相同了。这酒酿完之后还要经过蒸馏、浓缩以及调制等步骤。酒精度数升高了，虽然辣了许多，但是也更香醇了。”水多星笑着回答。

李俊：“确实感到芳香四溢，果真人间美味呀！”

水多星：“这酒浓度高了，但这样一来排放污水中的有机物浓度也就远远高于一般城市污水了。一般城市污水的 COD 大约在 300mg/L，而酿酒废水则高达50000mg/L。”

水多星继续说道：“除了酿酒废水之外，还有很多工厂、企业产生高浓度的有机废水。这些废水不仅COD高，而且一般分子量很大，甚至有的含有有毒有机物，难以生物降解，比如焦化废水、纺织/印染废水、石油化工废水等。”

李俊：“这么棘手的废水，该怎么来处理呢？”

水多星：“传统的污水处理厂采用厌氧－好氧活性污泥法，而对于高浓度的有机废水则不适用。一方面因为污水有机物浓度过高，传统处理方式能耗高，污泥产量过大，处理费用过高，因此一般多采用厌氧处理方式，经过水解、酸化、乙酸化、甲烷化等四个阶段逐步将污染物降解，分别为水解阶段：在此过程中复杂的高分子有机物在胞外酶的作用下被降解为简单有机物；产酸发酵阶段（酸化）：简单有机物被产酸菌降解为长链脂肪酸；产氢产乙酸阶段：长链脂肪酸被分解为乙酸、氢气和二氧化碳；产甲烷阶段则利用前端产物生成甲烷。”

“厌氧处理不仅提高了污水的可生化性，提高了后续污水处理效率，而且产泥量少。另外此过程非但不用曝气，产生的甲烷甚至可以用来发电产能，从而降低处理费用。”

李俊：“这可太好了！现在不是全球能源危机吗？刚好都可以用这种方式来处理，一举两得！”

水多星：“李大王，不同类型的污水厌氧工艺也有所区别。按照污水的性质和来源可以分为三类：易于生物降解的，如酿酒废水；含有有害物质但可以生物降解的，如化工、制药废水；不能生物降解或对生物毒害作用较大的废水，如农药废水。一般含盐量越高、对生物毒害作用越大、越难降解的污水则需要用生物膜法来处理，因为生物膜可以提高微生物的抗逆性，常用的有固定式生物膜法和移动床生物膜法。”

“厌氧工艺处理高浓度有机废水虽然很好，但是也有一些不足，厌氧过程出水有机物浓度还是偏高，不能满足直接排放的要求，需要后续进行深度处理。例如酿酒厂厌氧发酵罐的出水一方面可以深度处理后排放，另一方面也可以给市政污水厂作为补充碳源，一举多得呢。”水多星补充道。

“看来这美酒虽好，但产生的污染也不少呀。吃水不忘挖井人，我们喝酒也不能忘了环保人啊！”李俊不由感慨。

水谱 035

难降解有机物处理——“软硬兼施”对付“顽固派”

水多星：“李大王，综观你们梁山好汉，皆有血有肉，个性鲜明，每个人都有自己迂回曲折的精彩故事，不过有一点‘殊途同归’，最终均是被逼上梁山的。只是这‘逼上梁山’的过程各异，有些人是学成文武艺，货卖帝王家，如林冲，本身作为朝廷的公务员，忠心拥护朝廷，却被高俅逼得走投无路而上梁山；以卢俊义为代表的一部分人则是被梁山设计上山的；以关胜、呼延灼为代表的一干朝廷官军将领，是在征讨梁山战败后，由于怕逃脱不了治罪的命运，无奈将梁山作为暂时栖身之所，心里还等着朝廷招安的；而像武松、李逵，包括你李大王都是草莽英雄，属于自愿上山落草的。我读了你们兄弟的故事后，感觉这 108 个英雄虽然都是落草，但是大家对朝廷的态度好像不太一样哦！”

李俊：“是的，我梁山兄弟当年来自五湖四海，有着不同的生平遭遇，最终虽都落脚梁山，但确如你所说，大家心里面对朝廷的态度是不一的，有的顽固对抗，有的只反贪官不反朝廷，还有的态度摇摆，有酒有肉就行，很容易跟风。”

水多星：“对啊，这让我联想到了水中的有机污染物。这水体中有机污染物的顽固性同样不一样，你想让它‘投降’降解，有的就很容易，被称为可降解有机污染物，有的就很顽固，属于难降解有机污染物。”

李俊：“原来污染物在降解过程中还有不同的‘意愿’啊！你说的这个可降解和难降解是啥意思？”

水多星：“可降解有机物说的是在自然条件下，自身能被微生物降解的污染物，比如人类和动物的排泄物、食物残渣等。相对地，难降解有机物也就是指自然条件下难以被生物等降解掉，或者不能以足够快的速度降解而造成它们在环境中积累的有机污染物。难降解有机物可在自然环境中滞留几个月甚至几年之久，例如焦化废水、医药废水、石化废水、纺织 / 印染废水、化工废水、油漆废水等都会产生难降解有机污染物。”

李俊：“可是水兄，我还是有点搞不清楚这难降解有机物究竟是‘难’在哪里。”

水多星：“这些有机污染物中的‘大 boss’简直是‘天赋异禀’，常常有着复杂的组成和结构，某些基团如苯环、卤素、氰基等，或者过多的叔碳支链，都会降低微生物的代谢速度。另外，难降解有机废水常常对微生物很不友好，使微生物在其中难以存活，比如废水 BOD_5/COD 值往往很低，导致可生化性较低；有机污染物分子量太大且疏水基团占比高（如高分子聚合物），难以扩散穿过微生物的细胞壁进入细胞而被微生物利用；有些有机污染物还具有生物毒性和抗菌杀菌作用，例如农药、制药废水，它们会使微生物体内的酶失活。”

李俊：“居然有这么多因素阻碍着难降解有机物的降解！那该如何对付它们啊？”

水多星：“刚刚说难降解有机废水主要问题是毒性大，结构复杂，这主要归因于有机物的基团，所以可以先采用‘高压’手段攻克这些基团，再结

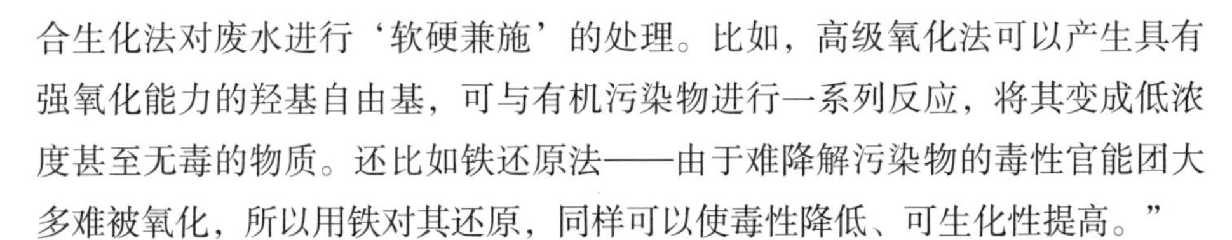

合生化法对废水进行‘软硬兼施’的处理。比如，高级氧化法可以产生具有强氧化能力的羟基自由基，可与有机污染物进行一系列反应，将其变成低浓度甚至无毒的物质。还比如铁还原法——由于难降解污染物的毒性官能团大多难被氧化，所以用铁对其还原，同样可以使毒性降低、可生化性提高。”

李俊感叹：“无论多顽固的污染物，只要找到它的弱点就不用怕啦！”

水多星：“是呀，面对难降解有机污染物，很多处理方法都已经在实际应用中取得了较好的处理效果。”

水多星带着李俊在云层中向下望去，指着一处工厂，“你看，那个化学制药厂，前些年刚开办的时候由于产生的高浓度废水没法处理差点就要关闭，后来请来专家指点，据说是先用铁碳微电解法对制药废水进行预处理，改变了有机污染物的性质和结构，使废水的可生化性得到了提高，然后进行厌氧水解酸化，将好氧生物处理难以降解的大分子有机物水解为易于降解的小分子有机物，进一步改善污水的可生化性，最后再通过序批式间歇活性污泥工艺进行好氧微生物降解。他们把专家建议用于实践，果然取得了良好的处理效果，现在工厂既可正常运转又不对环境造成污染。”

李俊松了口气道：“哎呀，这处理工艺效果这么管用，真是给保护环境做出了巨大贡献啊，不然这人们制药吃药都还要担心是不是污染了环境啊。”

水多星：“虽说如此，不过面对日益沉重的环境压力，再高超的处理技术也离不开人类良好的环境保护意识啊，对于合成的尤其是难降解的有机物还是要合理使用才有助于减轻环境负担呀。”

污泥减量——污泥“减肥”还能省钱

一日，李俊带水多星一起去到暹罗国首都的污水处理厂视察。

李俊问厂长：“你们一年的处理费用是多少啊？”

厂长回答道：“李大王，本厂……本厂一年支出八……八十万两白银。”

李俊听后非常诧异:“嗯？这支出怎么如此之高？你们是否运营不当啊？”

厂长吓得一边抹着脑门上的汗一边战战兢兢地答道：“大……大王，不是小厂支出太高，实在是这污泥处理费用太……太……太贵！您有所不知，这厂子里每天都会产生 80~100 吨的湿污泥，小……小厂实在是负担不起啊，这污泥处理费几乎都……都占总支出的五成了。”

李俊刚想指责厂长，水多星接过了话茬儿：“李大王，您有所不知，传统的污泥处理技术是对污泥进行浓缩、脱水和干化处理，使污泥的含水率降低，便于污泥运输和处置，处理成本的确是太高了，也难怪厂长为难。”

厂长：“是啊，是啊，污泥处理价格高，污泥处置出路困难，费用更高啊。”

李俊道：“那水兄可有良策？”

水多星说：“不如我先给李大王和厂长讲一讲污泥减量吧，或许能助厂长解除困境。

咱们厂子处理费用太高，究其根本是污泥量大的缘故。而应用污泥减量化的污水处理技术，如解偶联剂、使用胞溶技术、利用生态学原理中生物捕食等实现污泥的减量减容，能够有效地降低污泥产量，减少运行成本。”

李俊说：“别卖关子了，赶快细细道来。”

水多星微笑着说：“李大王别急，我以‘减肥’为类比为大王讲解。其实微生物氧化分解有机污染是为了产生能量，繁殖自己，称为能量偶联代谢，所以要实现减量化，必须加大能量损失，就像减肥一样，必须制造‘能量缺口’才行。在吃的东西不变的情况下，就只能加大能量消耗了。”

李俊道：“哦？那么这些办法都是怎么让细菌消耗能量的呢？”

水多星回答道：“使用解偶联剂能使细菌呼吸链中电子传递所产生的能量不能用于ADP的磷酸化，而只能以热的形式散发，即解除了氧化和磷酸化的偶联作用。这个方法就像是打通了肠道，人吃的美食不会以脂肪的形式储存，而是直接排出体外，那减肥岂不是事半功倍？如果一个人的体脂率降低，肌肉含量增强，就变成了所谓的‘易瘦体质’，解偶联剂就能帮助微生物形成‘易瘦体质’，改变微生物的生态结构，改善污泥的膨胀性能和沉降性能。采用好氧—沉淀—缺氧（OSA）联合工艺也能达到相同的效果。

胞溶技术又称隐形生长，可以使细胞释放出胞内物质，有利于进一步分解，相当于给微生物们吃了强效‘减肥药’，一般可用的方法有机械方法和化学方法。吃肉虽然长脂肪，但是‘减肥药’溶掉脂肪排出体外，也能够达到‘减肥’的效果。但是就像‘减肥药’可能会影响身体营养的吸收一样，胞溶技术的应用也会削弱微生物对污染物的处理效果，特别是可使出水中的氮、磷浓度较高。”

李俊道：“使用解偶联剂和胞溶技术要么需要长期购买药物，要么需要引进新技术，都需要花费银子，可有什么长期可用又耗财较少的法子啊？”

水多星道：“那想必这第三种方案——生物捕食比较满足您的需求。生物捕食就是在系统中引入‘健身教练’，有原生动物（纤毛虫等）和后生动物（轮虫、线虫等）两种，这些‘教练’会日以继夜地盯着细菌们，碰到体弱多病、偷懒休息的细菌就会一口吃掉。他们将捕食的污泥转化为能量、H_2O 和 CO_2，使污泥量有效减少。另外引入生物捕食会产生类似于‘蛔虫’在体内的效果，微型动物们吃掉了本应该被细菌‘吸收’的营养物质，自然能起到‘瘦身’的效果。”

李俊听完，若有所思地对水多星说：“嗯，原来是这样，这么看来，是当时污水厂设计时没有考虑到这个问题。这样吧，我就委托你协助厂长，对污泥开展‘减肥’行动，实现‘减肥’、降耗、省钱三丰收！”

污泥处理与处置——可变废为宝的“城市矿产”

（一）污泥处理与处置

这天，李俊和水多星来到了一处美丽的乡村。这里风景如画，沃野千里，庄稼茁壮生长。“你看这青翠欲滴的蔬菜，真是诱人。当年鲁智深在大相国寺看菜园，用粪水浇田，可为什么庄稼却一直长不好，甚至有部分菜苗都死了呢？”李俊问道。

“李大王，那是因为粪水没有充分腐熟，浇到田里之后产生烧苗现象，所以会有菜苗都枯死了。现在人类正在实施厕所革命，中国也很大程度地解决了农村如厕难问题，这粪水也都被收集到污水厂进行处理，已经没有人再用粪水浇田了。为了给庄稼补充营养，人们将化肥施加给农田，但是长期使用化肥导致土壤板结。你看那一车车拉来的腐熟有机肥，就是为了给这土壤进行改良。”水多星回答道。

李俊：“没有粪水，哪里来的有机肥呢？”

水多星：“李大王有所不知，污水中的污泥经过处理后可以变废为宝成为有机肥。污水厂每处理1万吨污水就能产生5吨污泥。这污泥主要由有机残片、细菌菌体、无机颗粒、胶体等组成。污水处理厂剩余污泥含水率高达99%，人们常用污泥浓缩池、压滤机等设施对污泥进行脱水减量，但是减量后的污泥的含水率仍高达80%，气味难闻，含水量过高的污泥会影响土壤的气体传输，如果直接施入土壤，还是会造成烧苗现象。”

“污泥中含有大量的小分子物质，例如氨氮、挥发性有机酸等，这些是污泥产生恶臭的主要原因。因此需要对污泥进行稳定化处理来减少恶臭。人类开发出了很多种方法来对污泥进行稳定，常用的包括厌氧消化、好氧消化、氯化氧化、石灰稳定法以及热处理等。这些方法不仅可以稳定污泥，还能杀死病原菌等有毒有害物质，实现污泥的无害化。之后通常还会进行脱水、干化处理，减小污泥体积，降低污泥的含水率至30%以下，以便将污泥制成生物肥料。”水多星补充道。

李俊皱着眉头问：“什么是污泥处置呢？”

水多星：“污泥处置是经过污泥处理，即减量化、稳定化、无害化之后的一种消纳方式。人们常用的处置方法有农业堆肥、制作建材、裂解制作化工原料，或者是填埋，一些危害较大的污泥会被直接焚烧处理。”

“污泥好氧堆肥是一种环境友好，而且能够充分发挥污泥价值的处置方法。在好氧堆肥过程中，污泥自发产热，杀灭有害病菌、杂草种子等物质，同时将污泥中的有机质转化为腐殖酸、富里酸。将腐熟后的污泥施入土壤可以改善土壤的性能。你看，又有一车有机肥拉过来了！”水多星指着路边说。

李俊：“污泥经过处理处置之后还能重新被人类利用，看来污泥也浑身是宝呀！”

（二）污泥出路

一日，李俊与水多星二人来到山东聊城巡察水情。于李俊而言，这里既熟悉又陌生。熟悉的是他的几位梁山好兄弟如“丧门神”鲍旭、“花项虎”

龚旺和“中箭虎”丁得孙就生于此地；更熟悉的是当年梁山好汉攻打高唐州，救下“小旋风”柴进兄弟的故事也发生于此。陌生的是经过近千年的沧桑，这里早已时过境迁、物是人非。

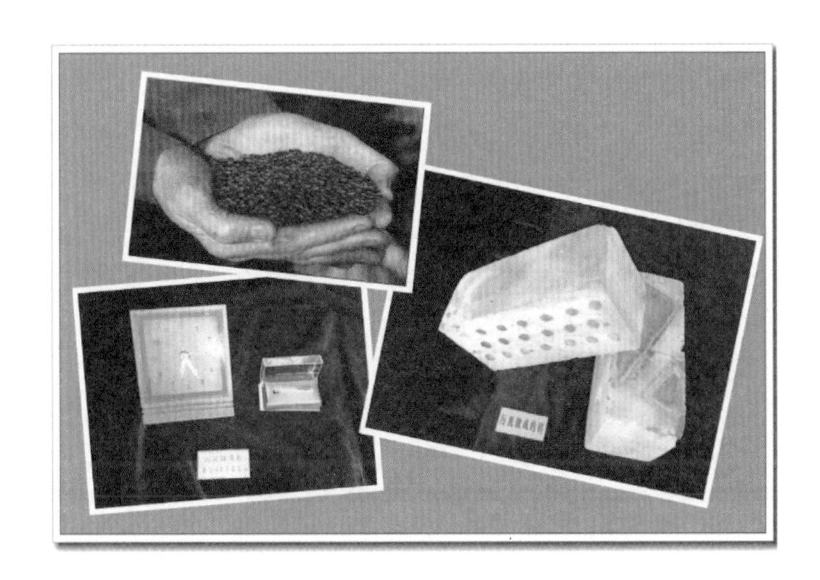

突然，李俊眼睛一亮，指着一个湖泊问道：“水兄，这是什么湖？”

水多星答：“此谓东昌湖，是中国北方少见的人工湖泊。李大王是不是觉得有点眼熟？因为这就是你那个年代所建啊！”

李俊：“怪不得，当年这里还只是一条掘土筑城形成的护城河而已。”

水多星：“是的，原先的护城河经历代城内市民脱坯、打墙、建房取土，河面才不断扩大，河水也越来越深，日积月累就变成了湖。”

原来如此，李俊转念一想问道：“水兄，既然古人筑城建房需在河里掘土挖泥，那现在污水处理后的剩余污泥是不是也可以用在建房子上啊？”

水多星：“理论上可以的，只是在用作建房时需要在技术上进行控制，污泥建材化本身就是污泥三大出路之一。”

李俊：“愿闻其详。”

水多星：“污泥的最终出路就是处置方式，常见有三种——填埋、堆肥和建材等综合利用。首先说说第一种污泥填埋，也是以前最为普遍的方式，找个地方将污泥集中并掩盖起来，这种方式处理量大、效果明显。”

李俊插话道：“我明白，这个简单，不就是像我们当年打完仗后挖个坑或利用天然洼地将阵亡的将士埋葬那样吗？”

水多星答：“有点类似，但污泥的填埋更为复杂，填埋前底部必须铺上防渗膜和收水管以避免地下水受到污染，泥土在填充、堆平、压实和覆盖上均有严格要求。最头疼的问题是随着城市化进程和人口增长，填埋场地越来越难找，通常能找到的都是偏远的山区，加大了污泥运输和填埋场建设费用。另外填埋容量有限、有害成分的渗漏可能会造成地下水污染、填埋场的臭气会造成二次污染以及污泥中含有的营养物质会为大量病原菌繁衍创造条件等问题也成为这种处置方式应用的障碍。”

李俊：“那堆肥是不是更好？”

水多星回答：“堆肥是在一定条件下通过微生物的作用，使污泥中有机物不断被降解和稳定，并生产出一种适宜于土地利用的产品的过程。从技术角度来说没有多大问题，问题是堆肥要农用需要满足一系列肥料指标，这在一定程度上限制了污泥农用化，目前只能多用于园林。另外，堆肥在处置污泥时还存在着诸多的缺点，包括费时、占地面积大、臭气污染、易受天气影响、市场销售困难、原料分散等，所以影响了其大规模应用。”

李俊：“那恐怕只能选择第三种方式，也就是用来筑城和建房了！”

水多星：“是的，为了满足固体废物处理的‘无害化’、‘减量化’和‘资源化’的三化原则，构建环境友好型社会，污泥资源化是污泥处置的最终出路。而污泥资源化利用研究的热点便是污泥无害化建材技术，既可解决污泥对环境造成的不利影响，也可解决污泥的占地问题，又可变废为宝，更符合生态性的可持续发展战略。”

李俊问：“那具体可以用作什么建材呢？”

水多星答：“一般是把污泥彻底干化或者焚烧后，残渣用于做砖、做水泥、做覆土等。污泥制砖是指将污泥经过一定处理筛选后，与其他原料或是外加添加剂混合，加压成型，焙烧后制得污泥砖。不过这种污泥砖的强度，可能无法满足筑城或建房的要求，但可以用于承重不大的建设工程，如道路路基侧砖。”

李俊：“除了砖还可以做什么吗？”

水多星："近年来利用水泥窑协同处置污泥技术受到关注和广泛应用，污泥制水泥可将有机物彻底分解、将金属离子固化在水泥晶格中，与普通硅酸盐水泥相比在某些性能方面有更为优越的表现，但亦存在所制水泥强度较低的问题。因此在利用污泥制作水泥时，要控制好污泥和其他物料配比，同时还要充分考虑实际工艺情况等客观因素。"

水多星接着说："污泥的建材利用，除了污泥制砖、污泥制水泥以外，还有许多其他资源化途径，例如利用污泥制玻璃、制陶粒、制造生化纤维板等。"

李俊听到这露出了满意的笑容："我之前还担心随着产生的污泥越来越多，污泥所含的重金属、有机污染物和病原微生物也会越来越多，如果不妥善处理便会造成二次污染，引起新的环境问题呢！"

水多星："李大王无须担心，目前还有很多关于污泥处置的技术在探索实践中，比如前段时间有个污泥处置项目与邻近电厂形成了燃煤耦合发电与污泥处置联产合作新模式，让该城市的污泥成为可再生的'城市矿产'，实现了循环经济发展模式的同时有效地降低了资源消耗、减少了环境污染，取得了多赢的效果。"

李俊连连点头："变废为宝，确实为污泥的最佳出路！"

水谱 038

可移动一体化污水处理厂——快活林又一“神器”

水多星：“李大王，听说当年武松义助施恩重夺快活林，向施恩提出了‘无三不过望’的条件，逢酒家必喝三碗酒，从孟州城到快活林，共喝酒三十六碗，当真如此海量？”

李俊：“哈哈，我那武兄弟不但武艺高超，喝了酒啊更是如添神力！”

见水多星如此感兴趣，李俊便带着水多星重走快活林，二人边走边说，一路走来，只见酒家林立，餐饮业一如当年发达。

到了快活林，看到一小妞正在卖“大力清水丸”，摊前围了很多顾客，生意非常火爆。一打听，原来是近年来餐饮店把产生的污水都排到了小溪里，使水体变得又黑又臭，无法使用，而大力清水丸可以把污水变清，很是畅销。

水多星道："这溪水如此污浊，用'大力清水丸'并非长久之计，其实还有一种解决方法可一劳永逸，就是用可移动式一体化污水处理厂。"

李俊："这又是何方神物，竟如此神通广大？"

水多星："可移动式一体化污水处理厂是将预处理池、反应池、沉淀池、污泥池等集于一体的设备，相当于一座小型的污水处理厂，一般用一体化的耐腐蚀的集装箱或玻璃钢分隔成几部分区域，或者将单独做好的池子运输至现场，再组装成一体，设备还可以连接在汽车上，机动性好。"

李俊："这样挺方便灵活的，不知处理效果如何？"

水多星："这一体化设施主要是采用生化处理技术中的接触氧化法，抗冲击负荷强，生化反应时间短，产生的污泥量少，所以它体积小、运行费用低。此外，可通过手机APP远程在线监控功能，实时查看、遥控、监视废水处理系统的运行情况，及时处理系统故障等，管理操作简单。"

李俊："听起来这移动式一体化污水处理厂就似这'特种兵'，灵活、神速、战斗力强！"

水多星："可以这么说。这可移动式一体化污水处理厂是专门应用于无法集中规模化处理的农村地区生活污水、旅游景区污水、高速公路服务区污水、中小型企业生产废水、无场地条件建设污水处理设施、突发事故废水等分散式废水类型，是污水治理的特种神兵。"

李俊："那还等什么，我们赶紧把这好东西介绍给村长，让小溪变得又清又绿，俺在此喝起酒来才舒畅呢！"

不久，快活林小溪边上矗立起一绿色的"大箱子"——一台可移动式一体化污水处理厂，周边污水被收集提升后进入"大箱子"进行处理，从"大箱子"流出的清水缓缓排入小溪，溪水也慢慢地恢复了往日的清澈……

水谱 039

景观水处理——景观的血液净化器

近日，李俊和水多星来到江浙一带，看到了很多江南园林，掇山叠石相辅，水景与绿树相衬，极富野趣，颇有些古代写意山水之美。

李俊感慨道：“你瞧这园子，水石相映，树姿婀娜，颇有意境啊！这让我想起了当年元宵之夜，柴进簪花入了开封东华门禁苑，见得的一番庭院美景！”

水多星颇感兴趣说着：“快讲讲！”便认真听起来。

李俊继续说道：“柴进说，入了东华门，见到内庭，眼前便是祥云瑞霭，琉瓦翠帘，花团锦簇，绿柳纷飞，好像身在蓬莱岛，宛若天上人间！当年我还不信，此景只应天上有啊，哈哈哈！”

水多星也跟着笑道：“哈哈哈，今日看了这江南园林，终是信了吧？”

李俊说道：“是啊，信了信了！眼前这景观便是一绝呀，假山、水池、亭台、

松竹、梅园，还有鱼翔浅底哩！”

水多星笑道：“哈哈，这江南园林确实很美！可这都是人工景观，基本是封闭水体，很容易富营养化，维持水质可不容易啊！”

李俊问道：“这是为何呀？是所谓的‘死水’吗？”

水多星回答道：“是啊，这类水体多处于静止、封闭（半封闭）状态，流动缓慢。设计多为硬质湖底、护岸，水中生物多样性缺乏，加上维护管理不善、补水量不足等原因，很容易导致水质发绿发臭，水体感官变差，出现水体富营养化现象。”

李俊继续问道：“哎，这可真是个令人头疼的问题啊！我们该如何处理这些景观水体呢？”

水多星回答说：“针对这类富营养化问题突出的水体处理工艺，主要采用生态控制为主，人工控制为辅的方法来控制。”

李俊点头道：“那快说来听听，我学习学习！”

水多星继续道：“首先要源头截污，避免已经富营养的污染水体进入这些景观水体系统，然后通过杀菌除藻设备和湖泊推流系统，除去湖泊水体中浮游藻类，保持湖泊水体流动，抑制湖泊浮游藻类的生长，必须保证浅水区清澈见底。”

水多星见李俊拿出小本本开始记笔记，便继续讲道：“在此基础上，恢复湖泊的沉水植被和挺水植被，特别是沿湖泊浅水区适当地种植沉水植物和挺水植物，不仅具有美化人工湖的功效，还能增加人工湖的生物多样性，建立复杂而稳定的生态系统，分解水体中各种污染物，提高湖泊自净能力，从生态上防止水体发生富营养化现象。沉水植物如金鱼藻、狐尾藻和苦草等，还可分泌化学物质来抑制藻类繁殖，多种植一些，可保持湖泊水质清澈，宛如水下森林。”

李俊惊讶道：“就是之前你和我讲过的沉水植物对吧，我记得这植物功能强大得很！”

水多星说道：“是啊是啊！不过，针对具体的景观水问题，要用具体的方法来因地制宜地处理！”李俊点头说道：“对，具体问题具体看待！看来这景观水处理，是打造完美景观不可或缺的部分呀，可谓景观的血液净化器啊！”

泳池水处理——死水循环变活水

夏日炎炎，齐鲁大地的温度已经飙升到了40℃了，这可热坏了水多星，李俊便想约他一块去游泳消消暑。“水兄，话说我们当年梁山八百里水泊，那可真是夏天消暑的好去处啊，顺便还能抓鱼摸虾，好生畅快！走，我带你去梁山泊游野泳去！”

水多星喃喃道：“现在可不比你那时候啦，当年的梁山泊由于黄河多次决堤改道早已经大大缩水啦！大量的黄河泥沙堆积在泊内，到元朝末期梁山泊已经不复存在啦！现在残留的比较大的湖泊就只有东平湖啦！”

李俊惊叹道：“竟有这种事！我可真是多年没回去看看啦，那咱们去东平湖去游泳不也挺好嘛！也好让我追忆一下当年梁山泊一百单八弟兄姐妹的

快乐时光！”

水多星说道：“那也不行啦，现在东平湖是水浒旅游线路的重要部分，还是滞蓄黄河洪水的大型水库，为山东省第二大淡水湖，可不能随便去游野泳啊，还是老老实实去游泳池吧。”

说着二人来到了一处游泳馆，李俊换好衣服，迫不及待一头猛扎进水池，一口气游了好几个来回。

一会儿李俊探出头对着水多星喊道：“这水池水可真清澈呀，赶得上我当年的梁山泊啦，不过就是有股子味道，搞得我鼻子有点不通咯！”

水多星笑道：“哈哈，这是氯气的味道，泳池水这么清澈与这个氯消毒可有很大的关系呀！”

李俊惊讶道：“原来是这样，那你的意思是这泳池水也需要处理咯？”

水多星说道：“那是当然呀！这泳池水有游泳者带进来的脏污、细菌、化妆品以及人体分泌的油脂和汗液，还有外界带进池内的杂物、灰尘、树叶以及池内滋生的菌类和藻类。如若不处理的话，要脏死咯！”

李俊问道：“那对泳池水水质有何要求呀？”

水多星回答道：“游泳池池水水质有专门卫生标准，必须清澈见底，且游离性余氯在 0.30 ~ 0.60mg/L 范围内，而化合性余氯则小于等于 0.40mg/L，还有大肠埃希氏杆菌和绿脓杆菌在池水中不可检出等。”

李俊说道：“怪不得这泳池水这么清澈呢！那泳池水是怎么处理的呀？”

水多星回答道：“一般来说，泳池水处理包括灭藻和抑藻、杀菌和消毒、絮凝过滤、池底吸污、水循环及定期换水。其中水循环和过滤非常重要，要求水循环布水均匀，无死区，无短流，过滤器出水浊度达标。具体的循环方式则应根据池水体积、池水深度、池子形状、池内设施、使用性质和技术经济等因素综合比较确定。”

李俊点头说道：“这泳池水处理简直就是将死水循环变活水呀！那这个泳池水处理的安全卫生、经济可靠、低碳环保以及可持续是不是也得要呀！”

水多星笑道：“哈哈，要的要的，这水知识你现在可是学有所得咯！”

水谱 041

养殖污水处理——“三高”废水可变宝

正值春意盎然，乡间的油菜花都开了，水多星找李俊一起去踏青，二人正在乡村的小路上惬意漫步，清风袭来，淡淡的青草香气令两人心旷神怡。水多星开心道：“春天太美好了，一切都生机勃勃，充满生命的气息啊！”

李俊也感叹道：“这美好的景象让我回想起了我们梁山泊一百单八弟兄姐妹在梁山的日子，有酒有肉，恣意潇洒，好不畅快！”

二人边走边畅聊，忽然一阵风吹来，没有了那股青青草香，竟是一股恶臭，“哎呀！这是什么味道？难道是生化毒气吗？”李俊边说边捂住口鼻，水多星的眉头也皱成了一团。

李俊和水多星顺着臭气溯源，看到附近的一排排平房，越靠近，臭气越浓烈，原来是一个乡间的养猪场，臭气熏天，黑水横流。

李俊说道：“怪不得这么臭呢，原来是养猪场，你看这污水不处理就直接排到河里了，这得产生多大的污染啊！”

水多星点头道：“是啊，养猪场污水主要包括猪尿、部分猪粪和猪舍冲洗水，属于典型的‘三高’有机废水——COD 高、NH_4-N 高和 SS 高！这种未经处理的污水进入自然水体后，使水中有机物和氨氮含量升高，能改变水体的物理、化学和生物群落组成，导致水质变坏。污水中还含有大量的病原微生物，可通过水体或水生动植物进行扩散传播，危害人畜健康。养猪场污水如此直排，周边的村民肯定遭殃啦！”

李俊惊讶：“这养殖污水的危害看来不亚于工业污水啊，这污水还有什么特点啊？如何处理这种‘三高’污水呢？”

水多星说道：“一般养殖污水的 COD 高达 3000~12000mg/L，氨氮高达 800~2200mg/L，悬浮物 SS 超标数十倍，而且排放时间比较集中，所以排放时往往会给污水处理厂带来较大的冲击负荷。不过它的可生化性良好，比较适合生物处理，一般根据其水质特采用‘生化 + 物化’的处理工艺相对较多。”

水多星接着说道：“养猪废水经过格栅等物理方式处理后，配套的生化处理单元往往采用厌氧—好氧串联工艺。厌氧阶段能产生沼气用于生火做饭，还实现了能源的回收，是一种非常绿色环保的方式呢。经过了厌氧阶段 COD 的降解去除后，进入二级 A/O 反应器可去除绝大部分的氨氮、TN 以及剩余的 COD。实践证明，生化处理是最为有效和经济的处理技术，操作管理以及处理效果也相对方便且稳定。此外，后续还需要深度处理工艺，主要对磷酸盐进行去除。”

李俊拍手说道：“当年我们梁山泊要有这么环保的处理方式，也不用愁着天天上山伐木砍柴啦，咱们赶紧告诉养猪的村民，尽快上马污水处理设施吧，这可是将‘三高’废水变为宝的利人利己的好事啊！”

水谱042

水体养殖技术——兄弟们有口福了

（一）海水养殖技术

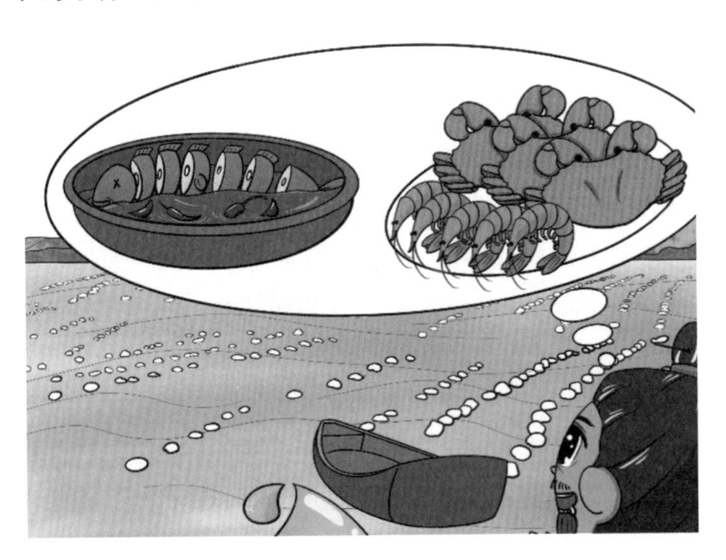

是日艳阳娇娇，水多星带李俊来到一个临海渔村避暑消夏。二人漫步海边，咸风徐来，一片碧海蓝天端的是好风景。而海上漂着的浮标吸引了李俊的目光：“这水上排得齐齐整整的圆球是作甚使的？”

水多星答曰：“以前下海捕捞鱼虾，收成得看老天，现在渔民利用沿海的浅海滩涂养殖一些海洋水生经济动植物，既方便管理、保证质量，又有稳定的收入，此谓耕海牧渔也。这圆球滩是鱼儿的育苗场，你看那边，还有养虾蟹贝藻的，现在海水养殖的品种还真是挺丰富的。”

李俊一拍大腿，喜道：“养得这般膘肥体壮的海货，让我宋江哥哥看到得眼馋了。当年哥哥为了吃上一口新鲜生猛的活鱼辣汤醒酒，搞得李逵兄弟和‘浪里白条’张顺兄弟打起来了。”

水多星哂道：“这养殖的鱼虾吃喝不愁，饲料又是高蛋白，自然比野生鱼长得肥壮，生产周期短，单位面积产量高。”

李俊馋道：“想吃啥就有啥，可不像旧时捞上啥全凭运气。”水多星却叹了口气说：“养鱼需得先养水，水好才能鱼好。和养猪不同，鱼儿吃不完的残饵和粪便都泡在水中，久而久之，污染物在养殖生态系统中循环积累，因此养鱼池水体污染远大于猪栏啊，这鱼在一片污物中安能好活？所以净化水质才是养殖的关键。而且渔民为了追求经济效益，进行高密度养殖，更易造成水质恶化，使得养殖动物容易感病，不得不大量使用消毒剂、抗菌素、激素等，这些添加剂的滥用又会引发水产养殖产品安全性问题，还有，海水养殖场排污水也会污染近岸海域，造成营养盐增加、水质恶化、生态系统退化。”

李俊惊诧道：“还有恁大影响呢！这水看着清清亮亮的，原来藏了这么多脏东西？”

水多星接着说：“目前中国的海水养殖规模已成为世界第一，海水养殖废水排放量已超过了陆源污水。近海水域赤潮频发、病害滋生，实在是‘鱼不聊生’啊！”

李俊急道：“这可如何是好，可不能为了今天吃得爽，不管明天能否活，留得青山在不愁没柴烧嘛。”

水多星咯咯笑起来：“没想到你一个古人还挺理解可持续发展的。现如今，海水养殖也慢慢用上了污水处理的工艺了，如砂滤、高效硝化反应器、生物过滤系统、紫外线消毒、臭氧消毒等。有了污水处理手段，可以循环水养殖，养殖过程对周围海域污染大大降低，养殖水质好了，鱼虾的生活环境改善，不容易得病，也就用不着大量使用抗生素、消毒剂等药物了，养殖的水产品安全又可得到保障，此为可持续绿色海水养殖，这是未来发展方向。”

李俊连连点头称是，他对这世事着实不了解，压根没想到吃一口鱼还有这么多学问，“不过来都来了，这费劲养大的鱼我可得尝尝鲜，水兄咱去也！”

（二）淡水养殖技术

话说李俊看这海场养鱼颇为稀奇，拉着水多星下馆子来了顿鱼辣汤。鲜辣交替刺激着味蕾，一碗热汤氤氲，唤起了这大汉心里些许回忆。

李俊逗水多星道：“上回说到我宋江哥哥嫌腌制的鱼汤不鲜，结果我那李逵兄弟和张顺兄弟在陆上、水里打了两架，你可知因何而起？为了给宋江哥哥尝鲜，那莽汉李逵兄弟偏生自个儿去掏鲜鱼，却不知浔阳江上渔船捕捞的鱼不是放在船舱，而是在船尾开了半截大孔，用竹篾格栅隔住，搞成一个和江水相通的暂养池，用新鲜水体保证捞上来的鱼鲜活。他只顾把竹篾一拔，鱼全跑掉了，人家能不跟他急嘛。特别是，我张顺兄弟还是个鱼牙子，必须得为渔家出头啊！”

水多星大笑：“这倒是种巧妙的水产养殖暂养技术，通过水体交换，保证鱼儿活泼。这淡水养殖在中国可谓历史悠久，源于3000多年前殷商时期，唐朝之前以养鲤鱼为主，唐朝皇帝姓李，禁养鲤鱼，才开始有了四大家鱼养殖，比海水养殖要早得多呢。如今的淡水养殖规模也是世界‘一哥’，有句话咋说来着，中国人只要吃，全世界的鱼虾都不够数，中国人只要养，全世界的鱼虾都得降价。”

水多星顿了顿详细解释道：“海水盐度高，渗透压高，海水鱼肉紧实，而淡水鱼则胜在鲜嫩，淡水养殖以鱼为主，而海水养殖以藻、贝、虾为主。

而且淡水养殖的鱼苗更便宜，饲养成本更低，规模和产量都远胜于海水养殖。”

李俊点点头，又复问道：“那这淡水养殖就没有污染了吗？”

水多星摇头晃脑道：“非也非也，淡水养殖也存在污染环境、药物残留、食品安全问题。不过海水养殖污染的是近岸海域，淡水养殖污染的是江、河、湖泊等水域，离我们生活环境更近。养殖污染导致水体富营养，破坏生态平衡，更可怕的是抗生素滥用导致微生物抗药性增加，而化学药品残留在水体还可能通过食物链富集，最终进入食客们的肚子里。”

李俊摸着刚灌满鱼汤的肚子心情复杂，遥想当年吃饭只怕黑店下蒙汗药，现代社会的毒却防不胜防。

水多星安慰道：“倒也不是这般吓人，这里面核心是水质净化问题，和海水养殖不同，淡水养殖产品价格不高，故较少使用海水养殖常用的气浮、砂滤、生物过滤、MBR、生物硝化等环保新技术，但也开发出适合淡水养殖的生态技术，例如池塘工程化循环水养殖，通过对传统池塘进行工程化改造，将池塘分为两部分，小水体为养殖区，大水体为生态净化区，整个养殖过程无须换水。还例如，近几年大力推广的稻田养鱼：‘稻鱼鸭共生’养殖技术等，稻草遮阴，鱼鸭松土肥田、控制虫害，通过科学规划、因地制宜，既解决了养殖过程中水污染问题，又能获得健康、安全的鱼产品，还能增加水稻种植面积，可谓一举三得！”

李俊不由感叹道：“寨子里要是有这般技术，哪里还缺得了粮钱，兄弟们在这鱼米乡讨生活都得乐开花了。”

第三章

水生物篇

水谱043

水中微生物——你看不到的万千世界

（一）原核微生物和真核微生物

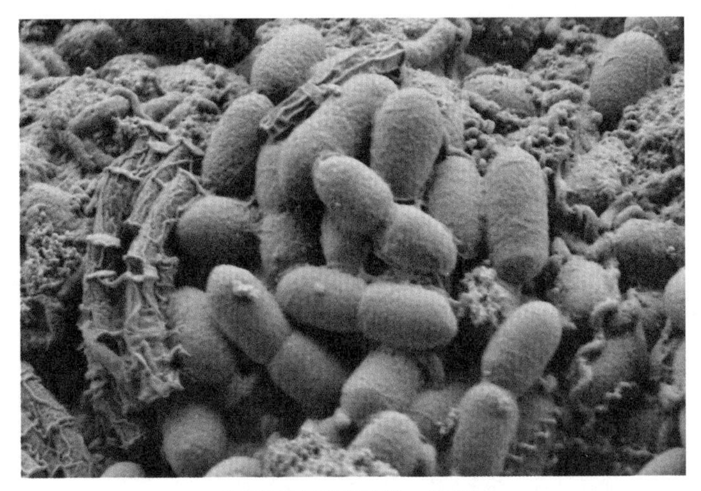

（微生物显微镜图片：杆菌）

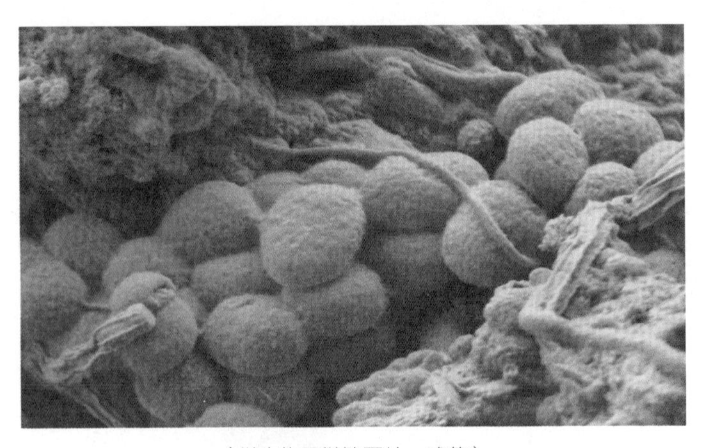

（微生物显微镜图片：球菌）

“李大王，我们走了这么多日，今日带你去看个新世界吧。”水多星说着，“都说你们水泊梁山有108个好汉，我今天给你看的这个世界，也是有着众多‘好汉’呢，它们性格迥异，造型也是千奇百怪的。”

“啊呀呀，水兄！那我‘混江龙’可要去探访他们一下，我们快走吧。”李俊说着就要拉水多星腾云而起。

“李大王不要这么着急，我说的这个世界就在这。”说着，水多星从箱子里拿出一个仪器，“这叫显微镜，能帮助我们看到肉眼不能分辨的世界。”水多星滴了一滴湖水，一顿操作后，让李俊看一看镜中的东西。“李大王，这就是今日邀你观看的新世界。”

只见显微之下的世界中，有着或球状或棒状的微生物，有的周身长着“毛毛”，有的在快速“游动”，有的则静止不动。

李俊说道：“果真是一个光怪陆离的世界。”

水多星继续介绍说：“水中的微生物，专业说法是包含细菌、真菌、病毒以及一些小型的原生生物、后生动物、藻类等。他们虽然大部分肉眼不能观察到，但与人类的生活息息相关。比如污水处理中的活性污泥就是通过微生物实现污水净化，又比如我们食用的醋和酒，都是微生物在发酵作用下获得的。”

李俊疑惑地问道：“微观世界里的微生物种类这么多吗？”

“现代人对水中的微生物进行了一些概括的分类，你且看这里。”水多星凭空展示出一幅微生物介绍的电子展板。

“微生物可以分为原核生物、真核生物和非细胞类生物。我们都知道生物是由细胞构成的，而在细胞中DNA（或者RNA）是遗传物质的携带者。当你用放大倍数特别大的显微镜去观察微生物时可以发现，有的微生物的细胞中，DNA被包裹起来，成类球形；而有的细胞中，DNA没有被包裹起来，裸露的DNA聚集在细胞中的一个区域中。于是，现代的人们就把被包裹起来的DNA整体叫作细胞核，那就好像是把一个细胞当作桃子，而细胞的细胞核就像桃子里的桃核。裸露的DNA聚集区域，被称作核区。”

李俊问道：“那是所有的微生物都有核区吗？”

“根据有没有细胞核这一个特点，将微生物分成真核微生物（有细胞核）和原核微生物（没有细胞核）。在水环境中，原核微生物是单细胞生物，即一个细胞就是一个独立的生命体，能够完成捕食、生长、代谢和繁殖，长有鞭毛的原核生物还可以运动。我们常说的细菌，就是原核微生物。”

“我知道这个，大肠杆菌，你介绍水质指标时提到过。”李俊兴奋地说道。

“李大王说得对。细菌的种类非常多，比如活性污泥中，就包含有硝化菌、反硝化菌、聚磷菌、厌氧菌、好氧菌等。这些细菌彼此凑在一起，相互依靠拥抱，形成了一簇簇活性污泥菌胶团。在他们共同努力下，能够实现对水体中有机物质、氮、磷等污染物的去除，使得污水达到可以排放的标准。”

“李大王，说完这原核微生物，再给你看看真核微生物吧。”水多星指着展示板继续说道。

“真核微生物，相对于原核微生物，除了细胞中有细胞核之外，还有一些如线粒体或叶绿体这样的细胞器的微生物。水体中的真核微生物有真菌、藻类、原生和后生动物。当年‘三碗不过冈’的酒，就是真核微生物——酵母菌酿造出来的。”水多星给李俊解释道，“还有水中的绿藻，也是真核微生物。”

“你刚才在显微镜中看到的长得像钟一样的微生物，还有那几个快速窜来窜去的‘小虫子’就是原生或者后生动物。原生动物是单细胞的真核微生物，后生动物就是多细胞真核微生物，他们在活性污泥处理工艺中可扮演着不同的指标性作用。”水多星说道。

见微知著，原核微生物和真核微生物只是微生物多彩世界的一角呢，更多种类的微生物介绍将在下一节继续送上。

（二）古细菌、病毒和微型动物

“你上回说原核微生物和真核微生物只是微生物的冰山一角，那其他的还有什么？”李俊不解地问。

水多星缓缓地一挥手，展示的电子展板换了一页。只见上面写着古细菌、病毒和微型动物。

李俊说道：“微型动物我刚才听你讲了，就是水中的原生动物还有一些后生动物。”水多星点点头说：“对啊，水生微型动物是指生活在水中的微小动物，这些微小生物主要包括单细胞的原生动物，包括常见的肉足类变形虫、鞭毛虫类、纤毛虫类；以及多细胞后生动物轮虫、线虫、腹毛虫、寡毛类、甲壳类、水螨、水熊等。有趣的是，这些动物名字和我们日常生活所见的动物或物品有相似性，这也许是为了便于记忆吧。”

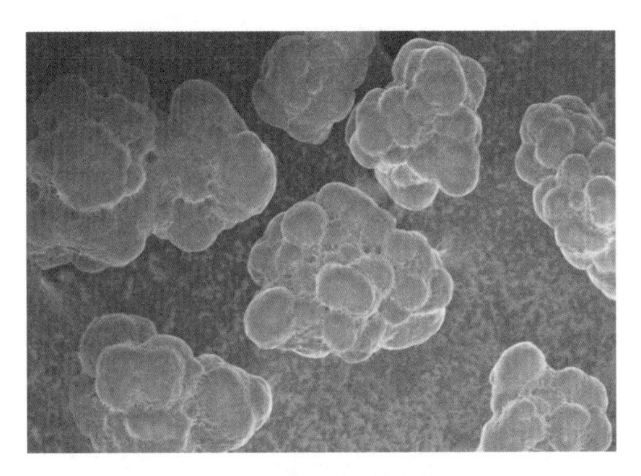

（显微镜图片：藻类）

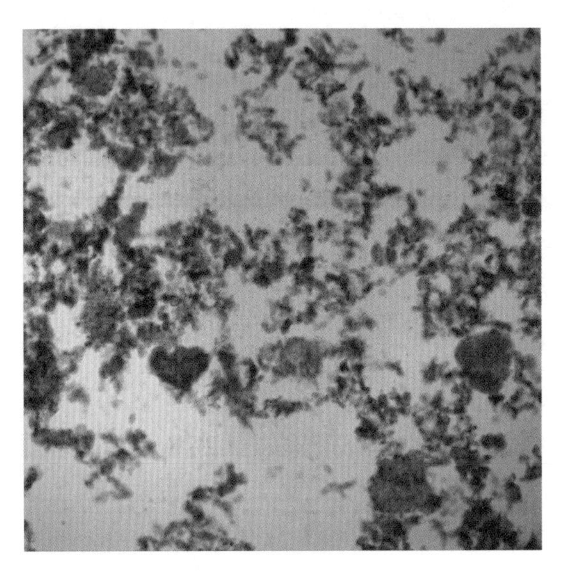

（微生物显微镜图片）

李俊一边听一边也跟着水多星连连点头。

水多星见状接着说："在污水处理的活性污泥工艺中，微型动物对处理效果有指示作用。比如，在显微镜观测中发现纤毛虫数量占优势，可以表明处理效果较好呢。"

李俊惊讶地说道："想不到小小的'虫子'还有这么大作用。"

"不仅如此，微型动物还可以分泌絮凝物质，提高活性污泥中菌胶团沉降性能，吞噬游离微生物，促进菌胶团微生物更新换代，降低污水厂出水悬浮物的作用，用途多多呀。”水多星答道。

李俊忍不住又看了一眼显微镜，“古菌又是什么？不是细菌么？”

水多星解释道：“古菌属于原核微生物，与细菌很相似，但因为古菌生态结构的独特，所以将它单独列为一类。比如，古菌和细菌的细胞膜组成就有巨大差异。大多数古菌生活在极端环境，如盐分高的湖泊水中，极热、极酸和绝对厌氧的环境，有的在极冷的环境生存。”

李俊对这些新知识感到很兴奋，拿着小本本不停地记。

水多星看李俊这么好学，指着远处的污水处理厂继续说道：“当今社会从污水中回收能源，比如甲烷，就是利用古菌中的产甲烷菌，将本来被认为是废物的污水，摇身变成了能源宝贝。”

“没想到水中的微生物，个个都是‘骁勇善战’啊。”李俊越听越开心。

水多星接着说道：“最后这一种叫病毒，是一种非细胞生命形态，它由一种核酸和蛋白质外壳构成，不能自身代谢。所以病毒只能依靠其他的细胞，被依靠的细胞称为宿主细胞。当一个病毒找到宿主细胞后，就可以利用宿主细胞的物质和能量完成自己的生命活动。繁殖后的病毒裂解宿主细胞而被释放出去，感染新的宿主细胞。”

李俊忍不住问道：“你的意思是说，病毒要想生存下去，就要不停地破坏其他的细胞生命体？”

水多星回答：“是的，病毒在古代引起的疾病会被叫作瘟疫，这次新冠肺炎疫情流行就是由一种新型冠状病毒引起的。”

李俊急切地说道：“瘟疫我知道，当年杭州可害惨了我不少兄弟。”

水多星哈哈地笑着，说道：“微生物，特别是病毒，对水环境还有人类都有一定危害。为了防止细菌、病毒疾病的水体传播，在自来水厂净化和污水处理厂处理工艺的最后，都会设置一道消毒的工序，消灭水体中的有害微生物，特别是自来水厂的消毒工艺，还会考虑添加消毒剂的持续影响时间，以保证当自来水输送到每家每户时，微生物含量依旧保持达标水平。”

李俊感慨道：“怪不得刚才有一个顽童不让我直接饮用湖水，原来这水中还有那么多我看不到的大千世界！”

厌氧菌与好氧菌——微生物界两大“吃货”

吃饭是件头等大事！这一点在《水浒传》很多情节中得到证明。108 名梁山好汉爱吃能吃还能喝，先后涌现出不少经典的“吃货”。

花和尚鲁智深出家不忘酒肉，还说：“如果生活没酒没肉，那还叫生活吗？”

丢失了生辰纲的杨志就算落魄到身无分文还要去搓一顿风卷残云、狼吞虎咽的霸王餐。再说那黑旋风李逵，“吃得满脸是油，吃得胡子上都是碎肉”，仿若每一次都是用生命在吃饭。当然，说到吃货，怎么可能少得了武松呢？在“三碗不过冈”的景阳冈上，喝了十八大碗酒还能赤手空拳打死猛虎的故事至今都是“吃货”们引以为豪的高大上借口。

那么，在水污染处理上，以有机污染物为“食料”的微生物界最出名的“吃货”是谁呢？它们又有什么不同的特点？

介绍“吃货”之前先介绍一下微生物“进餐”的两种吃法：好氧作用和厌氧作用。

所谓的好氧作用就是微生物菌种必须在有氧气（O_2）参与的条件下，才能够将自身的食物（有机物或者无机物）分解掉。在这个过程中，氧气作为电子受体，有机物或者无机物作为电子供体，微生物从中获得供自身消耗的能量，利用有机物的叫作异养型（种类最多），利用无机物的叫作自养型（硝化细菌就是典型例子）。

而对于厌氧作用则是菌种必须在无氧的条件下才能将食物分解，那如果没有氧气，以什么作为电子受体呢？自然就是各种各样的无机物，像什么硝酸根、硫酸根、碳酸根的都可以。比如反硝化细菌，在缺氧条件下，它就是以有机物作为电子供体，以硝酸根作为电子受体从而获得能量完成反硝化脱氮作用的。

上述两种不同的吃法造就了两种不同风格的典型“吃货”——好氧菌和厌氧菌。两种都是通过微生物的“进餐”活动，把水中的有机物分解，从而消除水污染的。

好氧菌是个急性子“吃货”，它们可不讲究什么慢条斯理，上来就是一顿啃，咔哧咔哧全吃掉！这样的好处就是处理速度快，但是坏处就是只能分解较为容易分解的小分子有机物，万一哪天水里面来了高分子难降解有机物，好氧菌就会束手无策，就好比一个吃饭习惯了风卷残云方式的人，往往好吃肉却不能啃骨头，你给他上了一桌子大骨棒、羊蝎子、小龙虾和大螃蟹之类的需要慢功夫去吃的菜，估计得把它们饿死。

而对于厌氧菌“吃货”，和好氧菌画风迥异。它们喜欢细嚼慢咽，一顿饭能吃个十天八天的。那些急性子特别不喜欢的硬骨头，它们则完全可以搞定，但是限于它们吃饭的时间太长，所以大多数情况下，都是把厌氧菌放在好氧处理的前面作为一个预处理——也就是仅仅需要它们把大分子难降解有机物变为小分子易降解有机物，后面的事情，就交给好氧菌处理。虽然属于各自分工，干自己最擅长的部分，可总感觉厌氧菌咋就这么悲催呢，顶在最前面却只能啃硬骨头，把硬骨头嚼碎了，剩下的好肉却留下给好氧菌，难道这就是命？

李俊：“幸亏俺不是‘吃货’，食物都是以脂肪少、热量低，富含蛋白质的河鲜为主，身材一直保持得‘杠杠的’，要不然就成不了暹罗国国主啦！‘吃货’们，悠着点，千万别因吃而误己误国啊，哈哈！”

水谱 045

异养好氧菌——活性污泥中的“顶梁柱”

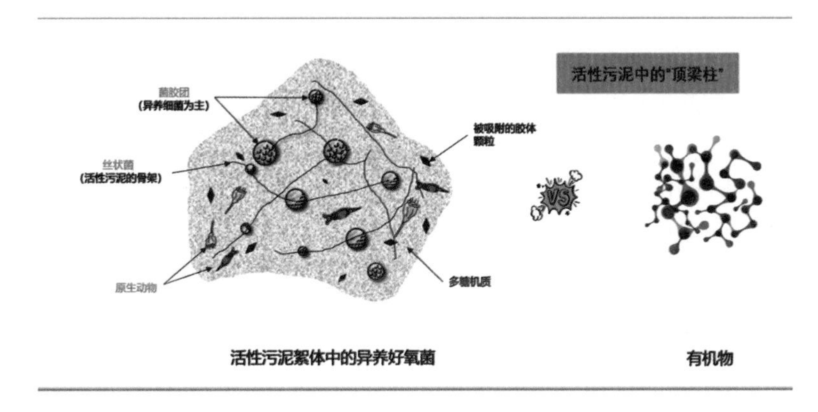

北宋末年，朝廷昏庸、奸臣当道。皇帝带头不敬业爱岗，除了热爱文学和偶尔外出嫖个娼外，基本不怎么管事。而皇帝手下两大权臣也非专业政治家，太尉高俅是北宋顶级足球运动员，宰相蔡京则乃鼎鼎大名书法家。偏偏就是这“北宋三人组”凑在一起，把持着北宋政治大局。他们从没想过怎样实现国富民强，皇帝只想远离人间烦心事，满足自己对艺术和人体无限追求，高、蔡两人则是挖空心思把住权、多捞钱。长此以往，民不聊生，大宋江山乌云密布。

自然界的水体如果受到污染也会变得像北宋乌烟瘴气的社会一样，水中的有机物就如“北宋三人组”成为害群之马，污水中各种各样的微生物就是普天之下受压迫的老百姓，被有机物逐渐污染和压制。而其中一些功能微生物，犹如梁山好汉，自发奋起抗争，在一定条件下对这些污染物质进行氧化、分解，以消除有机物所带来的水质恶化影响。但这种“抗争”单打独斗显然是不行的。《水浒传》中纵使八十万禁军教头林冲和打虎英雄武松身怀绝技，最终还是要被逼上梁山抱团取暖。水中微生物也一样，任何一种菌种功能再大都形成不了大气候。微生物们只能团结起来，像梁山好汉一样"大聚义"形成强有力的活性污泥絮体，才能集众菌之长与水中的有机物抗衡。

去除水中有机物的微生物则主要由三大类微生物组成——细菌、丝状菌和微型动物。它们的共同之处是都为异养菌，不能利用二氧化碳合成有机物，只能以污水中的有机物当作碳源，将有机物彻底碳化所释放的能量来进行自我繁殖，好比生物界的捕食型动物。然而这种微生物分解有机物的过程更多的是为了繁殖自己，反应的结果是污水中有60%有机物转换成新的形态——污泥，仅有40%有机物被分解为CO_2。因此在处理水污染的同时也带来了新的烦恼。据污水厂通常的统计，每处理一万吨污水大约就会产生5吨80%含水率的湿污泥，而这些包含污染物的污泥如果不妥善处置将会造成二次污染。

梁山好汉中三十六天罡是对抗朝廷的中坚力量，而活性污泥中细菌则是处理有机物的主力军。这些细菌通常会分泌一种黏性物质EPS，让细菌相互粘连，最终以菌胶团的形式聚集在一起，撑起了去除有机物的半边天。这种菌胶团有良好的沉淀性能和强大的有机物分解能力，而且繁殖周期也远远短于自养菌，仅需20～30分钟。但另一方面，它们也有闹矛盾的时候。当污水中溶解性有机物浓度太高时，细菌会大量吸附有机物，无法及时降解，结果分泌大量的凝胶状多糖，从而出现污泥粘性膨胀现象。

除三十六天罡外，七十二地煞也是梁山好汉不可或缺的。他们往往直面危险，冲锋在前。第二类微生物——丝状菌就是污水中的先锋杀手。它们常常降解对细菌有毒害作用的有机物，从而保护细菌能够正常生活。丝状菌主要包括丝状细菌、丝状蓝细菌、丝状真菌。这几种菌种能够相互穿插生长，形成网状结构，为其他微生物提供一个栖息地。

第三类微生物统称微型动物，主要由原生和后生动物组成，相当于是这个"大聚义"活性污泥絮体的纪检部门。它们的工作是及时发现出于各种原因脱离群体的细菌和老幼病残并吞食之，保持队伍纯洁性，从而保障菌胶团能够长期保持良好的活性。

正是多种异养微生物的"大聚义"，使它们成为活性污泥中的"顶梁柱"，消灭了各种有机污染物，保障了污水处理系统的高效运转。

水谱 046

异养兼氧菌——令人爱恨交加的“调皮蛋”

这天李俊巡游来到山东阳谷县城，看到一个“武大郎炊饼”大招牌，便忍不住过去尝尝。炊饼不仅酥脆香口，而且外形美观。李俊便问食客这家店是否为武家后人所开，答曰，非也，只是现代人借武大郎之名而已。

水多星问道：“李大王，这个饼和当年武大郎卖的炊饼有什么不同呢？”

李俊回答道：“武松曾告诉我，在那个时候面食被统称为‘饼’，用清水煮面叫‘汤饼’，用火烤面叫‘烧饼’，笼屉蒸制的面食叫‘蒸饼’。因为当时皇帝名叫赵祯，为了避讳与天子同名，故将‘蒸饼’改名为‘炊饼’，实际上‘炊饼’就是现在的馒头。但即便是普通的馒头，武大郎也能做得那么松软好吃，我却怎么都做不出来。”

水多星：“李大王，这做馒头也是一门手艺活，和面的时候需要加入老面，和好之后也需要发酵一晚上，这样蒸出来的馒头才能松软。而这个过程中主要是一种叫作酵母菌的生物在起作用，加入老面就是为了利用其中的酵母，而发酵过程就是为了让酵母菌旺盛地生长。”

李俊：“这酵母菌是什么样的生物，如此神通广大？”

水多星：“自然界中存在一种在好氧和厌氧环境中都能生存的微生物——兼氧菌，这酵母菌就是其中的一类。它既可以进行有氧呼吸产生二氧化碳和水，也能进行无氧呼吸产生酒精和二氧化碳。面团发酵时，酵母菌进行好氧和无氧呼吸产生的二氧化碳让馒头松软可口。”

李俊：“怪不得老面都有一股酒味。”

水多星：“在馒头发酵中大展身手的是酵母菌，在环境领域则是另外一种异养兼氧菌——反硝化细菌独当一面。反硝化细菌与酵母菌有所不同，它在有氧的时候可以进行有氧呼吸，通过氧分子来氧化有机物并产生能量；而在无氧的时候，它可以利用硝酸盐、亚硝酸盐作为电子受体，氧化有机物供能。”

李俊：“看来这个反硝化细菌适应能力挺强的嘛，有氧无氧都可以生存。”

水多星：“这个家伙虽然说不挑环境，但是要想成为优势种群为我们所用可不太容易。它生性娇贵，必须在有氧和有硝酸盐的交替环境中才能成为优势种群。另外，它需要在多种酶的催化作用下完成反硝化脱氮过程，经历 $NO_3^- \rightarrow NO_2^- \rightarrow NO \rightarrow N_2O \rightarrow N_2$ 四个步骤，路途遥远。”

李俊:“还真是个难搞的家伙，想必科学家们为了使用它，也是操碎了心。”

水多星：“为了让反硝化细菌充分发挥自己的实力，科学家们想尽了办法来给它安家。如在污水处理中设置缺氧区，好让它能够安安心心进行反硝化脱氮。”

水多星继续说道：“然而这家伙在农田里会给我们带来麻烦。农民通过给作物施加氮肥来促进作物生长，但是反硝化菌却会让氮肥化作氮气，一声不吭就飘走了，氮肥的利用率因而也降低了。”

李俊笑了：“这真是个令人爱恨交加的‘调皮蛋’！”

水谱 047

异养厌氧菌——酸菜是怎样做成的

李俊做酸菜

梁山泊当年有四大酒店，东山酒店由“小尉迟”孙新和“母大虫”顾大嫂负责，西山酒店由“菜园子”张青和“母夜叉”孙二娘负责，南山酒店最老，由“旱地忽律”朱贵和“鬼脸儿”杜兴负责，北山酒店由“催命判官”李立和“活闪婆”王定六负责。四大酒店主要负责打探消息和接待工作。这酒店头领可不是良善之辈，张青和李立是杀人越货的主儿；孙新和顾大嫂夫妇是杀牛放赌，从事灰色产业；只有朱贵兄弟是一个老实的手艺人，善于烹调生熟牛肉、肥鹅、嫩鸡，还有泡制酸菜的手艺。

当年李俊每次来到南山酒店必尝酸菜，如今时过境迁，只能自己动手了，可是手忙脚乱一番，发现根本摸不到门道。正好水多星来了，李俊忙问：“水兄，我甚是想念朱贵兄弟做的酸菜，我现在自己尝试来做，怎么就做不好呢？”

“李大王，这做酸菜也是一门技术活，这里主要起作用的是一种叫作乳酸菌的微生物，它是一种异养兼性厌氧菌，需要在严格厌氧条件下才可产生乳酸。你看你旁边的那几个缸都长毛了，一定是没有让白菜严格厌氧。”水多星回答。

李俊：“乳酸菌？什么东东？”

水多星：“自然界的微生物除了之前跟你说的好氧菌等类型外，还有一些厌氧和兼氧细菌。厌氧菌是一类在无氧环境中比在有氧环境中生长得更好或仅能在严格厌氧环境中才能生长的细菌，兼性细菌是指在有氧和无氧环境中均能生长繁殖，只是氧化方式不同的微生物，例如乳酸菌。自然界中有机物是逐步被降解的，首先是大分子有机物变为小分子，然后小分子有机物被微生物吸收进入微生物内部，最后氧化分解或还原为最简单的有机物甲烷，其中最重要的为水解和酸化过程。水解是在胞外完成，酸化、乙酸化甚至甲烷化均在胞内完成。酸菜制作就是发生了有机物的水解和酸化。”

李俊：“做酸菜竟然和厌氧水处理是同一个道理！”

水多星：“没错。在水解过程中，白菜、萝卜这些食物个头太大了，不能被微生物直接利用。就像人类吃饭的时候需要把东西嚼碎一样，微生物也要把这些硬骨头‘咬碎’。厌氧微生物是通过分泌胞外酶来水解硬骨头的，例如纤维素分解菌能够分泌纤维素酶，蛋白质分解菌分泌蛋白酶，脂肪分解菌能够将脂肪分解为简单的脂肪酸等。经过水解过程，大分子有机物则被水解为麦芽糖、氨基酸等小分子有机物了。”

水多星继续介绍：“第二步则是酸化阶段，在这个过程中经过水解产生的溶解性有机物被微生物吃掉，然后转化为以挥发性有机酸为主的各种有机酸，例如乙酸、丙酸等短链有机酸。乳酸菌就是利用水解阶段产生的小分子糖类合成乳酸。大白菜经过这两步厌氧过程就变成了酸菜。”

李俊：“看来九百年前就会做酸菜真不简单，成为‘吃货’也是需要技术含量的啊！”

水多星：“‘吃货’倒是不假。人们通过研究这个过程，还开发出一系列的厌氧污水处理设备，常见的如UASB反应器。高浓度的淀粉加工废水进入UASB反应器被颗粒污泥吸附后首先就是发生水解、酸化反应，产生的小分子有机物后再被产甲烷菌利用产生甲烷，不但可将有机物去除还实现了能源回收。”

李俊：“这微生物好生厉害，但是我还是对酸菜情有独钟，能不能你负责水解我负责酸化步骤，一起来多做酸菜呀？”

“李大王的想法很美好，但是现实很‘残酷’。科学家们经过深入的研究，目前水解和酸化混合的生物系统中，两个过程无法完全独立，只能分工合作，流水作业。但是我现在倒是可以帮李大王来洗白菜，这样也是流水线工作，提高效率啦，哈哈！”水多星笑着说。

水谱048

自养菌——光干不吃的“劳模”

光干不吃真劳模

水浒一百零八将中，武松靠酒壮胆，景阳冈上四斤熟牛肉，十五碗“三碗不过冈”老酒，成就了赤手空拳打死老虎的壮举；鲁智深一顿能吃半只狗，可倒拔垂杨柳；李逵碗里捞鱼，力杀四虎。这三位可谓典型“食肉动物”。当然也有一些饭量不大、力气不小的好汉，比如在风雪山神庙里林冲一盘牛肉配上数杯热酒，就能酒足饭饱，还不耽误报仇的好时机。所以，人分三六九等，既有豪气干云、吃肉喝酒的英雄，也有谨小慎微、省吃省喝的好汉。

其实，微生物中也有“林冲”式的、光干活不吃饭的小家伙，这就是自养菌。

当然，这些乐于自我奉献的小家伙活动和繁殖也需要能量，但不是通过吃有机物来供能的。它们中的一部分可以利用光能把空气中的二氧化碳转换成有机物，称为光能自养菌，如光合细菌。还有一部分可以氧化无机物产生能量，如硝化细菌能够利用氨氮氧化成硝酸盐产生的能量，称为化能自养菌。

李俊："只靠那点能量能用来干啥？那么一点点东西还不够塞牙缝呢！"

水多星："可别小看这些小家伙，它们的作用大着呢！比如硝化细菌是地球氮素循环中不可或缺的一环，它们能够将氨氮氧化为亚硝酸盐和硝酸盐，不仅能够给植物提供氮素营养，使氮素在人和动物中传递，还能给反硝化细菌提供原料来生成氮气，维持地球氮素平衡。在污水处理过程中，硝化细菌的硝化过程是氮素去除的一个重要环节。"

李俊问道："既然对氮素循环这么重要，我们在污水中多投加点硝化细菌，氨氮问题不就解决了吗？"

水多星："李大王有所不知，这硝化细菌不仅个子小，繁殖慢，而且对低温和有毒物质特别敏感。所以污水处理工艺中的硝化细菌是需要长时间慢慢培养的。如果直接投加硝化细菌的话，估计还没等它们长大，就自己死掉或被其他生物给消灭了。这硝化过程也需要亚硝酸菌和硝酸菌这两类自养菌相互配合、共同完成。它们在氧气充足的时候氧化氨氮生成亚硝态氮和硝态氮，消耗水中的碱度，如果配合不默契，就会出现亚硝态氮积累的现象。更可怕的是亚硝酸盐的毒性远远大于氨氮，这样就可能导致硝化过程完全崩溃。养殖鱼类经常死亡，很多是硝化过程没有控制好造成的。"

李俊："难怪经常看到鱼塘旁边放着石灰呢，原来是为了给水体增加碱度呀！"

水多星继续说道："没错，养鱼的兄弟们经过长期摸索，也掌握了一些技巧。比如当鱼饲料过多导致鱼粪增多时，他们会通过增加鱼塘的曝气提高溶解氧，来保障硝化细菌的活性，而且会额外投加一些硝化细菌来快速降解氨氮。在污水处理过程中，如果遇到高浓度氨氮冲击时，人们也经常延长排泥时间来保证硝化细菌含量，或延长曝气时间并投加碱度的方式来提高硝化性能。"

李俊："自养菌中只有硝化细菌能参与水环境治理吗？"

水多星："不只是硝化细菌，这自然界中还有一些其他的自养菌对我们环境治理也很重要。如硫细菌参与硫素循环，铁细菌能够用于地下水除铁锰，厌氧氨氧化菌能够缩短脱氮过程等。"

李俊："这自养菌可真是人小鬼大，不仅自己养活自己，还是环境治理中光干活不吃饭的好劳模！"

水谱049

聚磷菌——善于储存“粮食”的居家能手

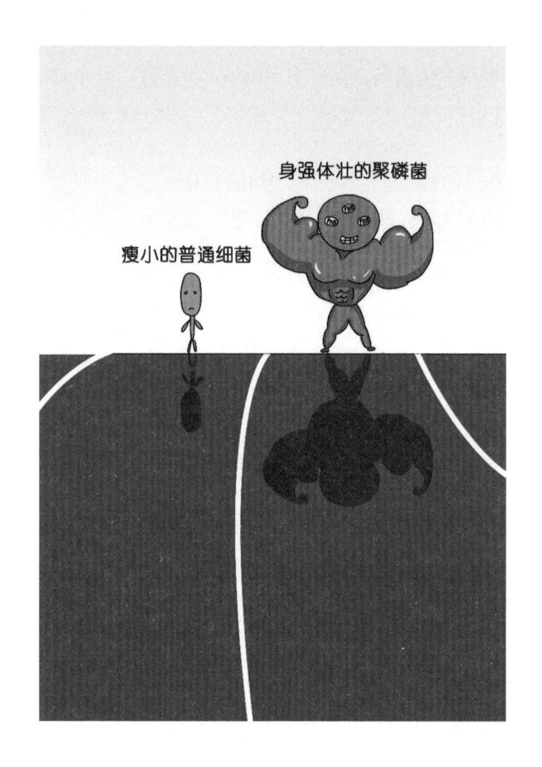

这日李俊和水多星在河边野炊烧烤，李俊又回首往事，说道：“你可知道我那李逵兄弟最爱吃肉喝酒，每每睡觉前都是臭屁连连，熏死人了！”

水多星忍不住笑着说：“李大王不要怪他，这是正常的物质循环。我们肠道中的微生物会把肉中的蛋白质变成氮气释放，也就是‘屁’。通过这样的固态—气态—固态的变化，物质才能在自然界循环呢！”

李俊听闻说道：“那我要多吃点肉，促进物质循环。”一边狼吞虎咽起来。

水多星说："李大王慢点吃，也不是所有的物质都能如氮一样循环的，磷就很难由固态变为气态进行循环，只能成为粪便被排出人体。如果不经处理就流入水体还会造成水体富营养化。"。

李俊放下手中的烤串，问道："那怎么才能去除磷呢？"

水多星说："那今天我就介绍一下水中磷的去除过程吧。水体中的生物除磷需要一种叫聚磷菌的细菌完成。这种细菌好像一个居家小能手，懂得在食物充足的季节储存食物，在氧气充沛时又用储存的'粮食'与污水中的磷交换合成能量。"

李俊问道："听起来很有意思哦，它是怎么储存粮食的呢？"

水多星说道："聚磷菌需要厌氧环境和有氧环境交替存在的条件下生存。当厌氧环境中有充足的有机碳源时，聚磷菌就会疯狂摄取有机物质进入体内，形成一种叫作聚 3– 羟基丁酸盐（PHB）的物质。这种物质，就好比我们人类的脂肪，可以把摄入的过多能量储存起来。"

李俊说道："所以你描述它们是善于储存'粮食'的小能手呀。"

水多星笑了笑，继续说道："没错，当这些在体内储存了很多'粮食'的聚磷菌缓缓地由厌氧环境进入好氧环境中，小家伙们就准备开始对磷下手了。在水体氧气充足的条件下，聚磷菌开始分解自己储存的 PHB 产生能量。这些能量提供了动力支撑聚磷菌过量摄取污水中的磷酸盐。"

李俊听着入迷了，笑道："这个有意思哈，快继续讲讲！"

水多星继续讲道："磷酸盐进入聚磷菌体内后，被用于合成蕴含更多能量的动力小马达——ATP，以及一种叫作聚磷的物质。聚磷成为了新的存储物质，留在了细菌体内，也就是所谓的，用'储粮'交换磷。这聚磷也是最开始聚磷菌存粮时的体内供能物质啦。"

李俊问道："我听着，好像是聚磷菌把水中的磷酸盐都'吃'到了自己细胞里了。"

水多星回答道："没错。而且聚磷菌'吃'磷的能力特别厉害，它们在好氧环境下吸收的磷量远远大于厌氧环境下释放的磷量呢。正是这样，让磷在细菌体内过分积累了。最后只要把这些'吃'了过多磷的污泥都排放掉，就可以最终完成污水中磷的去除了。"

李俊听完，捋着胡子感叹道："聚磷菌这个储存'粮食'的居家小能手可真是不一般，存了‘粮’还能除磷呢！”

水多星说道：“但是这个小家伙也有些缺点。比如聚磷菌要求泥龄短，而硝化细菌要求泥龄长，正好不对脾气；聚磷菌和反硝化细菌还要争夺废水中的碳源。不过现已发现了一种可以既脱氮又除磷的反硝化聚磷菌，一定程度上避免脱氮除磷矛盾。由于磷不能转变成气体，最终只能通过排放积累磷的污泥实现废水中磷的最终去除，而这些富磷污泥如不能妥善处理又会污染水体。”

李俊思忖着说道：“事情总是不能太完美的。”

水多星点头说道：“不过，人们已经意识到磷资源的不可循环和宝贵了，特别是沉积在水体底泥中的磷无法再进入全球物质循环中，开始了从污水和污泥中回收磷资源的研究。尤其是我国还是一个磷资源匮乏的国家，更需要注重磷的回收。”

李俊听后开心地说：“那就好，富含磷的污泥好好利用，必将是宝贵的财富。”

水谱 050

光合细菌——快活林最热卖的商品竟然不是酒

这日，李俊重游梁山泊，不禁感叹：“这么多年没回到梁山水泊了，甚是想念我的兄弟们啊，大碗喝酒大口吃肉的日子真快活，人生在世若是少了酒哪来的力气干大事啊！”

水多星大笑一声说道：“那咱们就立刻下山到快活林去，那里的酒可带劲了！”

到了快活林酒馆，李俊一边喝酒一边向水多星讲述武松醉打蒋门神的故事。正讲到高潮之时，突然飘来一股臭味，二人寻根溯源发现原来是快活林酒家搞的鬼。酿酒的废水全部排放到了附近小河中，这河水从前清澈见底，如今简直污浊不堪。李俊气冲冲地走到酒家找管事的讨说法，但管事的也是叫苦连连不知如何是好。此时多亏水多星及时上前阻拦，才没出人命。

水多星提议道："我这倒是有个好法子，传闻有种可吃掉酒糟废水污物的灵物，这灵物人称光合细菌，能够利用光作为能源完成光合成、固碳、固氮作用，而其他微生物，主要利用化学能。它们通过分解自然界大部分污染物，如有机物、氨、还原性臭气如硫化氢、硫醇等，将其氧化成二氧化碳、硫酸盐、硝酸盐等无害物质。另外，光合细菌对生存环境要求不高，可在厌氧、黑臭等及其严酷条件下分解污染物。甚至在太平洋海面下2400米处，也发现了一种绿硫菌家族，可依靠海底热泉眼中极其微弱的光亮进行光合作用。"

李俊若有所思道："世间竟有这等灵物，不知能否用在这河里？"

水多星接着解惑："光合细菌除了分解污染物外，还是一个大宝库，富含蛋白质、辅酶、胡萝卜素等，用光合细菌制成的大力清水丸，除了净水外，还可用于美容。在处理高浓度废水时，光合细菌依靠繁殖自己完成污染物的处理过程（其他微生物是靠氧化或硝化，将污染物变成二氧化碳或硝酸盐），在处理污水同时还能获得产品。正因为这些特性，光合细菌在水产养殖、污水处理领域应用最为广泛。"

此时躲在厨房帘子后面的店主小女儿听说这灵物可制出美容之丹药便抑制不住内心的激动，小跑着出来摇着爹爹的胳膊，娇滴滴地要爹爹赶紧接受这个提议。店主是个精明之人，知道此时若是不接受，这店恐怕是开不下去了，方圆十里谁不知道他"混江龙"李俊的大名，况且这法子听起来倒是有些可信，还能多赚些银两为小女儿做嫁妆，便爽快地答应了。

不久，快活林酒家附近的小河清澈见底，一种由光合细菌制成的保养品——大力清水丸亦是生意火爆，方圆百里爱美的女子闻讯都纷纷赶来只为买上一颗来保持美貌，一展自己的绝代风华。

水谱 051

“嗜极菌”——有特殊癖好的微生物

李俊跟着水多星在人间转了多日，对人类污水生态、水生物、水处理等了解了许多，为之感叹之余，觉得自己知识高深了很多，便说道：“水兄，我如此努力学习，估摸快能赶上‘智多星’吴用了。”

水多星笑道：“哈哈，你在水知识这块儿，无论古今，绝对能在水浒 108 位好汉里站 C 位！”

李俊有点不好意思地笑道：“哈哈，还不是你教导有方啊！不过，跟着你游学人间，不止水知识这块儿，对人间的美食美景美事也了解了好多喔！眼看要中午了，咱们不如再去找个饭馆儿，坐着喝点儿酒，吃点儿美食？可有段日子没喝酒了。”

于是两人找了街边一家饭馆坐了下来，要了几个下酒菜，两瓶白酒，畅饮了起来。

李俊借着酒兴说道："想当年在水泊梁山呀，好汉们下馆子，喝血酒结盟，啃大肉结情，偶尔在一起切磋功夫，较量技艺，热闹得很啊！说起来，这水泊梁山上高手云集，好汉中有许多异能之人，在极端环境下，也能生活自如。就如张顺兄弟，能在水中待6天6夜，没有空气也能生存；虽说鲁智深喝酒误事，李逵喝酒闹事，但喝酒后的武松在高浓度酒精中激发潜能，将那吊睛白额大老虎活活打死；还有那时迁，一般人在梁上站不稳，而他却在梁上健步如飞！"

水多星听得入迷，说道："那可真是厉害呀，那你可知水世界中有一类微生物啊，它们也极喜欢某类极端环境，非某类极端环境不能生存，叫作嗜极菌？"

李俊正色道："还有这样的微生物？极端环境是指什么呀？"

水多星说道："极端环境如高温、高酸、高碱、高盐、低温等，凡依赖这些环境才能生长的微生物，叫作嗜极菌或极端微生物，这类微生物主要是古菌。古菌是一类特种兵，分析微生物系谱——16S-rRNA寡核苷酸谱时发现，古菌是与原核微生物、真核微生物不同的一种独立微生物类群，细胞结构、基因表达方式，都有所不同，这些细菌能在极端环境生存，对其他生物无害，至今未发现致病古菌。因此，在我们这个星球上，古菌代表着生命的极限，确定了生物圈的范围。与咱环境相关的就有甲烷菌，嗜热菌、嗜酸菌、嗜碱菌、嗜盐菌和硫酸还原菌等。其中，嗜热菌是指最适宜生长温度在45 ℃以上的微生物。嗜热微生物不仅能耐受高温，而且能在高温下生长繁殖，其生存环境需要较高的温度。"

李俊思忖良久，问道："那么按照你这样说，嗜酸菌、嗜碱菌就是在强酸强碱中可也生存的微生物？"

水多星笑道："说得没错！嗜酸微生物可以在pH值极低的环境下生长，有些甚至可以生活在pH值低于1的环境中。一般来说，将最适生长pH值小于3的微生物称为嗜酸菌。嗜碱菌是指最适生长在pH值大于8，通常在9至10之间的微生物。"

李俊道："那这些微生物都是对环境有益的吗？我们可以对其进行利用吗？"

水多星回答道："不然，这些古菌中有一部分是'功臣'，比如甲烷菌爱'吃'

各种农作物的茎、叶及许多排泄物、废弃物，并利用其产生甲烷，这样有机废物就可以转化成有用的‘沼气’（甲烷）；而嗜热菌、嗜碱菌可用于污泥减量；在水处理中，在高盐环境下能进行正常代谢的嗜盐菌，可以用来处理高盐废水。但也有一部分‘奸臣’存在，比如硫酸盐还原菌则可导致河水黑臭。所以啊，人类要因势利导，对古菌善加利用。”

说罢，水多星带李俊来到了一个污水处理厂中的厌氧消化池，给李俊介绍了起来：“这个厌氧消化池，就利用了厌氧生物处理技术这一典型工艺。在厌氧状态下，污水中的有机物被厌氧细菌分解、代谢、消化，使得污水中的有机物含量大幅减少，同时产生沼气，可被用作能源，产生经济价值。其中，高分子有机物的厌氧降解过程四阶段最终阶段为产甲烷阶段，这阶段就是甲烷菌在发挥功能。”

李俊激动地说道：“极端微生物可真是些神奇的‘老古董’呀，家有一老如有一宝，地球有它们，极好极好！”

水谱 052

甲烷菌——变废为宝的能源加工厂

“如今这日子过得可比我们当年舒服多了，冬天有暖气，夏天有空调。”李俊坐在暖气前搓手说，“梁山的寨子到了冬天别提多冷了。也多亏曾经砍柴的石秀兄弟带领大家进山砍柴，凿山挖煤，我们才能烧火取暖。但这柴还要生火烧饭用，公明哥哥又不让砍太多树，年年冬天都得节约着用，真真是冻死人。”

水多星听后笑着说：“好汉们当年不知道吧，其实你们可以用吃剩的饭菜和粪便等，通过厌氧发酵产沼气。沼气可以点燃生火，用来做饭和取暖。”

李俊一拍大腿，说道：“对呀！我在沼泽地里见过，咕嘟咕嘟冒泡的气，不懂的以为是妖气呢。”

水多星说道："这就得介绍一下甲烷菌了，正是它把有机物转变成了能源物质甲烷气体。甲烷菌是一种古菌，地球上最古老的生命体之一。它们脾气和个性古怪，本性娇气，只能在严格厌氧条件下生存，对温度、pH 条件非常敏感。可以把甲烷菌想象成一个加工厂，原材料是小分子有机酸，甲烷菌是一个条件苛刻的车间，产品就是甲烷气体啦。"

李俊问道："原材料不是废弃物么，怎么又成了小分子有机酸？"

水多星回答道："甲烷菌厌氧产气是一个复杂的过程。现代人会采用厌氧消化工艺生产甲烷气体回收污水中的能源。除了甲烷菌参与其中，还需要水解酸化菌先把有机物转变成小分子物质和脂肪酸，再通过乙酸化作用把脂肪酸转变成乙酸，最后就是关键步骤：甲烷菌利用乙酸生产甲烷气体，古人称之为沼气。甲烷可以继续被用于热电联产，提供人类热能和电能。"

水多星继续说道："但是，要想用甲烷菌生产甲烷气体也是不容易的，曾经流行的农村沼气项目如今渐渐没了踪影，主要原因是对沼气池疏于管理。特别是北方冬天气温低，需要给池子增加保温措施，如工程化应用的污水厌氧消化设备普遍会选择在 35℃下运行。"

李俊又问道："那现在已广泛应用了吗？"

水多星不免惋惜地说："比较可惜的是，目前国内成型的能长期运行的厌氧消化工程比较少。国外比较多一些，比如在德国，以生物质生产沼气的生物能源项目愈来愈多，2020 年甲烷发电将占德国总发电量的 7.5%。相应地出现了种植专门以生产沼气为目的的能源作物，种植面积占德国耕地总面积的 6.8% 呢！"

李俊惊讶地问："种的粮食不吃而去生产沼气？"

水多星点头说道："对的。农民种植的能源作物，如玉米、甜菜等，在符合条件时被收割、粉碎后进行厌氧消化生产沼气。沼气在脱硫脱硝后制成天然气销售，或用于热电联产发电。农民从卖粮食变成卖能源，收入更是翻倍了。"

李俊开心地说："希望未来在我们这里也能出现更多生物质能源项目，从废物中回收更多可用的甲烷，让甲烷菌成为变废为宝的能源加工厂！"

水谱 053

厌氧氨氧化菌——脱氮微生物界的网红

水多星带着李俊走了好多地方，瞧了水世界中多种微生物，正值疲累之际，听闻前面茶馆里闹闹哄哄，仔细一听，原来恰巧有说书的人提到《水浒传》中水泊梁山108个好汉武功排行，这引得茶馆内听书的观众纷纷讨论。

于是李俊向水多星说道："走了这么一圈，竟遇到讨论我水浒好汉的，咱不如就此歇歇脚，喝点茶解解渴，顺道听听？"

水多星道："好啊，我虽知水浒108好汉是何许人等，但我对他们武功都却有些许陌生啊，一起听听也不错。"随后，二人便要了两杯茶在茶馆靠窗位置坐了下来。

听大家议论纷纷，梁山108好汉功夫种类五花八门，有些在马上出彩，有的步战出类拔萃，有些靠特种兵器，有的以拳脚胜人，还有人说这其中李俊就以水战为主，靠的是水下功夫。除此之外，有些好汉并不是靠拳脚本事，比如宋江大哥武艺并不出众，但仗义疏财，为人好，威信高，适合做领袖；吴用不会武功，靠智慧计谋；不同兄弟，都有自己看家本事，可谓高手云集，谁是大英雄，大家各执一词。

水多星看李俊听得入迷，向李俊说道："李大王，这水世界中的微生物也有各自出彩的本事，你可知道？就如前面我讲过的传统硝化——反硝化脱氮技术，就是硝化细菌和反硝化细菌在不同条件下能各自发挥本领。硝化作用是在好氧条件下，氨氧化菌有将氮氧化为亚硝酸盐的本事，可以实现亚硝化作用，而亚硝酸盐氧化菌则将亚硝酸盐氧化为硝酸盐。而在缺氧条件下，就轮到反硝化菌出彩了，利用有机物把硝酸盐还原为氮气，发生反硝化作用，从而将水中的氮素污染物去除。"

李俊说道："这我记得，这几种菌在脱氮微生物界可是鼎鼎有名啊！"

水多星话锋一转说："但是论脱氮微生物界的网红，还轮不到它们，比它们更'红'的是神奇的'红菌'，学名厌氧氨氧化菌。"

李俊："啊？前面的都已经很牛了，这'红'菌何德何能呀？"

水多星接过话茬儿："光一点就能让其他微生物自叹不如，这厮最大的本事竟是自杀！早在1976年，Broda等人预言在自然界中存在一种以亚硝酸根离子（NO_2^-）或硝酸根离子（NO_3）作为电子受体把氨（NH_4）氧化成氮气（N_2）的化能自养型细菌。在1995年，Mulder等人在处理酵母废水的反硝化流化床反应器内发现了氨（NH_4^+）消失的现象，从而证实了厌氧氨氧化菌的存在。这一发现使得人们对自然界的氮循环有了新的认识，同时也给污水脱氮技术带来了巨大革新。"

李俊接着问道："这厌氧氨氧化菌为何又叫'红菌'呀？它有什么特别之处呢？"李俊内心有了浓厚的兴趣，想快点了解这有特殊本领的脱氮微生物。

水多星继续说道："厌氧氨氧化菌由于细胞色素沉积，肉眼可见的污泥呈红色，故俗称'红菌'。厌氧氨氧化菌能够在缺氧条件下以亚硝酸盐（NO_2^-）为电子受体将氨（NH_4^+）转化成氮气（N_2），同时伴随着以亚硝酸盐为电子供体固定CO_2并产生硝酸盐（NO_3^-），该过程被称为厌氧氨氧化反应。该过程中氨氮与亚硝态氮直接作为底物参与生物反应过程，是目前最简捷的生物脱氮过程。同时与传统硝化—反硝化工艺相比，厌氧氨氧化工艺具有节省曝气量、无须外碳源的投加、剩余污泥产生较少诸多优点，因此，被誉为目前最具前景的污水脱氮工艺，也成为水处理界众多科研人员研究的热点。"

李俊听完连连拍手，说道："这个厌氧氨氧化菌本事如此了得，怪不得被称为脱氮微生物界'网红'了，如此的话，咱们得大力推广一下啊！"

水多星回答道："哈哈，你说得对！不过呢，这个厌氧氨氧化菌具有世代周期长、对环境条件要求较高、比较难培养的特性，对于如何在反应器内长期持留厌氧氨氧化菌，并且令其发挥功能是个重要的研究课题。另外，厌氧氨氧化反应以氨（NH_4^+）和亚硝酸盐（NO_2^-）两种底物为基质，大部分污水中的含氮污染物以氨（NH_4^+）形式存在，稳定的亚硝酸盐（NO_2^-）的获取是厌氧氨氧化工艺稳定运行的关键步骤。因此，根据亚硝酸盐（NO_2^-）来源不同，厌氧氨氧化可与短程硝化或短程反硝化工艺结合，形成短程硝化—厌氧氨氧化或短程反硝化—厌氧氨氧化脱氮工艺。目前，利用这两类工艺实现我国低碳氮比（C/N）城市污水深度脱氮的研发与应用具有重要的价值与潜力，有望推进未来厌氧氨氧化技术在城市污水处理领域的规模化应用！"

硫酸盐还原菌——黑臭的罪魁祸首

李俊跟着水多星游历多日，来到了一个小城市，两人本想要去找个风景好的河边小店，喝点东西休息一番，但是被眼前又黑又臭的河流闹得恶心，随便找了个饭馆坐了下来。

李俊眉头紧锁，感叹道："你看这河流虽是流动的，该称之为'活水'，但是又黑又臭，死气沉沉，这股恶臭味令人头晕恶心的，简直就是'死水'一滩！"

水多星说道："这是黑臭水体呀！"

李俊疑惑地问道："是什么？你来给我解释解释！"

水多星说道："水体黑臭呢，主要是因为排入城市水体的外源性有机物过多，如居民生活污水、畜禽粪便、农产品加工污染物等，水中的溶解氧就会被快速消耗。当溶解氧下降到一个过低水平时，好氧菌减少，厌氧菌快速崛起，导致大量有机物在厌氧菌的作用下进一步分解，产生还原性臭气物质，从而散发出臭味。同时，厌氧条件下，沉积物中产生的甲烷、氮气、硫化氢等难溶于水的气体，在上升过程中携带污泥进入水相，使水体发黑。”

李俊问道：“咱得把这个罪魁祸首找出来，才好对症下药，予以治理呀！”

水多星回答道：“这黑臭水体的罪魁祸首‘臭名远扬’，就是一种叫作硫酸盐还原菌的细菌，这家伙为严格厌氧菌，能通过异化作用将硫酸盐作为有机物的电子受体，进行硫酸盐还原，产生的硫化氢气体挥发到空气中，臭得令人发晕。”

李俊继续问道：“原来这黑臭核心微生物是硫酸盐还原菌呀！那治理黑臭水体关键就得治理这硫酸盐还原菌咯？”

水多星回答道：“你说得对！硫酸盐还原菌的一个重要的生理特性是有广泛的基质谱，生长速度快，还含有不受氧毒害的酶系，因此可以在各种各样的环境中生存，有较强生存能力。另一生理特性即是硫酸盐的存在能促进其生长，但不是其生存和生长的必要条件。在缺乏硫酸盐存在的环境下，通过进行无硫酸盐参与的代谢方式生存和生长；当环境中出现了足量的硫酸盐后则以硫酸根离子为电子受体氧化有机物，通过对有机物的异化作用，获得生存所需的能量，维持生命活动。”

李俊接着说道：“原来这硫酸盐还原菌还很皮实呀！那可怎么办呢，还治不了它啦？”

水多星答道：“只要找对方法，是肯定能治的。硫酸盐还原菌是严格厌氧菌，河道曝气、纯氧曝气或投加氧化剂等可抑制其生长。”

李俊问道：“那工程量会不会有点大呢？还有什么别的办法吗？”

水多星应道：“别的办法还有很多呢，比如可以先把污水截留进行处理，从源头减少外部有机污染物对水体的污染，减少水体内氧的消耗，还可增加营养盐，培养藻类，产生氧从而抑制硫酸盐还原菌的生长，等等。”

李俊点头赞同：“对咯，源头治理，事半功倍啊！”

特殊功能菌——微生物的“智多星”

我乃梁山“智多星”吴用

我乃微生物“智多星”

这日，李俊和水多星一边喝酒一边闲聊，李俊：“想当初俺兄弟大多是被逼无奈，走投无路之下才上梁山泊的，谁能想到后来竟那般声势浩大，连朝廷也要低头招安。”

水多星：“李大王，说到这里我很好奇，你们初上梁山，想必定是囊中羞涩，那又是如何招兵买马、替天行道的呢？”

李俊：“唉，说起来也不是什么光彩的事，那时候时常都是以抢劫为生，不过劫的基本都是不义之财。最初还是靠劫了大奸臣蔡京的女婿梁中书献给蔡京的生日礼物——十万贯银钱（按照现在算来，相当于三千多万元的一笔巨款）当作启动资金，才有后来的梁山泊英雄聚义，话说当时为了这样一笔巨款也是煞费苦心。”

水多星：“还有这等趣事？愿闻其详！”

李俊："当时啊，晁天王得到消息，杨志领着十万贯的银钱要进京，途中会路过他的地盘黄泥冈。杨志押送货物有经验，且为人精细武艺高强，硬取一时未必得手，即使得手了也未必能顺利脱身。多亏'智多星'吴用兄弟献计，算准了杨志一行人在黄泥冈必然歇息，故在此乔装等候；然后乘天热口渴，用酒诱惑士兵并自己喝一口，显示酒中无药，打消怀疑；之后欲擒故纵，假装不卖，进一步打消怀疑；最后趁其病，要其命，劫走了十万贯的巨款。这就是我们梁山著名的《智取生辰纲》故事！"

水多星连连点头："不错不错，吴用果然是梁山不可多得的'特殊人才'，借天气炎热，押运者必有懈怠之处，利用了天时之利；必经之途黄泥冈人烟稀少，易于动作，于此设伏，占有地利之便；杨志属于突击提拔干部，急于立功，和士兵不熟悉，管理属下方法不当，失掉了民心，此为人和良机。所以吴用利用自身条件，考虑天时、地利、人和三个因素，对'症'下药，将杨志一行'药'倒，完成了此次壮举。"

李俊应道："杨志如此精明，如不是对'症'下药，结果真不好说呢！"

水多星："确实，只有充分掌握事物的本质，因势利导、对症下药，才能一击即中，达成目标。这不仅对于人类，于自然环境中万物更是如此。"

李俊："哦，环境微生物中难道也有'特殊人才'？"

水多星："是啊，随着科学技术发展日新月异，已经有像吴用那样本领非凡的人在环境中发现了一种特殊的功能性菌，能处理工业废水中难降解的有机物。此人最初是在一个化工厂取了一些污水和污泥带回实验室，之后将其分别接种到含有各种营养物的富集培养基并加入适量酚类物质进行富集培养，之后涂布于富集培养基平板中分离并纯化，待纯化菌体长出后接种至以这种酚类物质作为唯一碳源的筛选培养基中继续培养，反复几次，逐渐增加酚类物质的量，驯化并筛选出对其有较强降解功能的菌体，最后用PCR扩增、16S-rRNA基因鉴定等方法和技术手段研制了具有这种特殊功能的微生物菌种。由于这种特殊的功能菌对生存环境（类似于人居住的房子）要求较高，极难富集，在一般污水里不容易被发现，故而只能在实验室条件下经过人工筛选获得。"

李俊："想不到这么困难啊，那这种特殊功能的微生物菌种主要应用于哪些领域呢？"

水多星："你看啊，我们在现代生活这么便捷，离不开各式各类的化工厂，就会产生化工废水，许多化工废水为含酚废水，这类废水对人类的伤害非常大，特别是破坏人体内的细胞，会使人贫血、头昏、记忆力衰退以及各种神经系统的疾病，严重的甚至会引起死亡。由于其毒性大，危害大，而且产生的量也较大，一般污水中的微生物很难将其降解。此时，这种特殊功能菌就可以大展拳脚了。"

李俊："水兄，受教了，见多果然能识广，真是了不得，那这种特殊的功能菌种要怎么才能实现对'症'下'药'？"

水多星："以降解有机物苯酚为例，首先我们要为这种特殊功能菌找到舒适的'房子'住下来，这个房子就是载体，再将有这种特殊功能菌居住的'房子'放到含有苯酚的废水中，并保证功能菌正常生长代谢所需条件，这样，功能菌就能在苯酚羟基团位点产生苯酚羟化酶和 1,2– 邻苯二酚双加氧酶，通过邻位代谢途径催化芳香环裂解，将有害的苯酚逐级降解成分子量较小的无毒或毒性较小的化合物，然后就被污水中的其他微生物军团'团灭'啦！"

李俊："如此微小的生物竟有这么巨大的本事，看来，除了人类以外，环境中的其他生物也是不可小觑的呀！"

水谱 056

微型动物——小生物能起大作用

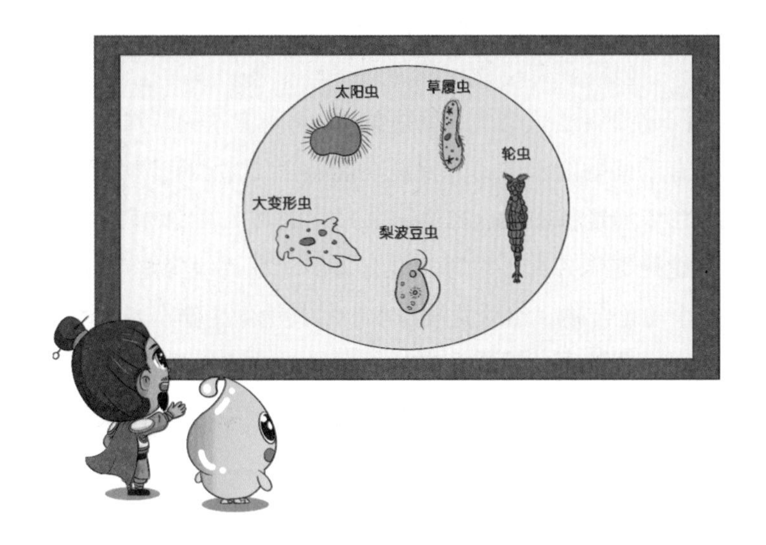

一日，李俊对水多星说道："听闻多年来国泰民安，无政事烦忧，水兄不如跟我到污水厂参观参观？"

水多星说："好啊，正好我也有点想去看一下上次在污水处理系统中引入微型动物进行生物捕食的效果。"

二人一路来到污水处理厂，接见二人的依然是厂长。只见厂长一脸感激地说道："多亏上次水多星帮小厂出了引入微型动物的主意，现在小厂的污泥产量大大减少，处理费用也跟着减少了许多呢。"

李俊点头道："嗯，也是厂长管理有方。只是这微型动物如此有用，我却不曾了解。"

水多星说："那就烦请厂长为我们取一滴活性污泥来，我为李大王介绍介绍这些'大功臣'。"

取来污泥后三人一同来到厂中的化验室，将样本放置到了 3D 显微镜上。这 3D 显微镜与大屏幕相连，调整好之后看得甚为清晰。

李俊惊叹道："哇哦，这微观世界还真是热闹呢。"

水多星笑道："这是当然了。李大王您看，这个像一只鞋垫一样的动物就是草履虫，在它旁边形状像一摊水、正在不断蠕动的是变形虫，它们都是原生动物。"

李俊道："何谓'原生动物'啊？"

水多星回答道："原生动物是指这种单细胞结构的微型动物。别看它们这么小，但是也具备完整的营养、呼吸、排泄、生殖等机能呢。在污水处理中常见的原生动物有三类，分别是肉足类、鞭毛类和纤毛类。"

李俊道："别卖关子了，还不快细细道来？"

水多星不急不忙地说："肉足类因其细胞质可伸缩变动而形成伪足，作为运动和摄食的胞器而得名。您看这变形虫，还有那边长得像太阳的太阳虫，都属于肉足类。鞭毛类的原生动物又可以分为植物性鞭毛虫（眼虫等）和动物性鞭毛虫（梨波豆虫、跳测滴虫等），植物性鞭毛虫多数含有绿色素体，能够进行光合作用。它们都具有一根或一根以上的鞭毛用于运动，并由此得名。而您看长得像鞋垫的草履虫是不是身体周围有一圈小纤毛？这就是纤毛类原生动物，它们周身表面或部分表面具有纤毛，作为行动或摄食的工具。"

李俊道："原来是这样。那边那个是什么？个头好大！"

水多星说："那只是后生动物。它们多细胞、无脊椎，轮虫、甲壳类动物、昆虫以及幼虫等都属于后生动物。李大王您看那个长长的就是轮虫，那边长得很像熊的就是水熊。后生动物能够捕食细菌和原生动物。"

李俊："嗯，我记得之前在参观污水处理厂的时候，你提到过原生动物和后生动物还能优化水处理系统中的微生物种群结构呢！"

水多星说："没错，微型动物能吞食游离细菌和污泥碎片，选择出沉降性良好的活性污泥，使出水清澈，还能活化细菌，并带动细菌一起运动，使细菌和有机物质充分接触，提高了细菌对有机物的去除能力，改善了水质。另外，微型动物对毒物比细菌敏感，可用于确定污水中毒物的阈值。微型生物在研究生态和环境质量方面的应用也日益广泛。”

李俊不禁点头道：“不错，果然非常优秀。”

水多星笑道：“除此之外，这污水处理系统中的微型动物还有许多优点呢。由于原生动物个头比细菌个头大且种属外表特征明显，易于观察，可以用作废水生物处理系统运行状态的指示生物。比如梨波豆虫、滴虫等动物性鞭毛虫的大量出现，是系统处理效果欠佳的表征；钟虫等原生动物的出现，是系统处理效果良好的表现。而且由于微型动物取材方便，反应敏感，往往被用作监测污染的指示生物，可利用其群落结构的变化来评价水体质量。”

李俊听完，若有所思地说：“这么看来，这微型生物简直就是集战士、督军、将领于一体，不仅能使污泥减量、优化菌群结构，还能用作指示生物，真可谓污水处理中的‘奇才’也。”

水谱 057

丝状菌——谈“丝”色变

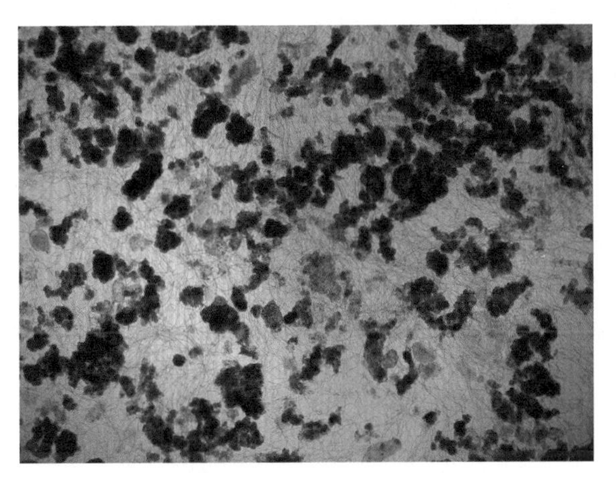

（显微镜下的丝状菌，放大倍数：100 倍）

是日，李俊搞来一杯活性污泥，按水多星教的方法尝试做污泥沉降性能检测。

李俊问水多星：“水兄，这活性污泥怎叫沉淀性良好呢？半小时都过去了泥水根本没有分离，你看这浑浊的样子，你可不要骗我‘混江龙’！”

水多星解释说：“应该是你取来的活性污泥发生了病变，很可能是丝状菌膨胀。

李俊惊讶地问道：“什么是病变？丝状菌膨胀又是什么？”

水多星解释道：“就是污泥像泡沫一样漂浮，无法正常沉淀分离，所以出水也就浑浊了。”

李俊仿佛想起了什么，脸色一变，和水多星说道：“记得当年张顺为救公明哥哥独自一个夜渡扬子江，结果被两贼艄公劫财并捆绑扔到江里，幸亏张顺水性好，几下就从水中挣脱绳子上了岸。而两贼艄公随后因财火并，‘截江鬼’张旺杀死了‘油里鳅’孙五后推其下水，搞得江水血色一片、浑浊不堪，这污泥膨胀难道也是菌胶团内部发生了拼斗？”

水多星说道：“这就要从污泥膨胀的起因——丝状菌谈起了。李大王，还记得不，正常的活性污泥是以丝状菌为骨架，串联支撑起一群球状的菌胶团。这样的结构能快速地处理有机物，还能让污泥在二沉池很快地沉淀。”

李俊点头说：“记得记得！”

水多星继续说道：“但有时候，丝状菌突然做了甩手掌柜不守规矩了，没有计划地过度繁殖。小小的菌胶团愈发不能满足过度繁殖的丝状菌，它们便突破污泥表面，把触角伸得到处都是。这样的直接结果就是污泥整体结构变得松松散散，软趴趴的，污泥膨胀了起来。”说着，水多星给李俊指了指面前的活性污泥。

李俊皱眉问道：“丝状菌这个小家伙哪里来的资本，让它如此放肆？”

水多星介绍说：“丝状菌，如它名称一般，呈细长的丝状。它们的比表面积比菌胶团大，更容易吸收营养物质，生存能力独树一帜，繁殖能力更是惊人。”水多星接着说：“当废水中溶解氧低、氮磷等营养物质不充足时，或者夏季温度过高时，都是丝状菌获得生存控制权的机会，也就膨胀了。或者在特殊废水中，比如含硫废水中，贝氏硫菌、硫丝菌等丝状细菌能从硫化氢氧化中获取能量，这些细菌以非常长的丝状性增殖，有时能长达1厘米，从而导致污泥膨胀的发生。”

李俊着急地问道：“丝状菌真不让人省心，没有什么办法治一下它们么？”

水多星稍加思索后答道：“应急的措施就是加药，用絮凝剂强行扼制丝状菌膨胀的心，帮助污泥沉降，或者加点猛药杀死丝状菌。”

李俊听闻，连连拍手称快。

水多星见状，笑嘻嘻地说道：“但是化学方法不能治本，长此以往活性污泥也被‘毒’死了。在出现膨胀时增加曝气提高溶解氧含量，或调高混合液pH，也能抑制丝状菌增殖。当然根本上还要注意调节污水厂进水的营养条件。俗话说得好么，‘吃人家的嘴软’，运行条件控制合理，污泥膨胀会慢慢恢复。”

李俊听完向水多星大喝一声，说道：“水兄，把你显微镜拿来，我倒要看看丝状菌这小厮长啥样，会会它！”

群体感应——细胞也搞“情报工作”

一日，李俊观看完现代谍战片后向水多星说道：“现在这谍战片真好看，想当初这情报工作在梁山各次反围剿战争中也有着重要地位呢，总探声息头领戴宗率领走报机密步军头领四员——‘铁叫子’乐和、‘鼓上蚤’时迁、‘金毛犬’段景住、‘白日鼠’白胜及情报工作爱好者柴进、梁山泊超级帅哥浪子燕青等人，组成了梁山特有的情报信息系统，为梁山立下了不少功劳！”

水多星听后说道：“梁山‘谍战’人员中我最崇拜时迁啦！晚明著名评论家袁无涯曾说过：‘军中得时迁辈数人为间谍侦探，何患不得敌情。’‘鼓上蚤’时迁的情报工作最出色，他多次孤身深入敌后，刺探情报并将信息传递回来，火烧翠明楼、东京盗甲等事迹皆是时迁的精彩谍战杰作！”

李俊：“对，对，梁山好汉上演了许多谍战大戏呢！话说梁山三败高俅后，本想通过高俅实现招安，但宋江哥哥对高俅不信任，决定另辟蹊径，搞定皇帝老儿。浪子燕青兄弟早年浪迹京城时，曾识得京城名妓李师师，据情报，李师师和皇帝关系暧昧，通过李师师可以把梁山所受委屈告诉皇帝，而高俅的政治对手宿太尉曾受过梁山恩惠，可以双管齐下摆脱高俅，实现招安的目的。于是宋江哥哥派戴宗送信给宿太尉，燕青直奔李师师家施展美男计，搞定李师师进而搞定皇上，救出被软禁在高俅家的情报人员乐和、萧让两位兄弟，顺利完成招安。”

水多星接着说道：“所以情报工作不仅仅局限于收集信息，还需要主动出击，完成战争所不能完成的战略目标。我想到在环境微生物领域，虽然不同微生物功能和使命不一样，但他们之间也是通过一些渠道进行信息互通和反馈，共同完成除去污染物的任务。”

李俊惊讶地说：“还有此等趣事，说来听听！”

水多星说道：“以前，人们认为细菌是以单细胞形式存在的生物个体，它们相互之间不存在信息交流和协作分工。后来，随着科技的发展，人们发现细胞与细胞间也有着信息交流，这种信息交流被人们称为群体感应。群体感应广泛地存在于各类微生物中，细胞间信息传递的载体是一种可溶的小分子信号物质——感应信号分子，细胞间是通过产生感应信号分子实现‘通信’的，进而控制其群体行为。之前和你说的活性污泥是由不同功能微生物菌群组成的，所以其微生物之间也是有信息相通和反馈的！”

李俊哈哈笑道：“这细胞也在搞情报工作啊！那这感应信号分子具体有什么作用呢？”

水多星说：“感应信号分子可以激发菌体内相关基因的表达，进而协调菌群生理行为和调控菌群生态关系，从而表现出个体菌无法实现的生理功能和调节机制。自首次报道群体感应现象以来啊，人们已发现感应信号分子对如生物膜的形成、毒素的产生、菌群增殖速度和胞外聚合物的合成等微生物生理行为的调控至关重要。”

李俊感叹：“这感应信号分子听起来还挺有用的呢！你能举个例子给我说说这感应信号分子是怎么作用的吗？”

水多星点点头，继续说道：“目前主要发现了三类的信号分子。第一类是革兰氏阴性菌中广泛存在的一类种内信号分子 N- 酰化高丝氨酸内酯类化合物（N-acyl homoserine lactone, AHLs）。第二类是主要是革兰氏阳性菌存在的自体诱导肽（autoinducing peptide，AIPs）。第三类是革兰氏阳性菌和革兰氏阴性菌中都存在的一类信号分子，自体诱导子 -2（autoinducer-2，AI-2）。微生物之间信号传递和反馈的原理相当复杂，现代人类还没有完全搞清楚，但也找出一些蛛丝马迹，比如 AHLs，由 AHLs 合成酶合成分泌到细胞外，随着细胞浓度的增加，AHLs 含量也会增加，其数量达到一定的阈值后，AHLs 进入细胞内与 AHLs 受体蛋白结合，AHLs 受体蛋白被激活并启动相关基因的表达和转录，最终可以实现生物荧光的产生、胞外聚合物合成以及毒性因子的形成等过程。”

李俊若有所思：“原来是这样啊，这信号分子的作用机制还真是复杂！”

水多星点点头：“对细菌间的情报工作进行研究，有利于提高污水处理效率，比如在活性污泥中投加一定量 AHLs 有利于驯化出好氧颗粒污泥，好氧颗粒污泥是未来污水处理技术一个发展方向，能迅速实现泥水分离，提高污水处理效率！”

水谱 059

藻类与湖泊富营养化——湖泊水质的“双刃剑”

“水兄！”李俊大喊，“快上车，本大王今天带你兜兜风。”只见李大王不知从哪里搞来一辆小摩托车，“我看到现在的人们都喜欢骑着小摩托环湖行呢，咱也来体验一把。‘遥望洞庭山水色，白银盘里一青螺’，梁山这湖水虽不如洞庭湖名气大，但也是碧玉一般，美哉美哉。”

水多星看着湖面说道：“李大王，这湖水绿得可不一样。水绿得如油漆，水面像漂浮了一些绿色的浑浊颗粒物，好像还有死鱼。”

李俊听着在一树荫下停车，一股恶臭夹杂着鱼腥气味扑面而来。

李俊捏着鼻子忍不住问道：“这黏稠的绿色物质是什么啊？”

水多星回答道：“这绿色的其实是藻类。如此大面积的藻类爆发，说明这湖水富营养化很严重。”

李俊挠了挠头：“且慢，你说的新词有点多，挨个解释一下。”

水多星回答道：“藻类是一种植物，属于原生生物界的真核生物，部分为原核生物（如蓝藻），主要为水生，能进行光合作用；它们可是单细胞的生物，也可以由多个细胞组成，个体种类差异巨大。此外，藻类没有真正的根、茎和叶，所以会在水面或者水中漂浮，常见的有绿藻、金藻、黄藻等。”

李俊问：“听起来藻类对湖泊水质没什么坏的影响啊，怎么这里看起来不一样呢？”

水多星点头说：“藻类是湖泊系统中不可或缺的初级生产者。它能进行光合作用产生氧气，还可以被当作鱼类的食物。但是如果湖泊中氮、磷营养物质过剩造成湖泊富营养化，藻类会抓住时机爆发式生长。过度繁殖的藻类，如微囊藻过度繁殖，会黏结成团浮于水面，阻挡阳光照射入水中。”

李俊说：“那水底的沉水植物不就无法进行光合作用放氧了，时间久了氧气不足会导致鱼类死亡。”

水多星点点头：“对啊，最终使得水体黑臭，甚至变成沼泽地。”

水多星继续说道：“还有更严重的，藻类过度生长对人类健康也有危害。”

李俊惊讶道：“它们还有毒不成？”

“藻类分泌的藻毒素确实对人体有害，严重的会致癌。”水多星说，“如果水源地藻类爆发，过度增殖的藻类会对水厂的处理设备造成堵塞等影响，恶化自来水的水质。而且藻类很难处理，高温都不能去除。”

“这藻类太让人生气了，要怎么治理它呢？”李俊皱着眉头问。

“当然是杀藻啦，往湖泊里投加化学试剂杀死藻类，或者用物理方法，把藻类打捞起来。在湖泊中栽种沉水植物，利用它的化感作用也能有效抑制藻类生长。”水多星说。

李俊追问：“这些听起来也不是长久之计啊。”

“李大王说得是，根本还是要截污治理，减少湖泊中的营养盐含量。”水多星点头说，“特别是减少往湖泊中排放氮、磷等营养物质。像你们以前寨子里那样直接在湖中洗澡、洗衣服、如厕肯定是不可以的，污水也都要先经过处理达标后才能排进来呢。”

李俊感慨：“维护湖泊环境真不是一件简单的事情啊。”

水谱 060

水生植物——神奇的生态调节器

这日，李俊与水多星闲聊，回忆起与“太湖四杰”在榆柳庄结义的往事。

李俊说道：“我记得几年前到榆柳庄饮酒，小岛周边的河水变黑发臭，漂浮着垃圾，没有了以往的桃源胜境，甚是败兴。”李俊接着说：“离开之后，我们给当地提出了治理建议，不知现状如何？”

水多星接话道：“李大王，那不如我们今日重游榆柳庄如何？”

说走就走，二人来到榆柳庄，惊讶不已，此时的榆柳庄已被改造成一个生态小镇。河水缓缓流淌，清澈见底，蔚蓝的天空下，湖水湛蓝，晶莹透澈。五颜六色的花和郁郁葱葱的草包围覆盖着这座小岛，阵阵凉风吹来，令人心旷神怡。

李俊指着周围的植物好奇地问：“咦？水里为何长了这么多植物，千姿百态，好多都从未见过呢。”

水多星说：“李大王有所不知，这些都是水生植物，分布广泛，种类多样，根据其生活方式，有挺水植物、浮叶植物、湿生植物、沉水植物和漂浮植物。它们是生态系统的主要组成部分，在调节水生态系统物质循环、净化水体以及为水生动物提供食物和栖息地等诸多方面具有重要作用。”

“你说了水生植物的分类，我们如何辨别水中的植物属于哪类以及它们是如何调节水质的呢？”李俊问道。

水多星指向水中植物说：“看，这荷花就是常见的挺水植物，这类植物植株高大，下部或基部沉于水中，根或地茎扎入泥中生长，上部植株挺出水面。挺水植物可吸收并净化污水中的营养盐成分从而控制水体的富营养化，尤其是聚集生长在一起的挺水植物，使得水域中的生物有了栖息和繁殖后代的良好环境。”

水多星又指向睡莲道：“这睡莲就是浮叶植物，这类植物根状茎发达，无明显的地上茎或茎细弱不能直立，叶片漂浮于水面。浮叶植物可去除水中重金属以及营养物质，抑制藻类的生长，当然，也能给水中其他生物提供优良的栖息环境及产卵场所。”

李俊：“那我们潜水时经常看到的水草是什么植物呢？”

水多星：“你说的这种水草就是我接下来要说的沉水植物，像这些马来眼子菜、轮叶黑藻、苦草、狐尾藻等，这类植物根茎生于泥中，整株都沉没在水面以下，其生存对水质有一定的要求，水质浑浊会影响其光合作用；他们能吸收水底泥中的氮磷等营养物质有效降低底部沉积物的量，其光合作用产生的氧全部释放到水体中，可增加水中的溶解氧；更为重要的是，沉水植物和藻类存在相生相克的关系，能分泌植物化感物质抑制浮游藻类生长。”

“那你说的湿生植物和漂浮植物是什么？”李俊问道。

水多星指向水池旁边的美人蕉说道：“看这美人蕉就属于湿生植物，这类植物生长在过度潮湿的环境中，常常生长在水池边，从水深23cm处到水池边的泥里，品种繁多，可以为水鸟等提供藏身的地方，它们在水体产氧、氮循环、沉积物吸附以及为水生植物、部分野生动物提供栖息地等方面起着重要作用。”水多星抿嘴接着说道：“漂浮植物种类较少，常见的有浮萍，它们的根不生于泥中，株体漂浮于水面，能吸收水里的矿物质，同时又能遮蔽射入水中的阳光，抑制水体中藻类的生长。”

李俊赞叹道：“想不到这小小的水生植物不但可以调节水体，还能美化环境，榆柳庄在这大片形态各异、婀娜多姿的水生植物的点缀下变得更加赏心悦目了！”

水谱 061

挺水植物——高颜值的湿地主力军

“水兄可听说过我们三打高俅的故事？”李俊看着眼前成片的芦苇荡问。

“李大王不如给我讲讲？”水多星答道。

李俊讲道：“第一战，高俅用水军偷袭，我们识破后利用梁山泊的芦苇蒹葭和密集水道，投放木材堵塞湖汊，他们的大船因此动弹不得，我们的小船灵活，四面出动，来了个瓮中捉鳖。第二次作战，我们用芦苇引火，烧毁高俅的战船。如今想来，梁山泊的芦苇荡成了我们战胜敌人的独门武器。”

水多星拍手道：“李大王，芦苇不仅是你们的独门武器，也是湖泊湿地净化水质的主力军。”

李俊问道：“芦苇还能净化水质？莫不是当年湖里芦苇多我们梁山泊才始终清澈？”

水多星回答道：“不只是芦苇，还有荷花、蒲草等，它们叫作挺水植物，‘亭亭玉立’于水中的植物。挺水植物一般是指植物根和根茎生长于水里的底泥中，茎和叶却挺立水出面的植物。它们常见于在湖泊河流的浅水处，或长在潮湿的岸边，或是水陆交错地带。”

李俊说道：“这个我知道。梁山泊的岸边，周围的小池塘还有湿地里经常见成片的芦苇，野鸭可喜欢在里面搭窝下蛋。靠近山脚的池塘里长满荷花，夏天一到，‘映日荷花别样红’啊。”

水多星笑着说道：“李大王观察力厉害！挺水植物对湿地生态系统非常重要。它们不仅如你说的，可以为鸟类、鱼虾等动物提供栖息、产卵和庇护场所，丰富了水生环境多样性，还是湿地的初级生产者，为水中生物提供氧气和食物。”

李俊又问道：“你还说它们是水体净化的主力军？”

水多星点头说：“挺水植物对于湿地系统的水体自净非常重要。它们的叶、茎和根茎中有发达的通气组织，可以直接吸收水中过量的氮磷等营养物质供自身生长。消耗了这些营养物质，能抑制影响水质的藻类生长，提高水体自净能力。它们在底泥中的根系上可以生长微生物构成的生物膜，促进代谢水中污染物，实现底泥修复。在生态修复工程中经常应用它们。”

李俊惊讶地问道：“生态修复工程？”

水多星点头说道：“是啊。由于挺水植物在湿地水质净化的重要作用，现代工程人员在治理水体富营养化，建设人工湿地净化水环境时都会种植多种挺水植物。”

看李俊听得入迷，水多星继续说道：“人们还设计了一种人工生态浮岛，即在人工浮体上栽培风车草、美人蕉、芦苇之类的挺水植物，使挺水植物的可种植范围从岸边扩展到湖中，代谢更多营养物，通过植物根系生物膜的吸附、絮凝、沉淀和植物化感作用，水体净化能力更强。”

李俊补充道：“水兄，我还知道一点，它们也是一种观赏植物，丰富湿地系统的自然景观。就像现在的水泊梁山公园，有我们当年常见的芦苇，还种了荷花、蒲草，随风摇曳美丽极了。”

水多星笑道：“没错，很多公园和景区会通过种植挺水植物打造自然人文景观，提升湖泊湿地的旅游功能。”

李俊望着眼前的芦苇丛大笑着，说道：“哈哈哈！既能成为一道景观用作观赏，又能净化水体保护生态，我回到天庭也要在天池里种上它一些！”

水谱 062

沉水植物——水体治理“潜伏者”

李俊和水多星这日来到一湖畔边的树荫下，看天气大好，凉风习习，便聊了起来。

李俊说道：“上次和水兄讲了我们三打高俅中的前两次大战，你可知最后那一战我们又是怎么取胜的？”

水多星说：“难道是派出了潜水兵？”

李俊大笑：“答对了。第三战敌军出动了一种新研制的海鳅船，利用水车驱动大船前进，一船载战士数百。我们直接派出水性最好的水军潜入水中，凿穿敌船。再采摘水底茂盛的水草堵塞水车叶轮，大船就动弹不得了。”

水多星鼓着掌说道：“就地取材，聪明！原来你们早就将沉水植物用到实处了！”

李俊不解地问：“‘沉水植物’是什么？”

水多星说道：“沉水植物就是你说的水草，它们整株都沉没在水面以下，潜在水体中。沉水植物的根生于水体的底泥中，叶多为狭长或丝状。沉水植物体的各部分都可吸收水分和养料，通气组织特别发达，有利于在水中缺乏空气的情况下进行气体交换。”

李俊点点头说：“沉水植物这个名字倒是很形象。”

水多星微笑着说：“对呢，沉水植物的主要种类有黑藻、金鱼藻、苦草、红线草等。它们是湖泊生态中的初级生产者，通过光合作用在水体中产生氧气，有利于底栖生物生存。它们还是很多鱼虾的栖息和产卵场所。”

李俊思索片刻，问道：“它们是不是也可以净化水体？”

水多星点点头说：“沉水植物自身发达的通气组织可以充分吸收水体中的氮、磷等营养物质供给自身生命所需。通过这样一种方式，就把水体中过多的营养物质去除了，达到了水体净化的目的。它们的根茎叶会分泌一种次生代谢产物，抑制水体中藻类繁殖，避免水华现象发生，被称为植物化感作用。”

李俊又问道：“它们在水底需要光照，如果水很浑浊会影响沉水植物的生存吧？”

水多星回答道：“湖泊中，水清则沉水植物生长繁茂，如果水浑浊，说明湖泊富营养化严重，浮游藻类过度繁殖遮住阳光，沉水植物便无法生长。这是湖泊中存在的两种稳定状态，根据水质条件，两种稳定状态能相互转化，称之为湖泊稳定态转化。”

李俊颇有疑惑地问道：“这是什么意思呀？”

水多星接着说道：“简单点就是分为清水稳态和浊水稳态两种类型。清水稳态中沉水植物丰富，水质良好。浊水稳态没有沉水植物，水体富营养化严重，浮游藻类爆发。人们利用湖泊稳态转化理论，通过种植沉水植物重建清水生态系统，修复富营养化水体，将浊水重塑为清水。”

李俊感慨地说：“小小水草的身上还蕴含这么多生态学知识。”

水多星点头说：“所以在湖泊水体修复中，沉水植物也是必不可少的。种植沉水植物可以首先放水干塘，除螺杀鱼，水质净化，沉水植物扦插种植，待生长一定条件后再渐渐将水塘回灌。”

李俊回想着当年的水泊梁山，说道：“水清见底，水草丰美，宛若水下森林。泛舟于这样的湖上，心情自然美妙。”

水多星接着说道：“是呀，沉水植物确实能营造壮美的水底景观，让小小湖泊摇身一变成为热门旅游景点，吸引游客纷至沓来。”

水污染指示生物——水里的“算命大师”

李俊这日和水多星一起在电视机前看电视剧版的《水浒传》，追到大结局后，李俊叹道：“没想到后世还会编俺们的戏，甚是有趣。从浩浩荡荡的兴起到最后散落归尘土，当真应了当时宋江哥哥去找智真长老问兄弟们前程时，长老的四句偈语：‘当风雁影翩，东阙不团圆。只眼功劳足，双林福寿全。’若是大家早些参透这功名利禄，退隐山林未尝不是福寿双全的好归宿。可惜那时兄弟们才被招安，攻打辽东、田虎，一路凯旋，风头正盛，勘不破这道理。”

水多星接道：“命中有时终须有，命中无时莫强求。预言未来乃玄学也，一路拼命到此，谁又会真的相信自己‘命中无富贵’呢？生命虽然无常，但万事有果必有因，总会有预兆的。李大王可知，这江河大海并不是看着红黄紫黑的颜色才叫被污染了，有些污染也是看不见摸不着，这时候有一些特别的小动植物可以指示出水体的污染情况，就像水里的算命大师。而且这命算得绝对准，水环境治理都得听它们的话。”

李俊感兴趣道：“难不成这些小生灵也有通晓未来之能？”

水多星讲道：“这是一种通过生物监测来判断水质的方法，主要是利用水环境对生物的行为、数量、形态等产生可以观测的影响。例如一条河道里看不到任何鱼虾，那水体一定受到了严重污染，这些鱼虾可以称作水污染指示生物。这指示生物的意思是对某一环境特征具有某种指示特性的生物。它们对生存的水环境质量相当敏感，所以被用来监测和评价水体污染状况，包括浮游生物、水生微生物、鱼类、藻类等。比如海洋发光细菌是一类从海水、海底或者海洋动物身上分离得到的在适宜条件下可发光的细菌，通过检测它们的发光强度，可以判断水中毒物和相关污染物的浓度，还可以勾画出潜艇涡动的光尾流。而在河湖地表水中，溶解氧常常因为有机物污染而急剧减少，它也是影响水生生物最重要的因素之一，因而可以用生物对于环境溶解氧的不同反应来判断水质。最常见的指示生物就是剑水蚤了，它能感知溶解氧，在含氧量高的清水中，剑水蚤的血红素含量低，相对地，在溶解氧低的污水中，剑水蚤含有更多血红素，所以看起来就更红一些。而颤蚓则对有机污染引起的缺氧环境有很好的耐受力，随着淤泥中的有机物积累，耐污的颤蚓猛增，有时会长得像片地毯呢。”

李俊奇道：“这就像看到蚂蚁搬家知道要落雨一样，有意思得很！”

水多星继续说道：“虽然水质也可以用一些化学指标检测来判断，但获得这些指标需要取水到实验室进行分析检测，很是麻烦。直接观测这类动植物的生物监测法，可以方便快捷、实时低廉地得知水环境的污染情况。对于环境检测来说，是很有价值的好法子。”

李俊点头表示听明白了：“小小生物竟有指示河湖命途的作用，咱们要好好利用，及时发现及时治理，保持水体健康清洁才是。”

第四章

水生态篇

水谱 064

种群和群落——“鱼生在世”，喜忧参半

李俊手里拿着什么东西，缓缓向湖中观景台走去，口中还喃喃自语，不知在说些什么，这一幕被水多星看见，以为李俊要轻生，一个箭步冲上去将其拉住，嘴里还念叨着：“李大王您可别想不开啊，纵使你的梁山兄弟们都不在了，你也不能跟着去啊，再说梁山兄弟多为英勇枭雄，石秀、王英、扈三娘、孙二娘、张清、解珍、解宝等都是在战场上奋勇杀敌而死，你却因怀念昔日兄弟而自尽，这日后说出去也不好听啊！”

李俊诧异道：“你怎么看出我想自杀啦？哈哈，我只不过是想去饲喂这湖中锦鲤，看到它们不由想起了900年前宋公明大哥在浔阳江吃河鲜酸辣汤的情景，当时张顺还特地选了四条金色鲤鱼，用柳条穿了，给宋江哥哥、戴宗兄弟和李逵兄弟醒酒。”

水多星哈哈笑道："那刚刚确是我脑洞太大了，还以为你要轻生呢。这湖中饲养的是日本锦鲤，最早源于中国红色鲤鱼，200 年前被日本引进、培育，目前在日本已有 13 类、100 多个品种，被称为'国鱼'。日本锦鲤是一种名贵的大型观赏鱼，寿命通常为 60~70 年，据说最长可达 200 年，在日本有祖孙三代共养一条鱼的美谈。随着年龄、水温的变化，锦鲤身上的花纹色泽和形态也会不断变幻，被誉为'活的艺术品''观赏鱼之王'。锦鲤也是一种聪明的鱼，听说能根据步频识主人，对主人喂食表现出特有的愉悦。上品锦鲤都是千里挑一，价值更是不菲，2019 年拍卖出的那条 9 岁的锦鲤王，拍卖价高达 1250 万元呢！看看这高贵的锦鲤，其实和当年宋江哥哥食用的金色鲤鱼是亲戚呢，二者都属于同一个种群，只是品种不同而已。"

李俊不解道："种群是什么意思？我怎么没听说过。"

水多星解释道："为了生存，同种生物聚集在一起便形成了种群，种群内部个体间可以相互交配，产生具有繁殖能力的后代，即种群内部可繁衍，而许多种群在同一环境中一起生活便组成了群落。"

李俊恍然大悟："原来如此，不过这湖中这么多种群，不知它们能否和谐相处，相互之间会不会产生'摩擦'呢？"

水多星讲道："群落中各种群虽具有不同作用，但却可以协调有序地生活在一起。不过'摩擦'也是避免不了的，群落中各种群之间具有复杂的相互关系，包括共生、竞争、捕食和寄生等，种群之间最和谐的关系就是共生了，例如绿藻进行光合作用，为真菌提供养料，而真菌产生的有机酸分解岩石，为藻类提供矿物元素，这就是一种共生关系。湖中鲤鱼和鲢鱼属于不同的种群，在你投喂它们的时候不同种群之间就形成了竞争关系，而且长相乖巧的锦鲤其实也有凶狠的一面，它们会捕食其他小鱼，甚至是自己的同族后代！另外，这湖里还存在各种细菌、寄生虫等，它们不用'工作'就有饭吃，靠寄生在动植物表面来获取营养从而维持生计。"

李俊感叹："没想到这小小的湖中却隐藏着一个如此丰富而复杂的世界，可不比我们梁山好汉的故事少。"

水多星说道："那当然啦，这湖里的奥秘可大着呢，毕竟'鱼生在世'也和人一样潇洒难得、喜忧参半啊。"

生态位和群落演替——一山不容二虎

李俊这日回忆道："当年我梁山108位兄弟，各有本事，特别是宋江哥哥，在上梁山前仗义疏财、急公好义，树立了强大的威信，很多头领因他而聚义梁山。后来带兵打仗，战无不胜，建功立业，奠定了其山寨之主的地位。但话说回来，宋江哥哥水性不如我，马上功夫不如关胜兄弟，步战不如鲁智深兄弟，但他知人善任，把我们分封为水军、马军和步军总头领，使我们在各自擅长的位置贡献自己的力量。"

水多星灵机一动："这就好比生态位，每种生物都有适合自己的位置，而且只有在合适的位置上才能发挥各自的作用。"

李俊问道："生态位是什么？没听说过呢！"

水多星解释道："生态位是每个种群在时间、空间和营养结构上所占的位置。种群的生态位取决于种群在什么地方生活，以及种群与食物、天敌和其他生物的关系。生态位的大小称为生态位宽度，可度量种群利用资源的多样化水平，当资源不足时，生态位宽度会增加。这就和狗吃骨头一样，在有骨头时，当然吃骨头，啥都没有时，屎也吃。”

李俊奇道：“种群生态位也像梁山好汉一样，排座次吗？那住在同一个山头的两个种群要是有相似的生态位可就坏了，一山能容得下二虎么？”

水多星摆摆手：“生态位只讲适应不适应，无关位分高低，但若两种群生态位重叠，就会产生竞争。当然啦，资源丰富时，两物种还是能和谐相处的，但多数情况下，资源是短缺的。所谓‘一山不容二虎’，生态位重叠的两个物种因存在竞争所以难以长期共存。最后，要么其中一位消失，要么分化成两个不完全相同的生态位。例如：两虎在一起时，就各占山头以降低两种群之间的‘紧张感’，即降低了两物种生态位的重叠程度，从而实现共存。”

李俊又问道：“那这山头占了就能一直住下去了吗？”

水多星摇摇头：“群落还存在一个演替过程，而生态位的差异会对演替产生影响。群落的季节性演替就可以利用生态位来进行解释，环境变了，适应的生物能继续生长，不适应的生物就会衰退，从而出现种群结构变化。就拿水渠的危害物种——菹草来说吧，菹草属于低温生态位，其他物种属于高温生态位，春季低温，菹草迅速生长，占据了大部分的下游渠段空间，此时其他物种才刚萌发，根本不是菹草的对手，夏季高温，菹草死亡，为高温生态位物种腾出了生长空间。实际上，正是由于生态位的分离，才使菹草没有竞争对手而疯狂生长的。”

李俊皱眉道：“对这些有害的生物就只能听之任之吗？”

水多星解答道：“一样可以利用生态位来保护环境。当物种间生态位重叠时可能存在资源竞争，对群落产生一定影响，从而推动了群落演替，而获悉物种间的生态位关系可预测种群的竞争结果，进而得出群落的演替方向，有助于人类维持生态系统平衡和对物种资源进行保护。”

李俊明白了：“原来自然界的其他生物也是各凭本事吃饭，有各自的位置啊，而且似乎也并不比人类的生活简单多少。”

水多星：“哈哈，是啊，那些生物的世界说不定也是纷乱繁杂、故事颇多呢！”

水谱 066

初生演替与次生演替——野草烧不尽，春风吹又生

李俊："我水浒108将中活得最憋屈的就数林冲兄弟了，明明浑身本事，在朝廷却只能做个80万禁军教头，娶了个娇妻，却被高衙内那小混混企图霸占，被诱入白虎堂，落得个刺配沧州的下场，途中在野猪林险遭不测，后又被陆谦那厮设计火烧草料场，若不是那日大雪压塌草屋，林冲兄弟去山神庙躲避，恐怕我就无缘结识这样一位好汉了。最后林冲被逼上梁山，还受到王伦那小秀才百般欺负，想想都替我兄弟不值啊！"

水多星："慢着，当年林冲在东京，官至80万禁军教头，这不是很牛吗？在现代，最小也应该是一个团级干部吧？"

李俊："非也，非也，那禁军是守卫京师的部队没错，但禁军中官职自

上而下可分为殿前司都指挥使、副都指挥使、都虞侯，再后面就是兵马使，副兵马、虞侯、承局、押官等官职了。陷害林冲的陆谦就是虞侯之职，已经是禁军中的芝麻官了，而教头只能算不在编制之内的技术工种了。”

水多星：“原来如此，昏君奸臣，坑害百姓，难怪北宋末年社会动荡，争端四起。”

李俊：“不过沧海桑田，朝代更替，这是再正常不过的事了，你看这草料场，当年被烧成一片废墟，现在已是浓密的森林了！”

水多星：“没错，其实这是大自然又一神奇之处——群落演替的功劳，打个比方，随着时间的推移，一千年前生长着沙柳的一块沙丘，现在可能变成长满了山毛榉和槭树的一片森林。同一片土地发生了这样的变化，中间肯定经历了生物群落的不断更替。”

李俊眼睛一亮，似有所悟：“哎呀，说起来不就像行军打仗，更强的一方不断将相对较弱的一方打败并占其领土对不对？这套路我熟，当年常州守将金节战败献出常州城，以及我跟‘二阮’‘二童’里应外合打败方腊占领清溪县等是不是就这个意思？”

水多星听着笑出了水泡泡：“李大王脑洞太大了，一琢磨还真有点相似！不过要注意的是，演替的结果并不是一个群落将另一个完全消灭，而是优势群落占据了主导地位哦。”

李俊：“如果你不提醒，我差点就误解了。不过我还有个疑问，你说原本没有植物生长的沙丘，和原本生长了植物却被烧光光的地段，这演替过程能一样么？”

水多星：“李大王可问对了，这两者还真是有着本质上的区别呢，沙丘开始的演替属于初生演替，它是白手起家，往往靠先锋植物探路，就像沙漠治理的第一步，常仿照它的自然演替过程，先种一些沙柳、喜沙草等沙生植物，等沙丘被植物固定住不再移动了，就可以开始种植高大一些的植物了。”

李俊：“那么火烧后的草原上的演替和初生演替有什么区别呢？”

水多星：“那就属于次生演替啦，次生演替有基础，虽然地块上原有的植被不存在了，但是起码它还有土壤呀，土壤中甚至保留了一些植物种子和其他繁殖体，因此土地上可以生出一些杂草，慢慢地能再继续吸引更多的‘定居者’了。两种演替发展到后面就是更牛的植物逐渐替代之前的植物，比如植物的个子越高，越能抢占和遮住阳光，抑制个子矮的植物生长，越演替植物就越高，久而久之，就达到了演替的顶级阶段——森林了，这时乔木占据优势地位，群落结构趋于稳定。但是若环境发生变化，区域经常出现大风，太高的植物就会失去优势，灌木就又变成老大啦，群落就是这样不断地更替的。”

李俊：“我懂了，简单讲初生演替是从一穷二白开始的，而次生演替继承了一点‘财产’。这九百年来，被陆谦烧掉的草料场和那山神庙就是在发生着次生演替啊。”

水多星：“不愧是李大王，竟能举一反三！的确如你所说。其实生物群落演替的驱动力主要是群落内部关系、环境变化以及人类活动等，不同的环境就能塑造出不同的群落结构，现在人类砍伐森林、填湖造地、封山育林、治理沙漠，这些活动都会改变生物群落的面貌，使其演替的速度和发展方向都不同于自然演替。”

李俊：“所以，人们要正确利用群落发展的规律，减少对群落演替的负面干预，才能使之朝着有利于人类和自然生态的方向发展啊。”

水谱 067

人类活动与群落演替——成也萧何败也萧何

这日，水多星与李俊正在打火锅，突然李俊盯着那火焰发愣，继而一声叹息。

水多星忙询问："李大王为何望火兴叹？"

李俊回忆道："我是想起了当年梁山大军二战高太尉、智取大名府、石碣村之战等战役中，均采用的火攻之术。这火虽能助我军退敌，但火攻的同时却毁掉了山林、毁坏了农田，大火所到之处一片狼藉，对生态环境实属是一种破坏。"

水多星赞同道："正是人类的纵火行为，导致山林中几乎所有的生物被毁灭，原有森林不复存在，自然界不得不从零开始，慢慢完成从草到灌木再到乔木的演替，由此可见人类活动会直接影响自然界生物群落的演替。”

李俊问道：“那水里也会发生群落演替吗？”

水多星答道：“当然会！一万年前，一颗陨石在地球上砸了一个坑，产生一个方圆800平方公里的湖泊，雨水装满后，一场群落演替的大戏就上演了。从湖底开始的群落演替中首先亮相的是自由漂浮植物，依次登场的是沉水植物、浮叶根生植物、挺水植物、湿生草本植物，最后压轴的是木生植物。但是后来人类活动如围湖造田、采矿石、使用化肥等干扰，使湖泊逐渐趋于富营养化，生态环境遭到了破坏。我听说昆明的滇池就出现了富营养化的现象。早在20世纪60年代前，滇池草海曾因海菜花繁茂而被称为‘花湖’，而今日由于水体富营养化，海菜花已经被水葫芦取代，早已没了当年的美景。”

李俊表示很遗憾。

水多星继续说道：“其实在现实生活中，人类的许多活动都在影响着群落的演替，例如：大量开垦土地导致水土流失、江河蓄洪能力下降及土地严重退化，过度放牧和砍伐导致草原退化、森林破坏，污水排放破坏了水域生物群落。人类的这些破坏性活动使群落发生变化，但却和自然条件下由简单到复杂、从低级到高级的发展方向相反，是朝着低级群落的类型退化，也就是所谓的群落退化，要恢复消退的群落往往需要相当长的时间呢。”

李俊急道：“那如何解决生物群落退化问题呢？”

水多星答道：“办法还是有的，人类已经认识到利用自然与保护自然的辩证关系，近年来已经开始大规模实施退耕还林、退田还湖、退牧还草政策，对于污水治理也推出了村镇沼气池、污水处理站建设等措施，相信过去因盲目追求发展而失去的那些绿水青山一定会回来的！”

李俊叹道：“但愿这一天快点到来，不然我可就没办法回天庭交差啦。”

水谱 068

生态系统结构——生态系统的“关系网”

为了让水多星更详细了解当年梁山好汉的故事，李俊策划了一次水浒文化游。这天来到了发生过大名鼎鼎的“武松打虎”的景阳冈，两人在山脚下的“三碗不过冈”酒馆喝酒。

李俊对水多星说：“诶，我说小二，你们这店名还叫‘三碗不过冈’，难不成这山上还有老虎不成？”

店小二在柜台旁一笑，说道：“好汉，这有没有老虎，您吃好喝好，到山上一看便知。”

水多星道：“哈哈，李大王，现在这山上定是没有老虎了，但是这景阳冈景色如今远近闻名，不如咱们一会去山上游玩一圈如何？”

李俊欣然同意。二人不多会儿便结了账一路向山上走去。

只见那景阳冈上郁郁葱葱，清风阵阵，处处树木枝叶清香。

李俊道："还是这松柏最为挺拔，和我那武松兄弟一样，顶天立地。"

水多星道："李大王所言极是。但您有所不知，这树木错落分布，更多的原因是光照和温度在起作用。这叫作垂直结构，是生态系统结构的一种。你看这林子中，上层有高大的乔木，中层是低矮的灌木，下层是草本植物。阳性喜光的乔木为灌木和草本植物遮蔽了强烈的阳光，使他们能够更好地生长。另外生态系统的结构还有水平结构，主要受到地形和水文条件等影响。比如说在山边和河边的植物种类又有不同。这垂直结构和水平结构都可以归为生态系统的空间结构。

另外啊，生态系统还具有营养结构，不同的生物在其中分别扮演生产者、消费者和分解者的角色，它们以物质流动和能量传递的形式构成了食物链和食物网。比如说老虎吃兔子，兔子吃草，而他们的排泄物和尸体则全部由细菌解决。在这条简单的食物链中，老虎和兔子是消费者，草是生产者，细菌就是分解者。自然界中许许多多的生物形成了不同的结构，才能呈现给您眼前这份美景呀！"

李俊说："我好像有点理解你的意思了。这不就跟我们梁山上108位好汉排座次一样的嘛。我们虽然都是兄弟，但是彼此之间也有千丝万缕的关系。像宋江哥哥和我、武松兄弟之间的上下级关系就有点像生态系统中的食物链；我们的水军、步军和马军之间的关系，就像垂直空间结构关系，高低搭配；而同一军种不同寨子之间，比如说四寨水军之间，关系有点像水平空间结构。但你看山下那片农田，只种植水稻，这种生态系统结构又是如何？"

水多星："农田生态由于人类的介入，其结构远远没有森林复杂多样。这是一种人工圈养的生态系统，和自然生态系统不同，为单一种群，而人工干预强度，决定了种群单一性保持力度，比如我们村有一个懒汉种水稻，插完秧就不管了，收割时，别人田里收庄稼，他的田里杂草比稻谷多，不过最大的收获是田里出现了不少野鸡，空间结构、营养结构更加复杂了。其实生态系统的结构就是指生态系统各成员之间的关系。成员越多，关系越复杂，这张'关系网'就越不容易破裂。"

李俊："原来如此。看来人类在对自然界进行开发时，应当多多注意生态系统的平衡与协调，尽量不要破坏自然环境。毕竟我们人类也是生态系统的一分子。"

水多星："没错，对自然进行合理的开发和利用，才能够收获可持续的发展哪。"

水谱 069

食物链与食物网——“花和尚”误破食物链

为探究“新冠病毒”是否出现在自然水体中，二人来到湖北考察。这日正好途径潜江市，水多星向李俊提议：“潜江特产龙虾尾肥体壮，腮丝洁白，现在正值小龙虾繁殖旺季，我们有口福了！”

李俊哈哈一笑，道：“有这等美食岂能辜负，正好也到晌午了，我们现在就去。”

两人点了两盘油焖大虾，两份口水凉面，配上一盘毛豆便大快朵颐起来。水多星将剥好的虾仁沾了卤汁吸溜一声嗦进嘴里，开口说道：“李大王，你可能不知道，这小龙虾是腐食性动物，对水污染耐受性高，环境适应性极强，繁殖快，最早源于美国，后来引进日本，是作为牛蛙饵料来养殖的，并不是给人吃的，到了中国以后，才被我们开发为餐桌上的美食。这家伙最大的特点是在自然界没有天敌，只有人才是他的天敌啊。”

李俊："自然界生物真是一物降一物，我听说某种生物一旦没有了天敌，就会很快占据优势，导致生态系统失衡。听说当年鲁智深做了寺里管菜园的'菜头'，其中有一片油菜地，他为了防止小鸟吃掉草籽，便命人用网把菜地遮住，小鸟果然吃不到菜籽了，可是收割时油菜的收成反而更低了。后来探明原因却是网遮住了小鸟，小鸟吃不到菜籽同时也吃不到菜虫了，结果是虫子把菜咬得到处都是洞，长势不好，收成自然就不好了。"

水多星点头笑了："你说的这个就是典型的食物链破坏的故事，这食物链也叫'营养链'，是在一定的环境内，各种生物之间由于食物关系而形成的一种联系，比如大鱼吃小鱼，小鱼吃虾米、虾米吃泥巴这样。一条完整的食物链由生产者和消费者构成，鲁智深的菜园子里油菜等植物就属于生产者，食草及食肉动物为消费者，也就是偷吃菜籽的鸟儿，物质能量都可通过食物链的方式流动和转换。"

李俊："看来食物链在生态系统中的重要性不言而喻啊，我有个疑问，你说到物质和能量沿着食物链流动和转换，那么如果生物有毒性，在食物链中是怎么流转的呢？"

水多星："食物链作为生态系统物质流动的管道，有些是畅通循环的，比如氮、碳、硫、磷等元素，有些是累积的，会随食物链不断富集，比如重金属，所以鱼越凶猛，食用越不安全，像石斑鱼这种处于海洋食物链高端的生物，体内会含有较高含量的重金属。所以当生物体内存在有害物质，其含量是沿着食物链逐级递增而放大的。"

李俊："看来处于食物链高端位置的生物也不容易啊，好不容易'混'到'高层'位置，但其体内积累毒性的风险却更大。说到底，它们也不过是为了有力气活命和繁殖才吃下一级生物的，食物链是生物赖以依靠的生命线啊！"

水多星："是呀，不过其实生态系统中生物之间实际的取食和被取食关系并不像食物链所表达的那么简单，因为每种动物并不是只吃一种食物，比如食虫鸟不仅捕食瓢虫，还捕食蝶蛾等多种无脊椎动物，而且食虫鸟本身也不仅被鹰隼捕食，也是猫头鹰的捕食对象，所以生物成分间的联系往往是错综复杂的，形成一张无形的网状结构，也就是食物网，这网织得越复杂，生态系统就会越稳定。"

李俊："原来如此，原来各种动植物就是通过食物链和食物网互相制约、互相依存、互相繁荣，共同维持着生态平衡与稳定啊。”

水多星：“对啊，人类也可以运用食物链和食物网的知识进行水体治理。例如在富营养化湖泊治理中，可利用一个叫作生物操纵的理论，就是通过在湖泊中放养花鲢、白鲢这两种大头食藻鱼类，以控制湖泊藻类繁殖。不过也有人认为，大头鱼虽然吃藻类，但难以将其消化，藻类通过鱼粪再次进入湖泊，并没有被除掉，相反地，大头鱼主要以微型动物为食，而微型动物才是吃藻类的生力军，所以投放大头鱼，对控制湖泊藻类并无效果，因此这种观点认为只有放养凶猛鱼类（如鳜鱼），同时控制以微型动物为食的鱼类基数（如大头鱼），才能控制藻类。虽然这两种理论有一定矛盾，但归根到底都是利用了食物链的原理治理富营养化湖泊。”

李俊：“明白了，既然食物链的波动会引起发生态系统波动，那我们今天吃这么多小龙虾，会不会破坏了生态系统的稳定啊？”

水多星笑道：“李大王不用担心，现在人类保护大自然的意识在不断提升，这小龙虾啊，完全是人工养殖的，并没有参与自然生态系统的食物链和食物网，你就放心吃吧！”

水谱 070

生态系统能量流动——能量流动“败家”吗

梁山水泊边上，李俊伸了个懒腰道：“钓了一上午鱼，大鱼就只钓到一条，剩下的都是小鱼。当年我还笑话阮氏三兄弟的捕鱼技术不行，捕到的都是小鱼，卖不到好价钱，不够糊口，现在我自己钓鱼也是这样，想来也是惭愧！”

水多星笑道：“捕到的小鱼更多这也是很正常的事啊。其实这湖中最多的是藻类，其次是虾米和小鱼，大鱼最少，你没钓上来一团水藻已是幸事了！”

李俊也哈哈一笑：“此言有理，当年宋江哥哥被刺配到江州，想找两条活鱼醒酒，为此还引出一场‘黑旋风’斗‘浪里白条’的好戏。当时浔阳江边停了八九十条渔船，等着鱼牙主人张顺兄弟烧纸祈祷，开仓卖鱼。张顺兄弟让大家把金色大鲤鱼都挑出来，结果总共才凑了十几条。和小鱼小虾比较，大鱼确实难得，但是为什么湖中大鱼数量要少于小鱼呢？”

博学的水多星讲道："要解释这个，就得从生态系统的能量流动开始说起了。能量流动过程包括能量的输入、传递、转化和散失，湖泊生态系统最初的能量源于初级生产力——有光合作用能力的植物，这是湖泊生态系统能量流动的起点。一般稳定的生态系统结构都是金字塔形的，从塔底至塔尖，食物链的生物由低等到高等，生物量由大变小。从藻类开始，生产者固定的能量用于呼吸作用、流向下一营养级和为分解者——微生物所利用，能量每经过一级就会减少一些，比如小鱼躲避大鱼时需快速逃跑，消耗了能量，而大鱼捕食小鱼，需游得更快，亦消耗了能量，被吃掉的小鱼并不能全部变成营养物质，有相当一部分变为粪便排掉了，所以大鱼数量永远都比小鱼少。"

李俊恍然大悟："原来如此，那能量流动这一自然规律有什么用吗？"

水多星解释道："人类可以利用能量流动理论对生态系统进行调整，使能量流向对人类有益的部分。例如池塘养鱼，就是通过人为控制，将位于食物链顶端的生物——大鱼变成绝对优势物种。这种倒金字塔形的生态系统极不稳定，需人工投喂饵料才能维持鱼类的正常生长和繁殖，而食物链底端的微型动物等几乎无法生长。"

水多星接着道："能量在各营养级中逐级递减、不可逆向，亦不可循环利用，也就是说流经生态系统的能量将一去不复返，不可能再回到生态系统中来了。"

李俊总结道："综合来说，就是生态系统的能量流动是'败家'的呗？"

水多星哈哈笑道："这个比喻我还是头一次听说，不过总结得倒是有几分道理。"

李俊挠挠头："哈哈，让水兄见笑了。话说回来，能量不可循环，那物质也是不可循环的么？"

水多星解释道："物质是可以循环的，组成生物体的基本元素：碳、氢、氧、氮、磷、硫等都可以在生态系统中的环境和生物之间进行循环。"

李俊问道："那生态系统中的这些元素到底是如何循环的呢？"

水多星卖了个关子："这就说来话长了，不是一句两句能讲清楚的，欲知详情，请看下篇分解。"

水谱 071

生态系统元素循环——动起来，更精彩

（一）生态系统碳素循环——肥宅快乐水能“上头”

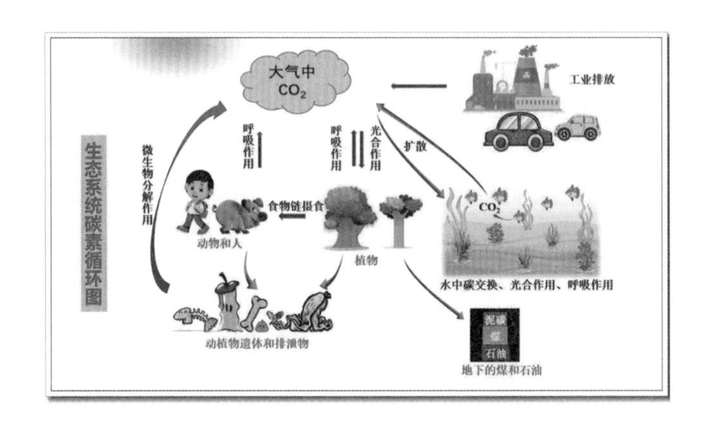

李俊：“所谓长江后浪推前浪，这水做成的饮品也这么多‘后浪’，宋代只有酒和茶，现在还出现了咖啡、奶茶、碳酸饮料，真是花样百出。我看这些水五颜六色的，寻思着味道怕是也奇奇怪怪，于是出于好奇买来都尝了一下。”

水多星哈哈大笑：“李大王，你还真别说难喝，年轻人开玩笑说每天靠奶茶‘续命’呢，还有可乐，那可被称为‘肥宅快乐水’！话说你尝了感觉如何？”

李俊凑过去挤挤眼睛：“俩字，‘真香’！我最喜欢那个什么肥宅快乐水，也不知道是什么原因，喝完打嗝到‘上头’。”

水多星笑得更欢了：“你说的打嗝那是二氧化碳（CO_2）的作用。这 CO_2 啊，别说能放到饮料里，现在还能做成固体变成干冰呢，用来灭火效果可好了。”

李俊：“CO_2 居然还可以用来灭火？！这干冰可真是个好东西，所谓建业千日功，火烧当日穷，自古火灾造成的损失都是巨大的。宋代是火灾多发的朝代，当时已经专门有‘望火楼’和最早的消防机构——‘潜火队’了。昔日梁山兄弟好些都与火有着难解之缘，当年张顺利用火攻声东击西，趁乱杀人，随后活捉了宋江的仇人黄文炳。陆虞侯试图用火杀人灭口，反为林冲所杀。‘拼命三郎’石秀火烧祝家庄借机逃跑。而时迁简直就是个用火高手，他火烧船厂、火烧宝严寺、火烧翠云楼等，尤其是翠云楼的那一把大火，帮助我们拿下固若金汤的大名府。这些事件都与火有关，如果当年就普及了这干冰灭火器，大概许多故事也就不会发生了吧。”

水多星：“是啊，CO_2 不但会灭火，在柴火燃烧过程中，还会生成 CO_2 排入空中呢，那些没烧尽的灰，也主要是由碳元素组成的，所以燃烧的过程，其实是构成了地球上碳循环（carbon cycle）一部分。”

李俊：“你说的碳循环可是指碳元素在自然界的循环状态吗？这个我理解，生物圈中的碳循环不就是从绿色植物光合作用吸收 CO_2 开始的嘛，然后通过生物或地质过程以及人类活动，又以二氧化碳的形式返回大气中。”

水多星：“对，地球生物圈的物质系统是一个封闭的系统，数量有限，因此需要在各圈中交换，循环不止。不过碳在循环中往往不能单独进行，过程中常常有它的好伙伴——氧的参与，因此碳循环与氧循环是紧密联系的两个自然过程，比如作为碳元素参与物质循环的主要形式——CO_2，就含有氧元素。而碳循环的主要过程，包括燃烧，植物光合作用和动物的呼吸作用，都是通过 CO_2 和氧气（O_2）相互转化而循环不止的。”

李俊：“原来碳和氧循环关系如此密切。我知道地球上有五个储存碳元素的‘仓库’，分别是岩石、化石燃料、大气、水体和生物体。那么这碳究竟是如何在这几个‘仓库’之间自由交换的呢？”

水多星：“先说生物和大气之间的交换，前面大王您提到过，植物的光合作用，可吸收空气中 CO_2 变成植物的有机体并释放 O_2，有机体中的碳经过食物链的传递，变为动物和细菌等生物体中的成分，其中一部分成分可作为动植物的能源，经呼吸作用吸收 O_2 代谢为 CO_2，另一部分则构成生物的机体或在机体内贮存。当动、植物死后，残体中的碳通过微生物的分解作用也成为 CO_2 而最终排入大气。”

李俊：“听起来，这生物和大气中的碳循环不就是通过食物链在生产者、消费者和分解者中循环进行的么？”

水多星：“可以这样理解，不过除了食物链外，动植物死后的残体其中一小部分会由于没来得及分解被掩埋成为沉积物，经过悠长的岁月，转变成了矿物燃料——煤、石油和天然气等。这些燃料若被风化或燃烧，最终归宿仍然是变成大气中的CO_2。”

李俊：“那是不是说，不仅是陆地上的动植物，水中生物与水中碳库之间也是类似的循环呢？”

水多星：“不完全是，水中除了上面那种循环形式外，还存在CO_2与碳酸、碳酸盐之间的转换呢，而且，海洋中还存在CO_2在海水和大气界面的直接交换。”

李俊：“看来海洋中CO_2的变化也会影响大气CO_2的收支平衡啊。既然自然界中碳循环是一个动态平衡的过程，那么人类不断开发化石燃料燃烧是不是破坏了自然界原有的平衡了呢？”

水多星：“没错，有两种非自然的碳循环会对地球造成伤害，其一就是您说的化石燃料的燃烧，促使化石燃料碳库中的碳‘搬家’到大气碳库中，使大气碳库‘拥挤不堪’，造成温室效应。其二就是农作物秸秆的焚烧，本应还田的碳也‘搬’进了大气碳库中，使大气中CO_2负荷更高。”

李俊：“听说目前许多国家正在共同努力，像将CO_2排放权作为一种商品进行‘碳交易’来促进全球温室气体减排、提倡居民低碳生活等，这些都将为促进绿色经济和环境可持续发展做出巨大贡献。”

（二）生态系统氧素循环——与万物如影随形

某日，李俊突然有感而发：“咱梁山兄弟108将，在征讨方腊之前屡战屡胜，没有一个战死，而征讨方腊阵亡59人，病死11人，不知这死亡究竟是什么滋味呢！”

水多星：“据说死亡最重要的特征是呼吸的停止，特别是在医学不够发达的古代，人们常常靠试探呼吸来判断生死存亡。”

李俊：“是的，还记得当年我那张顺兄弟为了抓高俅，在水底潜伏了良久，出来还能继续呼吸呢，没想到最终却命丧涌金门，浑身是箭，没了呼吸，这呼吸就是活着和死亡最明显的分界线啊！”

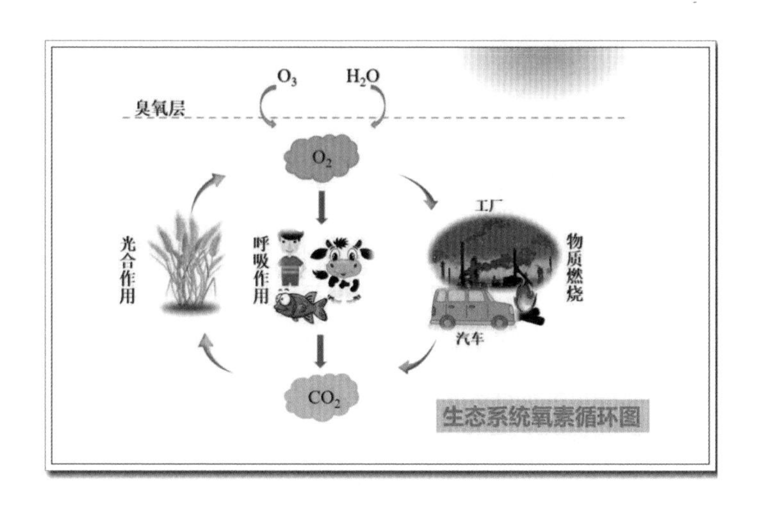

水多星："是啊，人是依靠氧气 (O_2) 进行呼吸的，没有氧气，人类就没法活。在人体中氧气和水一样不可缺少，人和动物是地球氧气的最大消耗者，也是生态系统中氧气的地球循环的主要参与者。"

李俊："氧气的作用实在是太大了，我记得以前解珍、解宝兄弟打猎，有一次一头野猪冲撞着跑进山洞，跟进去的二人没想到山洞幽深，见不到头，山洞深处还发生怪事，火把越来越暗最后竟然自己熄灭了，解珍感到呼吸不畅，当时二人还以为是冲撞了山神，立马掉头返回。现在想来，怕是洞内氧气不足所致啊。你说的这个氧循环又是咋回事呢？"

水多星："简单来讲，高层大气中水分子与太阳紫外线之间的光解作用可以产生氧气，动植物的呼吸作用及人类活动中的燃烧都需要消耗氧气，并且产生二氧化碳。但植物的光合作用却又大量吸收二氧化碳，释放氧气，如此就构成了生物圈的氧循环。"

李俊："听起来这氧循环的过程中，生物的光合作用和呼吸作用真是密不可分啊。"

水多星："没错，植物光合作用和呼吸作用其实是两个相反的过程。生物呼吸，微生物的氧化分解，物质的燃烧（氧化反应）都需要氧气，但是我们并没有缺氧，这主要归功于藻类和植物可以进行光合作用，它们既是天然氧气的制造厂，也是二氧化碳的回收厂。不知李大王您是否曾有体会，当你在森林的时候会觉得呼吸顺畅，空气清新，那其实就是氧气以及负氧离子多的原因，而当你去人流密集的地方觉得闷得慌，是因为人群的呼吸作用导致空气中氧气含量低，所以现在人们喜欢在室内放一些绿植，来维持环境中氧气的浓度。”

李俊：“那么我们身边常见的铁生锈、被咬了一口的苹果自己披上黑褐色的外衣等，是不是也是氧气在作祟，属于氧循环的一部分呢？”

水多星：“李大王不但善于融会贯通，在生活中也十分心细呀！这些都属于氧化反应。氧气可是个活宝贝，喜欢到处‘交朋友’，除了碳以外，还常常与氢、氮、硫、铁等元素成为‘铁哥们’，和它们结合成化合物，因此这些元素也随同氧元素一起进行着循环。”

李俊：“哎，当氧与氢结交为‘铁哥们’，是不是就共同组成了另一生命之源——水了？”

水多星：“没错，氧不但是水的组成元素，它还会拉上它的‘兄弟团’生活在水中，比如含氧阴离子。并且还会以溶解氧的形式存在于水中，与大气中的氧气相互调节、维持平衡呢。”

李俊：“我听说，这大气中有个叫臭氧的物质，早就引起环境学者的关注，你给我科普一下，这臭氧又是何物啊？”

水多星：“这臭氧啊，确实是值得关注，它是在太阳短波紫外线照射下生成的，也参与地球氧循环。我们的地球表面就笼罩着一个臭氧层形成的天然屏障，作为氧气的兄弟，臭氧层可以保护人类免受紫外线的伤害。可是目前臭氧层的破坏却是人类面临的一个极大的问题，过多地使用氯氟烃类化学物质（用 CFCs 表示），这些是臭氧层被破坏的主要原因，而保护臭氧层，需要我们主动购买带有‘无氯氟化碳’标志的产品，不使用含甲基溴的杀虫剂，并妥善保管氟氯化碳和氟氯烃等制冷剂。”

李俊：“原来氧元素对人类如此重要，科学发展果然好处多多，不但帮助我们认识到物质循环对人类的作用，还提高了我们善待地球、善待自然、维护环境的意识。希望人类能够共同应对，积极参与到防治臭氧层破坏的行动中啊！”

（三）生态系统氮素循环——这种元素很“火爆”

这晚，李俊梦回梁山泊，突然一声巨响，五颜六色的光照亮了房间。李

俊惊醒大喊:“快来人,呼延灼又来攻打我梁山了!”水多星忙打开灯对李俊说:“李大王别担心，那个不是火炮，是烟花！”

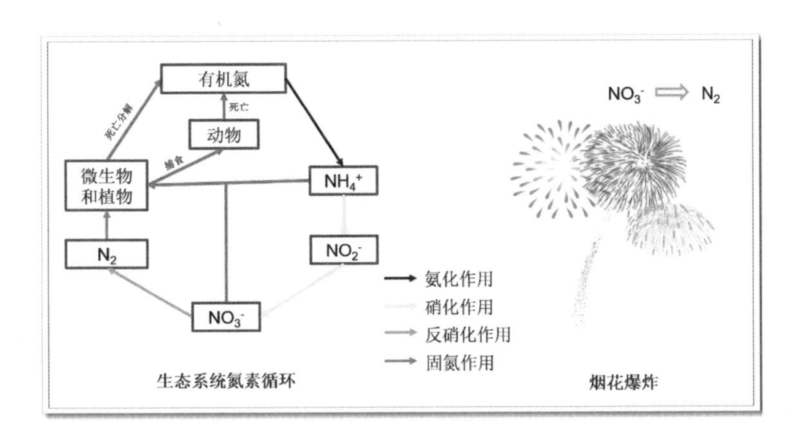

生态系统氮素循环　　烟花爆炸

李俊惊出一身冷汗，说：“我梦见当年呼延灼带着‘轰天雷’凌振炮轰我梁山，凌振那炮真厉害呀，竟然能打出十四五里，那一炮打过来直接打在了我梁山鸭嘴滩小寨上，小寨一下子便没了踪影。这要是砸在人身上，恐怕是天王老子来了都不管用！刚才这一声响我还以为凌振兄弟又来了呢！”

水多星：“李大王，你这是得了‘爆炸综合症’呀！这火炮之所以能有这么大动静，主要是因为硝酸钾、硫磺、木炭混合燃烧后产生了氮气、二氧化碳气体，体积突然膨胀几千倍，把那容器撑爆了。”

李俊:“怪不得凌振兄弟经常往梁山运硝石呢。为什么这都九百年过去了，打了那么多场仗，这人间硝石还用不完，还可用来做烟花？”

水多星：“李大王有所不知，硝石主要成分是氮素，它在地球中是在不断循环的。氮素是生命必不可少的元素之一，是植物和动物必需的元素，是蛋白质和核酸的重要组成部分，可以说，没有它就不会有生命出现。但它也是水处理中主要的污染物之一。自然界中的氮素主要以氮气的形式存在，占到空气含量的78%。其他氮素则以有机氮、含氮盐类的形式存在。”

李俊:“既然它对生命如此重要,我们多吸两口空气,不就补充氮素了吗?”

水多星：“这氮气要想进入生命体中，必须经过固氮过程，这是氮素循环必不可少的。固氮作用主要为生物固氮，以豆科植物和根瘤菌共生的方式完成。在这个过程中，根瘤菌能够靠植物细胞中的养分生存，同时能够把空气中的氮气抓过来，转变为植物能够利用的含氮化合物，相互依存。”

水多星：“除了根瘤菌之外，有一种原核生物蓝藻也能进行固氮作用。它虽然在自然界中数量并不多，却是湖泊富营养化罪魁祸首。这种生物能够利用空气中的氮气合成含氮化合物，造成蓝藻爆发。”

李俊：“原来是这样，那这个氮素是怎么变为硝石的呢？”

水多星：“一般来说，当氮素进入植物体内后，通过食物链等方式以有机氮的形式在其他动植物体内转化，动物的排泄物和动植物残体中的这些有机氮会被分解者分解为氨氮，然后在硝化菌、反硝化菌作用下以氮气的形式又返回大气中。这硝石啊，就是硝化过程产生的一种含氮矿物质。”

李俊:“看来这氮素循环过程是由土壤、水体、大气三部分共同组成的呀！”

水多星：“没错，现在世界人口剧增，为了满足人类对氮素的需求，人们通过化学合成方式强化固氮过程，例如合成尿素来给农田施肥。但是由于土壤中反硝化细菌的存在，部分尿素没有被植物吸收便以氮气形式释放了，造成了严重的浪费。”

李俊：“看来这个氮素虽可循环，但也要好好研究，扬长避短，才能真正为我们所用啊！”

（四）生态系统硫素循环——此法器很“硫”，也很“牛”

某日，李俊和水多星在河边谈古论今，对兵器种类各抒己见。对岸突然出现一闪光物体，二人顿时来了兴致，决定拿出各自兵器，以闪光物体为靶心一比高下。李俊射出的箭刚飞到河中央就掉下去了，而对岸却传来一声巨响，原来是水多星准确命中了目标。李俊疑惑地转头望去，发现水多星手上拿着一把他从未见过的兵器——外观硬朗，通明锃亮。

李俊奇道：“水兄这是什么法器，竟如此厉害？做工还如此精致小巧，比我这弯弓长箭的携带着方便多了。”

水多星递给他看：“这是手枪，这花生米一样的东西被称作子弹，子弹里装有火药，子弹上膛后，扣动扳机即触发弹壳后面的引信，弹壳里的火药燃烧产生的热使气体剧烈膨胀从而发生爆炸，使子弹高速射出，并可击中数

十米外的敌军，有了这等神器，一人对打十个八个都不在话下啊。”

李俊一拍脑袋：“火药我懂啊，书中有记载‘以硫磺、雄黄合硝石，并蜜烧之’则‘焰起，烧手面及火尽屋舍’。这硝石和雄黄我倒是有所耳闻，可这硫磺我就不太了解了。哎，可惜啊，若当年我梁山兄弟有这等法器就不会在方腊之战中损兵折将，牺牲那么多人了。”言罢脸色变得沉重起来。

水多星安慰道：“李大王也不必过分伤心，逝者已安息，就不必多想了，不如咱们谈谈这硫磺吧。硫磺简称硫，是对生物生长和代谢有直接作用的必要元素之一。硫积极参与生物体内三羧酸循环，促进有氧呼吸；还可与生物素共同参与脂肪酸合成和碳水化合物与蛋白质的代谢过程。”

水多星继续说：“生态系统硫循环是个复杂的过程，具体来说，陆地和海洋中含有的硫可以通过生物分解、火山爆发、人类利用含硫矿物（将硫氧化为二氧化硫和还原为硫化氢气体）这几种途径进入大气。大气中的硫又随着降雨回到陆地和海洋，河流中的硫也随河水汇入海洋，沉积于海底。在生态系统硫循环中，有两种微生物起到了至关重要的作用，硫酸盐还原菌和硫氧化菌，前者是造成河道底泥和水体黑臭的原因，后者为化能自养菌或光合细菌，可用于黑臭底泥和水体治理呢。”

李俊突然想到：“咦，那前段日子有个投诉误解是我们天界降的酸雨，是不是也和硫有关啊？”

水多星夸奖道：“哈哈，李大王的知识面还真是广泛啊，改日给你颁发个‘三好学生’奖状吧。”

李俊佯怒道：“呼，你这厮，还取笑起我来了。”

水多星止住了笑：“哈哈，不拿你开涮了。李大王可知，酸雨分为硝酸型酸雨和硫酸型酸雨，硫酸型酸雨主要是电厂等燃烧含硫量高的煤，产生大量二氧化硫所致，因此要严格控制二氧化硫的排放标准。当然，硫也不是一无是处，硫氧化物——二氧化硫具有漂白性，可以漂白果干，破坏果干的酶氧化系统，防止果干被氧化成褐色。”

李俊问道：“那人类如何能获得硫磺呢？”

水多星解释道：“这就要提到生物质能源开发中的生物脱硫工艺了。甲烷中含有大量硫化氢，可采用生物载体，负载某些光合硫细菌，厌氧条件下催化 Van Niel 反应，直接将硫化氢氧化成硫磺。这个工艺在地球硫循环和商业开发上，都有重要价值呢。”

李俊感叹道：“大自然真是神奇，简单的硫磺都经历着如此复杂的循环转化过程，我也是今天才知道硫磺的氧化物二氧化硫还具有漂白作用，看来人类社会要想进步还是得靠科学的力量啊，只靠武力可不行！”

（五）生态系统磷素循环——吓人的“鬼火”

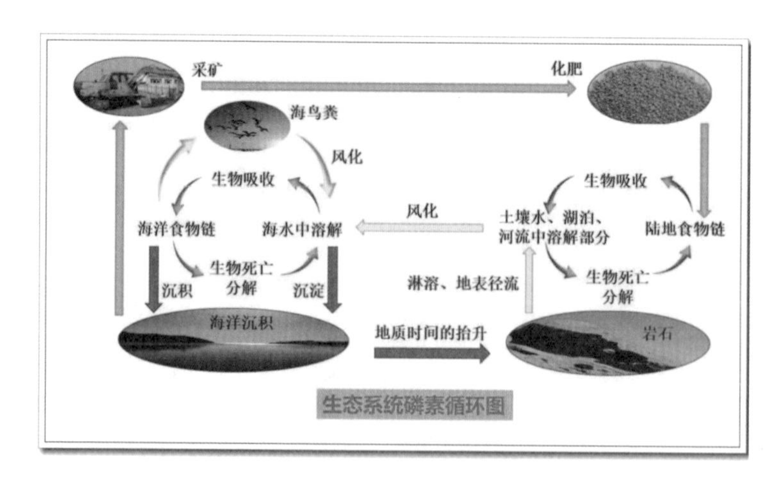

生态系统磷素循环图

一日夜晚，李俊和水多星走在山间小路上，李俊好像很害怕的样子，让水多星走在前头。

水多星好奇道："李大王，您什么大场面没见过呀？还怕黑呢！"

李俊不好意思笑道："不是怕黑，我是怕那'鬼火'，水兄你可不知啊，当初在梁山上，好多兄弟都看到过呢，那'鬼火'冒着蓝色的光亮，忽明忽暗，可吓人了！"

水多星笑着说道："李大王，这个事情您听我详细解释后就不怕了！这'鬼火'实际上是磷产生的，人或者动物死后，其躯体埋于地下发生着各种化学反应，体内的磷最终转化为磷化氢，而这磷化氢燃点很低，若磷化氢中含有联磷（P_2H_4）时在常温下便会自己燃烧起来！所以啊，李大王您莫怕这磷火！"

李俊惊讶道："原来是这样！这'鬼火'原来是磷化氢的燃烧导致的啊，那我以后可不怕它了。不过啊，这磷是怎么进入人体的呢？"

水多星："这就要从生态系统的磷循环说起了，您且听我慢慢和您道来。传统的磷生物地球化学循环理论，主要关注磷在可溶性与不可溶性及无机态与有机态之间的相互转化，挥发性气态磷的作用被忽略了，但随着磷化氢被证实是普遍存在于环境中的磷的痕量气态化合物，人们对于磷循环又有了新的认识，认为磷化氢已经成为不可忽视的磷的气态形式，同时反映了磷向气态迁移的途径，为传统的磷只能在固体和溶解形态之间的转化理论提出了重要的补充。"

李俊听后说道："那你先给我讲讲传统的磷生物地球化学循环理论吧，我从基础的先学起！"

水多星道："好的，那我先给你说说传统的磷生物地球化学循环。生态系统的磷素循环指的是磷元素在环境中运动、转化和往复的过程，整个生态系统磷循环可分为陆地和水生两部分。岩石因风化过程向土壤提供了磷元素，之后植物通过其根系从土壤中吸收磷至体内，动物以植物为食物而得到磷。在动、植物死亡后，残体经分解者分解使得磷又回到土壤中，这就是陆地生态系统中的磷循环。"

李俊点点头道："原来人体内的磷是这么来的啊！那这水生生态系统的磷循环是咋回事？"

水多星继续说："这水生生态系统的磷循环啊就更复杂了，陆地生态系统中的磷，有一小部分会由于降雨等作用最终归入海洋。磷首先被藻类和水生植物吸收，然后通过食物链逐级传递至水生动物，水生动、植物死亡后，跟陆地上的残体一样被分解，此后磷又进入了循环。进入水体中的磷，有一部分可能直接沉积于海底，直到地质活动使它们暴露于水面，再次参加循环，这一循环可能需若干万年才能完成呢。"

李俊听后说道："那这气态的磷化氢具体又是怎么参与磷循环的呢？"

水多星说："一方面，沉积物中的磷可作为磷化氢的前体物，在厌氧微生物的作用下最终使得磷化氢进入水环境中。另一方面，磷化氢还原性强，不稳定，可被氧化为磷酸盐之后被植物摄取重新参与磷循环。这也说明磷的循环中存在挥发性气态成分，是对磷循环理论的重要补充！"

李俊听后道："随着科技的发展，人们对磷循环的认识更加深刻了！人类活动干预了许许多多的元素循环，对于这磷元素是否也有着影响呢？"

水多星道："当然啦！人类渔捞和鸟类捕食水生生物等活动，也可使水生生态系统的磷回到陆地生态系统的循环中。此外，磷是植物生长的必要元素，人类种植的农作物可以吸收土壤中的磷，磷随着农作物等产品被运入城市，而城市垃圾和人畜排泄物中所含的磷元素往往不能返回农田，这样农田中的磷含量便逐渐减少，为补偿磷的损失，农民必须向农田施加磷肥，但农业施肥磷利用率不到10%，90%随地表径流进入河湖，引起水体富营养，磷最终沉积为河湖底泥难以再利用。磷元素是地球上非常重要且难以再生的非金属矿产资源，目前，地球上经济可开采的无杂质磷矿仅够人类使用不足50年的时间，磷危机已迫在眉睫，已成为当今人类社会必须面对的重大危机之一呢。"

李俊："哇，那么严峻啊，那我们可不可以回收磷啊？我们该如何回收利用磷呢？"

水多星："中国古人的桑基鱼塘、果基鱼塘就是从鱼塘底泥中回收磷再利用。污水、污泥、动物粪尿和动物骨粉等也可进行磷回收，并以此作为磷肥的生产原料，使之再次进入土地，用作作物肥料。目前许多国家颁布了各种法规、政策以及项目计划，有效推动了磷回收与再利用。由于磷循环的部分不可逆，循环周期长等导致磷资源缺乏，未来人类可能要从底泥中、垃圾中和人类粪尿中寻找磷资源啦！"

李俊听后感慨道："原来这吓人的'鬼火'背后还有这么多的学问啊！活到老，学到老，今后我也得继续虚心学习才是。我们一定要有信心啊，随着技术的发展，未来一定可以更加合理地回收和利用磷！"

（六）生态系统金属循环——金银乃"身外之物"

一天，李俊对水多星说道："梁山好汉追求的是大碗喝酒、大块吃肉、大秤分金的潇洒生活，但这种美好生活需要金银财宝支撑。王伦时代的梁山只是打家劫舍，晁天王时代是劫富济贫，而宋江时代变成了攻州府、取财富、济百姓，随着山寨兴旺，战争不断升级，所得到的财富也越来越多……"

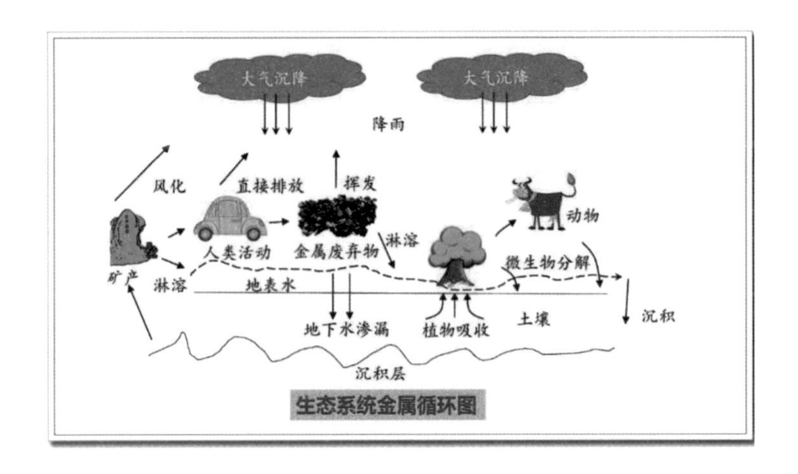

生态系统金属循环图

聊着聊着，二人来到了金沙江边。

水多星道："说到金银珠宝，跟这金沙江也有一些关系。古人说'沙里淘金'，金沙江的名字就来自于此。金沙江是长江的上游，古称黑水，宋代时因为江中出现大量沙金，改称为金沙江。"

李俊好奇问道："还有这等好事？这江里为何会出现金子呢？"

水多星道："这就要说到金属元素的生物地球化学循环了。目前，地球上已发现 90 种金属元素，在自然界的四大介质，即水、土壤、大气和生物体中广泛存在。绝大多数金属元素是以化合态存在的，这是因为它们的化学性质比较活泼，只有极少数的金属以单质态存在。比如贵金属就是一类化学性质很稳定的金属，包括金、银和铂族金属等8种金属元素，这些贵金属单质有着美丽的色泽，广受人们的欢迎，尤其是金子。”

李俊忍不住插话：“金子当然受欢迎啦，但水里怎么会有金子出现呢？”

水多星答道：“河沙里出现的金子是随水流迁移过来的，在流水的冲刷下，泥沙、金子和水一起移动，但由于各自密度不同，它们的移动速度也不同，所以在某些河床形成了金子富积的地带。金子的密度大于4.5g/cm^3，是一种广义上的重金属。天然金属元素中密度在4.5g/cm^{3}以上的金属有54种，从密度的意义上讲，它们都是重金属。但是，从环境污染的角度，重金属主要指铜、铅、锌、锡、镍、钴、锑、汞、镉和铋这10种金属元素，以及类金属砷等生物毒性显著的元素。这些重金属在人体中累积后危害相当大，甚至危及生命。”

李俊道：“贵金属和重金属真是一个天上，一个地下。不过，重金属又怎么会跑到人体中去呢？”

水多星道：“植物的根系能吸收土壤中的多种金属元素，如果土壤遭受了重金属污染，那其上的植物也会受到污染。动物吃了植物之后，体内也存在这些元素。随着生物食物链的累积，重金属元素最终会跟着作为食品的植物或动物进入人体。动植物死亡之后被微生物分解，这些金属又重新回归到土壤之中，就是金属在生物圈中的循环。另外，在气、水、土中，金属元素也在不断循环。通过雨水等的淋溶、冲刷作用，金属元素进入水体，随着地表径流的迁移，有一部分通过土壤渗漏作用进入地下水，最终通过沉积作用形成沉积层。沉积层又经过漫长的时间，经由风化、淋溶作用释放出金属元素。大气中的金属通过沉降作用能重新进入土壤或水体中。此外，人类社会的发展大大加速了金属元素的自然循环过程。人类从矿产资源中不断提纯、制造金属制品，废弃之后金属元素经由风化作用进入大气中，经淋溶作用进入水体中。还有一些人类活动如化石燃料燃烧、汽车尾气、冶金企业的粉尘等，也能将金属排放至环境中，造成环境污染。”

李俊挠挠头：“可真够复杂的。”

水多星道：“别看变化这么复杂，所谓万变不离其宗，金属元素就在自然界中不断循环，周而复始。有人说‘金银乃身外之物’，人死之后也带不走它，这其中不就隐含了对金属循环的思考吗？”

生态系统稳定性——别对“我”太过分

这日，李俊带着水多星在鱼肆闲逛，回忆道：“当年吴用兄弟为了拉三阮入伙，借口采购十数尾十四五斤的金色鲤鱼，专程去石碣村拜会这哥仨。你说，在当时条件下，得打多少网才能搞到这些鱼啊！不过话说回来，渔民祖祖辈辈打鱼，也没见梁山水泊鱼变少了，好像无穷尽呢。”

水多星答道：“这是因为梁山水泊水域够大，生物库亦够大，有一定的缓冲性。要知道，这生态系统可是具有一定的稳定性的！”

李俊疑惑道：“生态系统具有稳定性？莫非这生态系统也有人像我治理暹罗国一样的本事，把生态系统管得妥妥的？”

水多星笑道：“李大王深谙治国之道，以一己之力，率先垂范，所以国泰民安，一派祥和。而生态系统没有一个明显的‘大王’，它的稳定性靠的更多是整体的保持或恢复自身结构和功能的能力。简而言之，只要捞鱼量在可控范围内，是不会影响鱼类在梁山水泊的生长繁殖的。比如，捞了一部分鱼，就会给小鱼腾出生存空间，让更多小鱼能长成大鱼，在一定时间内，虽然石碣村渔民每天都在捕鱼，梁山泊里依然有鱼可捞。另外，河水自净能力也是生态系统稳定性的表现，河流受到轻微污染后，通过自身的物理沉降、化学分解和微生物分解与食物链转移，很快消除污染。”

李俊不懂了：“没有‘大王’发号施令的话，那生态系统怎么自己运作呢？”

水多星解释道：“生态系统维持稳定靠的是自我调节能力，这种自我调节能力主要是通过反馈调节机制来实现的，反馈调节包括正反馈和负反馈，例如：林中害虫数量多时，以其为食的鸟儿数量就会增加，而鸟儿增加后，又反过来抑制了害虫数量的增长，这就是一个负反馈调节过程；湖泊污染导致鱼类死亡，而鱼体腐烂又进一步加重污染，引起更多鱼类死亡，这就叫正反馈调节过程。”

李俊假设道：“照这说法，我随便捞多少鱼都不打紧，生态系统都会自动稳定回来咯？”

水多星摆摆手：“非也，过度捕捞可就不行了，因为生态系统的自我调节能力是有一定限度的，如果外界干扰强度超过了自我调节能力，生态系统稳定性将会遭到破坏而无法再恢复，比如用电电鱼、用细网捞鱼，把鱼子鱼孙都捞上来了，鱼就会绝种。生态系统稳定性分为抵抗力稳定性和恢复力稳定性，一般来说，二者存在相反的关系，并相互作用，以共同维持生态系统稳定性。梁山泊生态系统生物数量和种类多，因此，其抵抗力稳定性很强。相反，若生态系统中生物数量、种类少，其恢复力稳定性就强，例如：人工湖的恢复。”

李俊点点头：“看来人类的生存离不开稳定的生态环境，那生态系统稳定性可以提高吗？”

水多星解答道：“可以从减少对生态系统的干扰程度着手，预防超过其自我调节能力，例如：南海每年都要实行休渔期，就是为了维持生态稳定性。”

李俊叹道：“在这水泊住的这段时间里，我常见到大量渔民用细网捞鱼，那么小的鱼这些渔民也舍得捞。哎，比起我们那时候，如今这梁山泊里的鱼真是个头又小，种类还少，我猜想这一定与渔民过度捕捞脱不了干系，要不咱们也给梁山水泊搞个休渔期吧。”

水多星赞同道：“李大王所言甚是，我调查过了，梁山泊渔民的捕鱼量确是大了不少，那我们即刻出发去找村长商量制定休渔期的事吧！”

水体自净——梁山水泊何止是天险

水体自净示意图

李俊：“水多星，跟你走了那么多地方，见到了那么多河湖被人类污染成了黑色、灰色的，我不明白当年我们梁山近十万人马聚集于水泊，吃、喝、拉、撒都在这里，为何水泊依然清澈见底、鱼翔水里？”

水多星：“因为当年梁山水泊方圆八百里，具有很强的水体自净能力，至于什么叫水体的自净能力？你自己细看。”说完右手食指尖一点，李俊眼前出现了一段详细的文字：

“污水排入水体后，一方面对水体产生污染，另一方面水体本身有一定的净化污水的能力，即经过水体的物理、化学与生物等三方面的作用，污水中污染物的浓度得以降低，经过一段时间后，水体往往能恢复到受污染前的状态，并在微生物的作用下进行分解，从而使水体由不洁恢复为清洁，这一过程称为水体的自净过程(水界标准术语：Self-purification of waterbody)。

水体中的污染物的自净能力，可通过沉淀、稀释、混合等物理过程，亦可通过氧化还原、分解化合、吸附凝聚等化学和物理化学过程以及生物化学过程等，这些过程往往是同时发生，相互影响，并相互交织的。一般说来，物理和生物化学过程在水体自然净化过程中占主要地位。

对于梁山泊这种自然水体而言，水生物和水中微生物决定了水体自净能力的好坏。水中微生物对污染物本身具有生物降解作用，而水生生物对污染物吞食、食物链转移和富集作用，都能减低湖水污染物的浓度。因此，若水体中水生生物品种多、数量大，水体自净能力自然就强。

但有一点要记住，水体的自净能力是有限的。在无外界污染前提下，它会使水体保持一种生态平衡的状态，水质也趋于稳定。但如果排入水体的污染物数量、浓度发生突然变化或累积超过某一界限，水体自净过程受到冲击时，将会造成水体的污染，甚至是永久性污染，这一界限称为水体的自净容量或水环境容量。影响水体自净的因素很多，其中主要因素有：受纳水体的地理、水文条件，微生物的种类与数量，水温，复氧能力和污染物的组成、浓度等等。”

李俊：“原来我们水泊不但有天险攘外作用，还有净化污物之功效，不愧是个安居聚义、隐世避祸的风水宝地！”

水多星：“可惜啊，曾经八百里的水泊现只剩下梁山县东平湖约627平方公里的遗址了，再不好好保护，恐怕你下次再回人间就看不到喽！”

水谱 074

湖泊稳态转换——湖泊命运的分岔路口

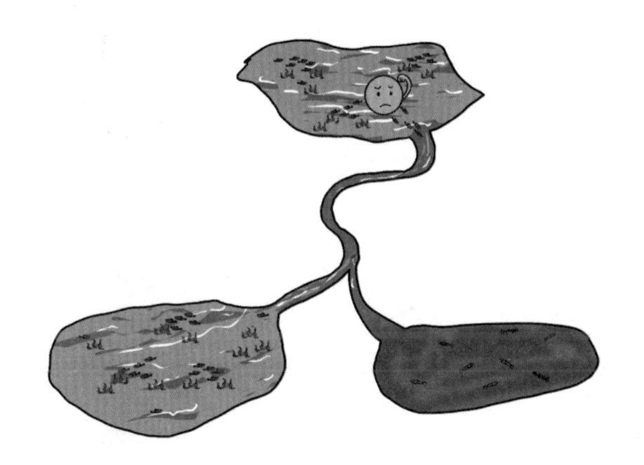

李俊："当年林冲兄弟武艺高强，大仁大义，至情至诚，一直想安分守己当个禁军教头，却不料被高俅父子欺负，被朋友陷害，刚开始也只是逆来顺受，听天由命。后来矛盾升级，忍无可忍，最终被逼上梁山。他随后参与了梁山一系列的战役，为山寨的壮大立下汗马功劳。梁山大聚义时，排第六位，上应天雄星，位列马军五虎将。在这过程中，他人生中两次重大选择至关重要， 其一是棒打洪教头一事，以我林冲兄弟当时的性格，碍于洪教头贵宾身份，必不敢与之正面对抗，但最后为了生存，只能放手一搏，这个正确的决定，让柴进对林冲兄弟产生敬佩之意，进而推荐其上梁山了；其二是上梁山以后，面对王伦的百般刁难与嫉妒，一怒拔刀，割下王伦那厮首级，如果一味隐忍，没下决心火并王伦尊晁盖为梁山新寨主，也不会有梁山后面的红火。"

水多星："人的一生中许多重大选择都决定着未来的命运，自然界也一样啊，比如湖泊在轻度富营养化条件下，也面临着两个选择——草型湖泊和藻型湖泊，其中，草型湖泊为清水型湖泊，藻型湖泊为浊水型湖泊。”

李俊：“哦？湖泊居然也和人一样，还有这决定‘湖生’的分岔路口啊？”

水多星：“是呀，湖泊生态系统常会具有两个或多个可转化的稳定状态，湖泊大多会根据其演替状态、富营养化情况、水位剧烈变动、人为干扰等因素而受到扰动，当扰动强度较大时，湖泊就像失去弹性的弹簧一样，很可能从一个稳态向另一个稳态变换，也就是发生稳态转换。”

李俊：“这么多天相处下来，越发觉得你真是无所不知啊！不过听起来，这个稳态转换不就是环境突变嘛？”

水多星：“李大王过奖啦。不过环境突变并不一定发生稳态转换哦，假如一个浅水湖泊中的水草被一群偶尔经过的河马吃了一部分，河马践踏后湖泊浑浊不堪，但是第二年水草还会生长，湖泊也会恢复清澈，这就是湖泊‘稳’的一面。但是如果一个轻度富营养化的湖泊，当营养盐含量过高，使水草大面积消失而转变成藻型湖泊，那么即使停止外源营养盐的输入，水草仍然难以生长，这种情况就是发生了不可逆的变化，就属于稳态转换了，这就是湖泊‘转换’的一面。”

李俊：“明白了，可是如果系统发生了稳态转换，将很难再恢复之前的状态了，那么该如何管理生态系统避免发生恶性转换呢？”

水多星：“刚刚大王您提到恶性转换，对于典型的浅水湖泊生态系统，态势转换确实存在良性和恶性两种循环，管理的方式其实就是加强构建良性的循环。如果能够保持水体足够清洁，那么大型水生沉水植被会变得很丰富，大型沉水植被又会继续影响提升水清澈度中的其他关键过程，如和藻类竞争营养物和光照，还能分泌杀藻类的化学物质，抑制藻类繁殖，这样就可以形成良性的循环。相反地，当藻类过多的时候，能分泌杀死草，特别是沉水植物的化学物质，二者难以并存，就变成了恶性转换了。”

李俊：“这其实不就和为人处世一样？就是一个恶性的反馈将导致恶性循环，最终只能自食恶果啊。那么我们是不是可以利用稳态转换的理论来进行湖泊修复呢？”

水多星：“是呀，曾经有一个房地产浅水湖泊修复的工程就是这样做的。先放掉一部分水，将里面的鱼和螺捕杀后，投加絮凝剂净化水体水质，提高水质透明度，使光补偿深度达到水体透明度的 1.5 倍，此时具备了种草的条件，

就可进行植物选择与插种了，当植物长成以后，便可回水，缓慢升至正常水位。这个修复过程就是应用了稳态转换理论，将藻型湖泊强制转换为草型湖泊。”

李俊：“看来，这个稳态转化理论不但可以解释生态系统变化过程，还能帮助人们进行生态系统恢复和管理，对环境治理有着重要意义咧！”

水谱075

生态平衡与破坏——天界对人类say no way

李俊兴奋回忆道："想当年我梁山水泊十面埋伏，三败高俅，何等威风！"

水多星感叹道："李大王说的甚是啊，当年梁山水泊着实险峻，四方周围八百里，港汊纵横数千条，似迷宫般环绕迂回，确是梁山兄弟的好避处，只可惜……"

李俊："可惜？可惜什么？"

水多星："可惜了这大好水泊啊。李大王可能有所不知啊，现在离大王出海外已过900多年，这些年人口增长了不知多少倍。人们围湖造田、乱砍乱伐、过度捕杀野生动物，导致生态平衡破坏，水泊萎缩。如今不仅已见不到一望无际的芦苇荡了，而且水土流失严重，下雨则洪水滔天，不下雨则旱地龟裂，还有生物多样性减少，野生动物更是罕见，这梁山早已不是昔日的胜景了。”

李俊听后惊得踉跄了两步，悲从中来。心里想着，如果当年作为梁山天险的水泊都变成了桑田，那我的梁山泊水军作为独立军种也不会存在，若是高俅等人前来围剿，梁山靠什么阻挡?

水多星也感叹道：“保持生态平衡意义十分重大啊！这生态平衡是指自然生态系统中生物与环境之间、生物与生物之间相互作用建立起来的动态平衡关系。在处于平衡的生态系统中，生物和环境之间、生物各种群之间是高度适应的，呈现出的是一片生机盎然，而在有一定的外界干扰时，生态系统能进行自我调节。生态平衡是环境中生物生存的必要条件，一旦破坏将会导致水土流失，土壤贫瘠，雨量减少，地下水得不到补充等一系列问题，湖泊和海洋生态平衡破坏还会引起‘水华’和‘赤潮’，致使鱼虾死亡，水体发绿、恶臭等。”

梁山水泊生态系统就这么被破坏了，李俊心里难过又着急，一方面悲痛于失去了梁山家园，另一方面又不知如何为恢复生态环境尽自己的绵薄之力。

水多星看着眉头紧锁的李俊，对其心思也猜出了几分，上前拍拍李俊的肩膀，说道：“李大王也不必过分悲伤，近年来，人类已经开始注意到这个问题，并积极研究生态系统恢复的措施。就拿东洞庭湖说吧，1954 年东洞庭湖湖面面积为 1985.15km^2，之后逐年下降，1978 年达到最低，为 1300.52km^2，之后采取断然保护措施，到现在几十年了，水域面积一直保持，1994 年更是将其升级为国家级自然保护区，未来这片水域会得到更好的保护。”

李俊面色缓和了些：“人类还算有点觉悟，认识到保护生态环境的重要性了。要不然等到生态被破坏得没有一片净土的时候，恐怕都争着抢着要逃离地球，升仙去天庭了，我们天界可没那么多的床位啊！”

水多星笑道：“哈哈，这是治标不治本的方法，那么多人去天界，到时候天界的生态平衡也被破坏了，那就坏了大事。所以回去一定要禀报玉帝，坚决对这种因生态平衡破坏而逃离的行为 say no way！”

李俊赞同道：“水兄所言甚是，坚持生态修复和环境保护才是人类社会得以持久之计啊！那问题来了，生态环境已被破坏了的那些地方该如何去修复呢？”

水多星：“生态修复是个漫长而复杂的过程，一言半句讲不完，下次再跟你细说吧！”

水谱 076

生态修复——敢对天界 say no way

水多星看着忙东忙西的李俊问道：“李大王，您一大清早的忙啥呢？搞得汗流浃背的。”

李俊擦擦汗回道：“今天是五一劳动节，我在种树。这棵树应是被雷击中过，现成了枯木，我得重新补种一棵。我打听过了，说是树能固定土壤，涵养水分，对沙漠、戈壁滩等沙漠化有良好的治理作用，要想恢复生态平衡，首先得把水留住。我这不是想着为恢复梁山生态平衡做贡献嘛，兄弟们都不在了，这梁山水泊自然是由我来守护！想当年鲁智深兄弟倒拔垂杨柳，破坏了一棵树，这棵树就算是替兄弟种的。”

水多星抚了抚自己额头说道：“李大王，五一劳动节又不是植树节，五月份才种树未免有些晚了吧，况且恢复生态平衡也不是只靠你一个人就能做到的，要从提高群众环保意识和制定相应政策与法律法规方面入手，对于破坏严重的生态环境还需要进行生态修复。生态修复可是门学问，需要多学科联合才能达到预期目标。”

李俊摸摸头：“哈哈，那是我心急了，水兄你详细给我说说，什么是生态修复啊？”

水多星解释道：“生态修复是依据生态学原理，并结合各种物理、化学和工程技术，通过优化组合，得出的既省钱效果又好的修复受污染环境的方法。根据污染物种类和污染区域类型，生态修复可分为重金属土壤修复、石油烃污染修复等；根据技术手段，可分为物理、化学和生物学方法；根据修复方式，可分为原位修复、异位修复。”

李俊若有所思：“听起来有点意思，如今人类生态修复都是如何做的呢？”

水多星讲道：“生态系统的修复方案通常将多种技术合理地组合起来，修复效果与方案的科学性有关。对于重金属污染土壤，常用土壤浸沥、植物种植等方法。土壤浸沥是将能溶解土壤中污染物的化学溶剂灌到污染土壤中，把污染物从土壤里‘揪’出来，随后再进行后续一系列的处理。植物种植也是一种用于重金属污染土壤修复的好办法，然而在干旱缺水地区的修复效果并不理想，土壤结皮成一块块的‘鱼鳞’，植物生长很困难。另外，针对黑臭河道的生态修复，主要方法有底泥氧化、建立生态护岸、仿自然河道、湿地、沉水植被恢复等。”

李俊摸摸下巴思考：“这样看来，仅仅种点树确实不能算是修复生态环境。”

水多星：“对啊，生态修复应该做到因地制宜，根据修复地区的污染特征和区域特性制订出有针对性的、具体的工程方案。对于梁山来说，其生态恢复还是应该从退田还湖，种植挺水植物、沉水植物、矿山复绿等方面开始下手。切不可操之过急，乱搞一通！”

李俊和水多星一拍即合：“那我们即刻去找村长一起商量修复梁山生态环境的方案吧！”

水多星：“OK！”

两年后，梁山生态环境修复完成，恢复了往日的绿水青山，人类安居乐业，以前因生态破坏而移民天界的想法再也没有了。随着生态文明理念的深入实施和建设美丽中国构想的实现，估计天界想招人都没人愿意去啦！

第五章

水资源篇

紧缺的地球水资源——李逵杀虎竟是为了一碗水

一日，水多星带李俊遨游太空，从飞船俯瞰，一颗美丽的蓝色星球映入眼帘，地球上约 71% 面积为水所覆盖，六大陆地板块就像浸泡在蓝色海洋中白玉和翡翠，美丽而宁静。

李俊叫道："想当年，我'黑旋风'李逵兄弟背着老母亲回山寨，路过沂岭乱山深处，口渴难耐，李逵放下老母亲去找水喝，不想老母亲不幸为大虫所食，为此李逵兄弟小宇宙彻底爆发，一怒挺刀，竟斩杀了母子四虎，方得解恨。如果说武松打虎是十八碗酒闹的，李逵杀虎则是因为水，一碗水，害得一条人命，四条虎命，可见水的重要，至今想来，我心犹痛啊，但我现在看来，地球上满满地都是水呢，人间焉能缺水？"

水多星摇摇头："大王有所不知，地球上的水总体积有近 14 亿 km^3，但其中 97.5% 是又苦又涩的海水，不能饮用，不能灌溉，也不能用于工业生产，难以直接利用，因此，我们所说的水资源主要指陆地上的淡水资源，事实上，地球上淡水资源仅占总水量 2.5%，只有 0.35 亿 km^3 左右啊！"

李俊感到不可理解，说道："原来人间的水大多是不能喝的咸水，淡水不多啊！"

水多星继续说道："这还不算完，在地球有限的淡水资源中，70% 被冻结在南北二极的冰盖中，加上深层地下水、高山冰川和永冻积雪等难以开采利用的淡水资源，全球能有效开采利用的河流、湖泊和浅层地下水等淡水资源约占淡水总资源的 0.34%，人均有效淡水资源占有量仅为近 $9000m^3$。"

李俊惊讶道："原来可利用的水这么少，人多水少，奈之若何！"

水多星又苦笑："如果真有这些水资源，人类还算幸运，实际上，咱们还面临三大难题呀，一是水资源空间分布不均匀，地球 65% 的水资源集中在不到十个国家中，而占世界总人口 40% 的 80 个国家却严重缺水，中国水资源也十分紧缺，人均淡水资源为 $2200m^3$，仅为地球平均值的 ¼，是全球 13 个人均水资源最贫乏的国家之一。二是降水时间分布不均匀，一年之中，大量雨水集中在雨季，一下暴雨就洪水滔天，宝贵的淡水还没有被人类利用就冲入大海，一方面造成水资源浪费；另一方面，引起洪涝灾害和财产损失。三是人类生活和工农业生产排放污水量越来越大，水污染导致水质恶化，河流、湖泊功能退化，人类可利用的淡水资源越来越萎缩。而人口膨胀和工农业生产规模扩大，人们生活和生产需水量越来越大，淡水资源供需矛盾日益突出，未来水资源会越来越紧缺。因此，1977 年，联合国水事会议向全世界提出警告：'水不久将成为一项严重的社会危机，石油危机之后的下一个危机'，我们正进入一个新的水资源紧缺时代。"

李俊最后总结道："如果将地球的水盛满 750 毫升的啤酒瓶，我们能用的也只有一滴，而这一滴水中的四分之一或更多已经被污染，水资源会越来越珍贵。节约每一滴水，从自我做起。"

水谱 078

黑水、灰水、中水——人分三六九，水有黑白灰

黑白水陆双煞!

这日，水多星给李俊继续普及水知识。

“梁山好汉一百零八将，按照能力分为三十六天罡和七十二地煞，今天我们用黑白来排排座次。按照肤色可以分为三类，最黑的、中等的和最白的。你看那身上粗肉像黑熊一样，皮肤像铁牛一样的‘黑旋风’李逵当属最黑一类，他平时常常做些冲锋陷阵、砍杀敌军的工作。而肤色雪白的帅哥‘浪里白条’张顺和‘浪子’燕青则机巧心灵、见多识广，适合搞情报工作。其他中间肤色的则能上能下。

这污水呢也可以按颜色分为黑水和灰水两兄弟。黑水是指人类自身排泄的大小便及冲洗马桶的用水，或旧时南方居民常用的马桶冲洗水。灰水是指

除了厕所废水之外的生活废水，包括厨房废水、洗衣废水、盥洗废水和沐浴废水等生活污水。”

“那么这两个亲兄弟为什么要分家呢？”李俊问道。

“这就要从这两个兄弟的性格特点说起。黑水哥哥脾气暴躁、难以管教，它含有各种各样的病原微生物，特别是一些致病微生物（如沙门氏菌等）和高浓度有机物，如果控制不好，会有威胁人类健康的风险。这黑水虽然脾气差点，但是本质还是不错的，它的主要成分是人类吃进去的食物中未被消化或者不能吸收而排出体外的东西，比如说纤维素、半纤维素、蛋白质以及它们的一些分解产物等有机物。其优点是含有很多营养物质，如粪便产生的腐殖质还包含较高含量的磷和钾，尿液中也含有大量的氮和磷。

灰水弟弟脾气温和，虽说有一些小毛病，比如说含有少量的致病细菌、病原体和总氮，但总的来说它受污染程度较轻，而且具有处理工艺简单、成本低廉的特点。然而灰水要比黑水多得多，一般来讲灰水包含了 50% ~ 80% 的家庭生活污水。

由于灰水脾气温和，如果与黑水生活在一起，两者间相互影响，会引起大麻烦。灰水会被黑水带坏，染上一身臭毛病，而黑水也会被稀释掉，造成总的污水量大大增加，处理难度也加大了。这时想要再完全管教好这两兄弟就更难了。

因此，‘分类管教’是对付它们最好的方法。黑水经过排放进入化粪池或粪便消纳站，让固体物质在化粪池沉淀并进行厌氧水解，出水排入市政管网后进行进一步处理。灰水在经过固液分离之后，采用多种处理方法例如生物转盘、序批式反应器及膜生物反应器进行处理，处理之后再进行消毒，以满足出水微生物水质标准。

将小区居民的生活灰水集中处理后满足回用水标准的水叫作中水。这样的水可以用来浇灌小区绿化，冲洗车辆、道路和家庭坐便器。黑水和灰水处理工艺全然不同，处理费用也差异悬殊。总的来说，黑水的处理费用要远远高于灰水，灰水处理后的中水还可以产生价值。”

李俊：“李逵兄弟和张顺兄弟黑白分明，很容易分辨，但是在污水中，这黑水、灰水、中水要分起来有点难度，看来日后还要好好学习才行！”

水谱 079

水源地保护——有水喝，还要喝好水

水多星带着李俊上街考察，偶遇一小孩缠着母亲买冰水喝，李俊一拍脑门儿想起个问题：“我来这城里许多日子，这才发觉咋连口井都没有看到过，人都在哪儿打水啊？”

水多星简单地把人们如何将水从自然界抽到自家水龙头的过程描绘了一番，如此这般地向李俊解释一通。

李俊大喜道：“如此用着甚是方便。”说罢又迟疑道：“不过这水来得看不见摸不着的，还是用着不如井水放心啊。照你所说，这水龙头的水来自自来水厂，水厂又是从江河取水的。水厂在城里有人管，水源那么宽广，若是有人往水里大量排污投毒，岂不是害尽一城的老百姓？我的好兄弟，宋江哥哥、卢俊义哥哥和李逵兄弟，可都是死于被投毒的酒水，每每想起心头都痛啊。”

水多星安慰道：“李大王安心，且听我慢慢道来。这饮用水的水源地，主要在河流、湖泊、水库、地下水，其自然环境、水资源特征、开发利用程度等都具有明显的地域差异。南方湖泊较多、地下水丰富，水源多元；北方则以江河为主，水资源较为缺乏。二者面临的困境主要不是怕有人投毒，而是人类开发水源地和胡乱排放污物引发的环境污染问题。”

李俊插话道：“这是咋回事呢？”

水多星答道：“水源地的污染也大致可分为点源污染、面源污染。点源污染和面源污染分别指集中和不集中的污水排放，而地表径流是雨水将空气、地面的污物冲入受纳水体。当进入水体的污染物超过水体自净能力的极限以后，水体就会生病，引起一连串负面影响，甚至有的湖泊面临严重的富营养化问题，河流成了黑臭水体。除了水质的污染，开发水源地引起的水土流失也很不利于水体自身的健康和可持续性。”

李俊急道：“这不是要了命了吗！”

水多星连忙将他按住，说：“李大王莫躁，这吃水是国民大事，今人已有治水良方也。首先对水源地要积极保护，划分功能区设立保护区，不能过多排污。同时也要加强水厂的水质检测，完善监测网络体系。对已经污染的水体加大修复力度，防止水土流失。当然，立法保护也很重要，有时也需要综合考虑地区经济发展。但万全的计划也会存在疏漏，一旦出现突发性污染事故，咱们依旧有对策。”

水多星又补充道：“除了保护水源以外，人们也要防范水污染突发事故，建立备用水源。前几年松花江遭过一次污染，化工厂爆炸导致有毒化学物流进江里，沿岸数百万的居民都得停水。后来修建了磨盘山水库作为第二水源地，也是为了防止这种事故再发生。没得水喝可太难受了。”

李俊很支持：“先得有水喝，还要喝好水。粮食、水都是老百姓生活最基本的东西，污染一处水就毒了千万家，咱一定要重视起来才是。”

水谱 080

地下水的循环和使用——堂堂“黑旋风”竟胆小如鼠

一日，李俊和水多星两人偶遇一口百年老井。

李俊道：“看到这水井啊，我就想起我那李逵兄弟枯井救柴进的趣事，第一次下井他居然怕人割断绳索，第二次下去，他怕将柴进拉上后，没人理他，专门向大伙再三叮嘱别忘了他，最后大伙还是开了个玩笑，故意不理他，害得他在下面大叫！大伙都这么笑话他，堂堂‘黑旋风’竟胆小如鼠！”

水多星听后，哈哈笑着说道：“我国民间长期习用的是圆形筒井，井深度一般为几米到数十米，这数十丈的枯井，莫怪你李逵哥哥害怕它。”李俊听后惊讶道：“这枯井竟如此深？我们看看去！”说罢，李俊和水多星向水井走去。

“咦？水多星你看，这百年老井里竟然还有水呢！”李俊好奇地说。

水多星一脸鄙夷地看着李俊说：“大惊小怪，百年古井如今仍有许多还在使用呢，供人们开采地下水。建设井的原因是地下水位比地表低，所以要挖开地表，利用水的压力使水经过空隙流入井内，枯井里没水的原因自然是地下水位远低于井的最低面啦。”

李俊疑惑道：“这地下水位是什么？你能给我详细说说这地下水吗？”

水多星接着说：“李大王，且听我和您慢慢道来，地下水位是指地下含水层中水面的高程。这地下水是指埋藏在地表以下以各种形式存在的重力水，人们根据地下埋藏条件的不同，将地下水分为上层滞水、潜水和承压水。上层滞水是由于局部的隔水作用，使下渗的大气降水停留在浅层的岩石裂缝或沉积层中所形成的蓄水体。潜水是埋藏于地表以下第一个稳定隔水层上的地下水。承压水是埋藏较深的、贮存于两个隔水层之间的地下水，这种地下水往往具有较大的水压力。随着科技的发展，为了开采深处地下水，如今人们发明了口径较小（几厘米到几十厘米）而深度相当大（几厘米十至几百米）的管井呢！”

李俊道：“原来是这样，之前你说过地球的水循环是相互联系的，那这地下水是如何循环的呢？看这地下水被土壤和岩石包得严严实实的，水质一定很好吧？”

水多星：“地下水循环是地球水循环的一部分，地下水循环是指含水层中地下水交替更新的过程。大气降水和地表水渗入地下成为地下水，地下水在地下流动，至排泄点排出，构成一个补给—径流—排泄的地下水循环过程。天然地下水在化学组成上已发现60多种元素，它们以离子、分子和胶体的形式出现，最主要的化学组分是钙、镁、重碳酸根等。由于人类活动对环境的干扰，地下水的化学组成变得更加复杂，地下水污染的原因主要包括工业废水向地下的直接排放，受污染的地表水渗入地下含水层中，人畜粪便和农业废水渗入地下等，这些都使某些地下水含有人类生产的各种有机和无机化合物，以及细菌病毒等。由此可见，这地下水也越来越不安全咯。”

李俊不禁叹息道："那么深的地下水也因人类活动而受到了污染啊！我知道井水和泉水是我们日常使用最多的地下水，既然同为地下水，那么这两者成因和水质上有什么区别呢？想当初在梁山上时，有时喝井水，有时喝泉水，两者尝起来口感确有不同，当时也没细想过这个问题呢！"

水多星："泉水与井水成因不同。大气降水渗漏至地下，顺着岩层倾斜方向流动后，遇侵入岩体阻挡，水体承压露出地表，形成泉水。这泉水和深井水都是硬水呢，不过这天然泉水经砂土的过滤而具有较高的矿物质，经地层反复过滤涌出地面时，其水质清澈透明，于溪间流淌时又增加了水的溶氧量，并在二氧化碳的作用下，将岩石和土壤中的钠、钙等矿物元素溶解至泉水中。陆羽在《茶经》中论煮茶方法时指出，'其水，用山水上，江水中，井水下'。饮山水，要拣石隙间流出的泉水，才能使茶的色、香、味、形得到最大的发挥！井水悬浮物含量少，透明度较高，但它多为浅层地下水，易受周围环境污染，用来沏茶将会有损茶味。"

李俊："哦？这泉水泡茶最好，真有意思！水还有软硬之分呢？"

水多星："对，水的硬度是指溶解在水中的钙盐与镁盐含量的多少，含量多的硬度大，反之则小。此外，人们对地下水通常还进行水电导率监测呢，人们用水的电导率来表示水的纯度（反映水中存在的电解质的程度），如果电导率很高，那么说明水中的能导电矿物质含量很高。因为地下水含有较多钙、镁、重碳酸根等，所以一般来说地下水的电导率都较高！"

李俊："明白啦！看来保护地下水资源还是很重要的，不然以后都没有泉水用来泡茶啦！"

阶梯用水——节水的好办法

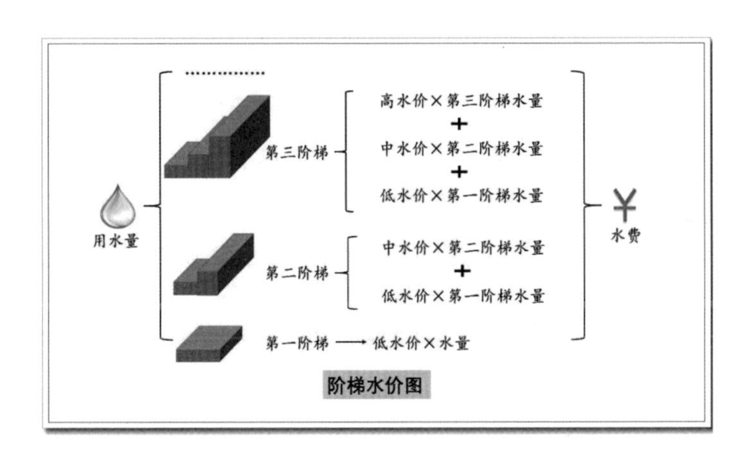

阶梯水价图

李俊：“水兄，当年在梁山上，我们兄弟共有一百单八将，各有所长，但座次有别，上应三十六天罡、七十二地煞。你可知道我排在第几位？”

水多星：“我知道，你作为水军总司令，屡立战功，排名第二十六，上应三十六天罡中的天寿星。”

李俊点点头：“不错，兄弟们来自五湖四海，为了同一目标，共聚梁山。梁山寨中曾几次排座次，这个座次对大家各司其职、各展其能特别重要。比如宋江哥哥是老大，卢俊义哥哥是老二，可以独立进行战役指挥。在征讨辽国时，打田虎、灭王庆，后期征讨方腊，他们俩时而合兵一处，时而各自带兵。另外还有参谋部老大吴用兄弟，情报部老大公孙胜兄弟，后勤部老大柴进兄弟，马军总头领是关胜兄弟，步军总头领是鲁智深兄弟，水军总头领就是我了，此外也有监察部、酒店、医院、兵工厂等非战斗部门。”

水多星点头道：“从这些好汉的座次可以看到，每个部门以及每个头领的作用和价值不同，比如战斗部门中，情报部门、参谋部等部门重要，头领的价值高，座次就高。大王，你知不知道，在城市的居民用水中，也有一个类似的座次？居民用的同样是水，但是用量不同，价格就会不同，这就是阶梯水价。”

李俊：“阶梯水价？是说水的价格像阶梯一样一层一层的吗？”

水多星回答：“是的，阶梯水价的推行也是为了完成一个目标，那就是节约用水。在水资源日益紧张、水浪费严重的情况下，节约用水变得越来越重要。为了提高居民的节水意识，限制用水量，减少水资源的浪费，一些城市推行了阶梯水价。它的基本特点就是用水越多，收费越高，水价随着用水量像阶梯一样一层一层增加。比如有的城市实施的阶梯水价方案中，第一阶梯年用水量在180吨及以下，水价为每吨5元；第二阶梯年用水量在181 ~ 260吨，水价为每吨7元；第三阶梯年用水量为260吨以上，水价为每吨9元。”

李俊：“哦！原来如此。那实行阶梯水价就能够节约用水？”

水多星：“这是因为价格变动对需求有影响。一般来说，当某种商品价格上升时，人们会减少对它的购买；当这种商品价格下降时，人们会增加对它的购买；由于实行阶梯水价引起了价格变动，相应地，人们对它需求减少，所以达到节水的目的。阶梯水价能够提高居民的节水意识，对保护水资源有积极作用。”

李俊正想赞叹一番，却听水多星又道：“但是，阶梯用水在实际实施中还存在一些问题。比如居民阶梯水价实现的前提是一家一个计价水表，不然就不知道每家用了多少水，但是现在能100%实现一家一水表的城市基本没有。目前我国只有部分城市真正实行了阶梯用水。通过实行阶梯用水前后对比，有的城市取得了很好的效果，居民用水效率大大提高了。但有的城市的居民用水状况并没有发生显著的变化，水浪费依然严重，居民节水意识难以在短时间内树立。”

李俊：“看来推行和完善阶梯用水还有很长的一段路要走，提高节水意识、杜绝水浪费更是任重道远啊。”

污水检测指标——水质状况的晴雨表

一日，水多星化身为水质检测大师，担任检测水质的使命。水多星身体能感应不同水质，幻化成不同颜色，形体也随水质变化而发生变化。

二人蹚过河流、飞越湖沼、踏过山溪，最后来到了一座污水处理厂排水口边。李俊发现，每过一片水面，水多星面色或蓝，或绿，或黑，或红，腿脚时长时短，身体或圆或方，不断变换，疑惑道："水兄，为何你的形态会如此多变？以致我有时会把你当成妖人。"

水多星不好意思地回答道："我就是由水修炼而成，会对附近的水产生特殊感应。倘若水温过高，我便会浑身冒热气；倘若水中含有有机污染物质，我便会变成五颜六色；若是水中产生异味，我便会产生相对应的气味，有时甚至让人难以接近……就类似孙悟空的火眼金睛，一旦进入监测状态，我可以随时监测水质是否正常。”

水多星继续说道：“我们所看到的水，并不是纯水。水中含有很多物质，有些是有害的，有些是无害的，甚至是人类所必需的。为了判断出水质是否正常，人类对水制定了许多监测指标，包括但不限于物理指标、化学指标、生物学指标。其中，颜色、温度、气味、浊度、透明度、浊度、悬浮物等，这些通过肉眼观察，或简单仪器就可看出，属于物理指标，但不能完全判断出水质好坏；化学指标和生物学指标就没那么容易了，必须通过复杂的化学反应、生物培养、光电仪器测试等过程。例如氨氮检测，就是利用纳氏试剂比色法。其原理为碘化汞和碘化钾的碱性溶液与氨反应生成淡黄棕色胶态化合物，化合物的色度与氨氮含量成正比，通常可在波长410—425 nm范围内测其吸光度，计算含量便可检测，这便是一种化学检测方法。化学指标和生物学指标虽然过程复杂，难度较大，但更能反映水质的好坏。像我这般万能身体水质感应，是上万年修炼的结果，现代人类技术还没有达到呢！”

李俊不禁感慨道：“生活在这个充满这个污染的世界，真的是为难你了，那你能说说这些指标的意义吗？”

水多星补充道：“水质指标很多，但反映水质状况无非就这几类。一类是有机物指标，比如COD(化学需氧量)、BOD(生化需氧量)，一般BOD高的水，感官上就黑臭，闻起来臭，看起来黑；第二类是营养盐指标，比如氨氮、总氮及总磷等，营养盐含量高，水体就富营养化。就像前几年的滇池，看起来就是绿油油的一片，闻起来一阵腥臭；第三类则是无机盐指标，特别是一些铜、铬、镍等重金属指标，含量高了，水就有毒，能看到一片白花花的死鱼呢！还有就是一些特殊有机物质，比如表面活性剂、印染厂色度、农药、除草剂等难降解的有毒有机物。不同厂家排污口，监测的重点可不能完全一样啊。”

听完水多星的解释，李俊依旧充满疑惑，问道：“如今污染的水质有这么多种，又如何应付过来呢？”

水多星继续解释道：“如今的我们身处大数据时代，可以利用水质在线监测系统对水质进行实时监控。它可以实现取样现场的全自动监测，不需要实验室那一套复杂程序，而且监测数据实时上传管理部门，甚至可以传到你的手机上呢。”

李俊感慨道：“如此一来，就不用麻烦水兄辛苦地经常变身了呀，真是妙哉！”

水谱 083

工业水回用率与重复使用率——我想用你一万年

一日清晨，伴随着淅淅沥沥的雨声，李俊随水多星再次回到了两人相识之地，昔日八百里梁山水泊呀，大多已变成了陆地。

李俊感慨道："这水都到哪里去了？"

水多星连忙解释："李大王有所不知，面对经济发展和人口增加的需求，人类不得已开始填湖造田，加大土地面积以生存，这才造成了如今的局面。"

李俊有些生气道："难道他们不知这会使水资源短缺的问题日益严峻？待水源尽绝，他们又该如何？"

水多星说道："李大王说得是。人类当下也意识到了水资源短缺这个问题的严重性，所以在大力研究水回用技术。尤其是在这个工业化程度较高的星球，工业用水更是我们水资源消耗的大头，更需要水回用。"

李俊皱眉不解道："工业用水？水资源为何还分类别？这是有什么不同吗？"

望着李俊疑惑的神情，水多星接着补充道："在这里，水除了生活中吃喝洗漱使用外，还在工业中发挥着不可或缺的作用，几乎没有一种工业不用水，可以说，水就是工业的血液。工业生产过程中使用的生产用水及厂区内职工的生活用水，我们统称之为工业用水。并且，工业用水占人类总用水量的50%以上，因此提高工业水回用率是解决水资源紧缺的有效手段。"

李俊觉得新奇："那何种水源可以当作工业用水呢？又该如何提高工业用水回用率呢？"

水多星解释道："一般来说，我们常见的水源如地表水、地下水等，都可以当作工业用水的水源；倘若该企业所处的地理位置距离大海较近，海水也是一种可利用的工业用水；雨水经过收集处理后，也是一种优质的工业用水水源；而今，有许多内陆城市甚至已经将污水当作一种资源，经过处理后回用呢。"

水多星继续说："李大王，别看这用水量多，这水重复使用率也高呀。水重复使用率，是衡量企业绿色生产的一个重要技术指标。"

水多星指着前面一间工厂，说道："您看这企业外墙四周一根根的水管，这就是用于回收雨水的。您再看这院中那几个铁架子上的储水槽，这就是冷却水，利用外界温度较低对湿热空气进行降温，使之液化成水。再往这看，这就是一个较为先进的一体化水处理及中水回用系统，别看它只是一个铁罐，在它里面，当废水进入系统后，依次通过曝气、沉淀、污泥处理处置及洁净水回用等四个阶段，便可实现重复利用。"

李俊不禁赞叹道："如此一来，实在是妙哉啊！咦，水兄，你看这还有一片花坛。"

水多星笑了笑，说道："李大王，这就是利用雨水所浇灌出的鲜花呀。"

李俊拍手道："原来如此，如今可以说是90%的循环使用，期待以后能够达到无限循环使用，把这些工业用水用上一百年、一千年，甚至一万年，哈哈！"

水多星陪笑道："承蒙贵言，我们已经在一步步地改善回用技术，提高回用率。我们正在设想通过提高浓缩倍数和蒸发固化等方法，直至实现零排放！说不定，未来很快就能实现大王您刚才所说的愿景呢！"

水谱 084

膜分离技术与工业水回用——神奇的“纸”

翌日，天刚蒙蒙亮，水多星便叫醒了李俊。李俊双眼蒙胧地问道：“咦，水兄今日为何如此之早？昨晚去哪儿疯了，疯得这满身污秽。”

水多星调皮地一笑，说道：“李大王，您猜猜我手里拿的是什么？”

李俊瞅了眼，说道：“这有啥好猜的，这不就是几张纸吗？哎呀，水兄别闹，让我再睡会，你赶紧去洗个澡，处理一下个人卫生情况。”

水多星忙说：“李大王别急呀，给您演个戏法，来，请帮我拿好这些‘纸’，您仔细看好了！”

说罢，水多星一个扎猛子穿过这纸张，浑身上下立马变得光鲜亮丽。

李俊揉了揉眼睛满腹疑虑：“水兄，我是没睡醒还是眼花了，怎么穿过几张纸，你就大变样了呢？”

水多星眨着它睿智的大眼睛，神秘兮兮地说道：“这全靠大王手中那神奇的‘纸’啊，这种‘纸’称为膜，而我穿过了几张膜，身体变干净了的奥妙就是膜分离技术。”

李俊继续问道：“这个膜是什么？膜分离技术又是什么呢？在我看来它不就是一张纸吗？”

水多星解释道：“李大王您细听，膜可为气相、液相、固相或是它们的组合，其厚度范围一般在几微米到几毫米。最大特征是可选择性浓缩料液的不同组分，实现料液不同组分的分离、纯化、浓缩的过程。根据孔径大小可将膜分离技术分为微滤膜（MF）、纳滤膜（NF）、超滤膜（UF）和反渗透膜（RO）等。”

李俊不解道：“这技术似乎还分许多类型，每种类型都代表些什么呢？”

水多星继续解释道：“在水处理膜系统中，微滤膜（MF）孔径最大，平均孔径0.02—10微米，能截留孔径在0.1—1微米的颗粒。微滤膜允许大分子和溶解性固体等通过，可截留悬浮物、大部分细菌，及经过絮凝反应的大分子量胶体等物质。微滤膜过滤是世界上开发应用最早的膜技术，现多为管式膜，以陶瓷膜或有机膜为主，主要用于医药行业和食品工业，也作为纳滤膜、反渗透膜预处理；超滤膜（UF）孔径比微滤膜小，膜孔径为1—100纳米，属非对称性膜类型，能分离的溶质(高分子或溶体)为1—30纳米大小的分子，超滤膜一般由高分子有机材料，如聚乙烯类、聚砜类及聚酰胺类等制成，一般以毛细管式，多只膜管组成膜组件，主要用于纳滤膜、反渗透膜预处理，也可用于果汁的浓缩、澄清、啤酒生产和营养成分的提取等；纳滤膜（NF）孔径在1纳米以上，一般为1—2nm，截留有机物的分子量在150 — 500道尔顿，截留钙、镁多价盐，常用于去除地表水的有机物和色度，脱除地下水的硬度，部分去除溶解性盐等；反渗透膜（RO）是一种模拟生物半透膜而制成的人工半透膜，以压力差为推动力，从溶液中分离出溶剂的膜分离系统，能够有效地去除水中的溶解盐类、胶体、微生物、有机物等，主要用于海水淡化、工业水回用、纯水和超纯水制备等。”

李俊称赞道：“原来如此，怪不得水兄刚才穿过一张纸，便如同换了一个人似的，如今的技术可真的高明啊，佩服，佩服！”

水多星补充道：“李大王，您细看，其实我身上还是多少有点污浊，我在您面前只是为了表演，这薄薄的几张膜还不能够完全处理我身上所有的污秽，有时候，我们得将几种膜分离技术结合起来，就好比我们如今的海水淡

化工厂，我们可以利用微滤将海水中的固体颗粒等先进行预处理，再利用多级反渗透法以及电渗析法等将海水中的盐水和纯水分隔开进行淡化。这样，有效地结合起来能使我们的处理效果更加完善。”

李俊：“太好了，我暹罗国四周环海，有了此技术，便再也不用为淡水缺乏而发愁了！”

水谱 085

海水淡化——谁说海水不能喝

某日，李俊随水多星来到了远离城市喧嚣与嘈杂的海边。望着蔚蓝的大海，想起当初自己诈称中风，功成名就之时离开梁山队伍，履行与费保的诺言——驾船出海，在滔天巨浪中飘向远方的情景。

徐徐的海风扑面而来，李俊不禁好奇问道："水兄，今日为何携我来此？"

水多星回应："李大王别急，我们再走一会，您就知道了。"话音刚落，一片厂房浮现在面前，一根根管道绵延数里。

李俊眼见这海边工厂，不解地问道："水兄，这就是你想要给我看的吗？这海边的工厂，难不成是晒盐？"

水多星答："李大王您看，这一片片的大海，您不觉得是我们最大的水资源财富吗？把这些利用起来，哪会有水资源短缺的问题呢？"

李俊摆了摆手，说道："水兄，你可别说笑了，想当初我们兄弟驾船出海，险些渴死在海上。这海水可不能喝。"

水多星笑道："李大王您别急，现在已研究出海水淡化的办法，您可别不信，眼前的工厂就是，我这就带您去看看。"

两人走进工厂，水多星介绍道："李大王你看，这就是我们海水淡化工厂。简单来说，就是利用海水脱盐生产淡水，这是实现水资源利用的开源增量技术。海水淡化方法有很多，像什么海水冻结法、电渗析法、蒸馏法以及反渗透法等等，但应用最多的还是反渗透法和蒸馏法，就像我们眼前这个工厂，就是利用蒸馏法技术来淡化海水的。"

李俊听完，忙追问："听起来挺很复杂呀，水兄可否为我细细道来？"

水多星说道："李大王客气了，我先来讲一下所谓的冷冻法，它就是冷冻海水使之结冰，在液态海水变成固态冰的同时，盐被分离出去。电渗析法则是将具有选择透过性的阳膜与阴膜交替排列，组成多个相互独立的隔室，在直流电场的作用下，溶液中的离子就作定向迁移，结果使这些隔室一部分变成含离子很少的淡水室，而与淡水室相邻的隔室则变为浓水室，以此来实现海水淡化。蒸馏法想来您应当知晓一些，就是将压缩功转化为饱和蒸汽的内能，使其温度上升，成为过热蒸汽，再利用高温过热蒸汽做热源，加热饱和盐水使其部分蒸发，蒸汽生成淡水实现盐水分离。反渗透法是利用只允许溶剂透过的半透膜，将海水里面的盐分离子与水分隔开来实现海水淡化。"

水多星接着道："时代总是在发展的，技术也是一步步走向成熟的。这海水淡化技术，目前还存在投资和运营成本较高的问题，倘若将水业、能源、盐业有机结合而形成一种三位一体的清洁生产技术，这未尝不是一剂良策呀。"

"水兄所言极是。如今听水兄一言，胜读万年书，你真是我在水界不可或缺的师傅啊！"李俊边说边对水多星竖起了大拇指。

水谱 086

污水的重生——点污变清的“净水术士”

是日清晨，李俊和水多星路过一处公园，早起的大妈大爷们伴随着舒缓的音乐，有的舞剑，有的打太极，悠然自得。李俊乐道：“如今这世间习武之人年纪不小啊，却不知今人中还有术士否？”

水多星满脸疑惑：“何谓术士？”

李俊道：“当年为救柴进兄弟，宋江哥哥攻打高唐州，遇到会道术的高廉，结果损失惨重。李逵兄弟受差遣去请‘天闲星’公孙胜出山，却遇到他师傅罗真人阻碍，便趁半夜砍下他的头。哪知第二天罗真人竟又完好无损地长出来一颗头，施法好生整了李逵兄弟一番，如此能人异士便是术士了。”

水多星脑筋一转：“现在的人是不能多长出来一颗头的，但却有法子让水不断再生。你可知有种变污水为净水的法术，叫作再生水？”

李俊来了兴致，问道："这有意思，是怎么个变法？"

水多星便道："现今水资源的缺乏已经是世界性的难题，威胁人民生活，甚至引起地区冲突。对于缺水地区的用水问题，我国主要采用跨流域调水、节制用水、污水回用和雨水蓄用等措施解决。而再生水，作为可靠的新水源，水量大、水质稳定、受季节和气候影响小，越来越受到青睐。再生水是指将废水和雨水适当处理达到出水标准后，以某种用途重复使用的非饮用水，主要用于农田灌溉、景观绿化、工业冷却水、地下水回灌、建筑杂用水等。采用再生水可以保护水源，有效缓解淡水资源紧缺的问题，同时减少污染排放。水又生水，无穷尽也，是很有前景的发展方向呢。"

李俊似懂非懂道："这水是怎么再生的？"

水多星解释道："再生水是对常规的污水进行深度处理，一般会采用膜滤技术，MBR、微滤、纳滤、反渗透等各单元技术以及组合工艺都可以。你可别觉得这是污水就不能用了，采用反渗透系统的出水水质甚至远远比自来水好呢。"

李俊摸了摸下巴："这听起来挺玄乎的，真这么好使吗？"

水多星举例道："咱们的邻国新加坡一直缺水厉害，率先发展水务产业，技术成熟且有效严格地管理水资源，提出了'四个水龙头'：进口水、收集雨水、淡化海水和新生水（NEWater）。这新生水即是收集的生活污水在污水厂经过常规处理以后，再进一步过滤和消毒深度处理得到的高质出水。它作为净水再使用在绿化、农业、景观等方面，甚至人们现在饮用的水也是新生水和自来水的混合水。这再生水处理'法器'变废为宝，点污成清，大大减少了对淡水的消耗呢。"

水多星补充道："但我国目前这方面设施技术还不够完善，水的回收利用率不高，而且对水资源的管理不够严谨，公众的节水意识还有待加强。构建节水型社会任重道远哪。"

李俊一挥大手："这不怕，咱精炼水处理'法器'，勤学治水'法术'，谨记节水'功法'，争取人人都当'净水术士'。"

水谱 087

水质型缺水——望水渴死并非危言耸听

这日李俊和水多星来到深圳游览，亮丽的城市除了林立的高楼以外，碧绿的湖泊幽静闲远，畅流的河水欢快灵动，浩瀚的大海一望无际，人间烟火与自然美景完美融合，犹如一幅幅名画，让李俊目不暇接。正当他赏景怡情之时，一则标语落入眼中：节约每一滴水。这便让李俊好奇不已，明明这城市里满眼都看着水，怎么还需要节约用水呢?

水多星对他心中所惑很是明了："李大王是不明白这富水之地为何还会缺水吧。我国虽然拥有众多河流湖泊等淡水资源，但人口庞大，平均下来其实属于缺水国家，人均水资源占有量仅为世界平均水平的28%。可怕的是，我国水资源整体南多北少，北方主要是'资源型缺水'，南方却由于人类活动和排污，造成了'水质型缺水'。这水看着是多，却并不是可以用的好水，

富水贫水之地实际上都是缺水的。”

李俊问道：“就是说虽然水量够多，但都是无法利用的污水咯？”

水多星应道：“不错，太湖流域就是典型的例子。丰沛的降雨、丰富的水系和广袤的面积本为太湖水域提供了相当优越的条件，但这个富水地区却因为污染环境恶化，藻害频发，导致相邻的无锡市供水困难，市民恐慌抢水。这缺水不只是环境问题，更是社会问题。靠水吃水的人喝不到水，捕不到鱼，引了这水来灌田种出的粮食也可能含有毒素，活活断人生路啊。”

李俊骇道：“没想到住在湖边的人还能被渴死，这该如何是好？”

水多星说道：“我们要意识到，水资源的科学管理非常重要。在节约每一滴水的同时，开发新的水源。新水源包括：对用水水质要求不高的地方可以将使用过的水处理后回用，例如工业冷却水和住宅中水。建设海绵城市渗蓄雨水，减少地表径流并且涵养地下水。同时也要注意保护水源水体，提高污水排放的标准，对已经污染的水体进行生态修复等。另外，加强生态蓄水能力、保护森林也可以缓解暴雨冲刷造成的水土流失，进一步保护水源。针对突发性水质污染，还需建立备用水源，例如松花江水污染期间，外调了磨盘山水源负责城区供水，提高供水安全性。”

水多星总结道：“实际上，我们每个人都能做到为建设节水型社会贡献一份力量，例如少用含磷的洗衣粉就能减少水体富营养化的发生。心怀节水意识，每一滴水都要管好。”

李俊这下明了：“方法还是很多的，不过得引起大家重视才行。即使眼前有水，不去保护将来也会无水可用。”

水谱 088

污水中的能源回收——隐藏的“宝藏”

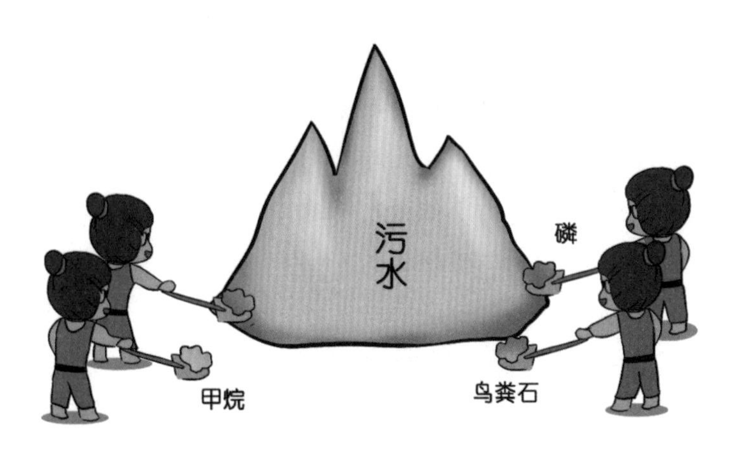

“当年鲁智深在庙里，最讨厌的工作是每天浇灌粪水，又臭又累。正好这天有一帮泼皮闲汉捋虎须，主动挑起事端。老鲁岂是好惹的，将他们踢入粪窖，收服了这帮家伙。日后老鲁每天翘着二郎腿，使唤他们挑粪浇菜，插科打诨，吃着粪水浇灌的有机蔬菜，不亦乐乎。”李俊说，“粪便是黄金啊，也不像今天这般，不管三七二十一，汇到污水厂里就了事。”

“李大王说得是，自从农业发展起来，粪的肥效便被人们发现并充分利用起来。人类粪便还田也是自然界碳、氮、磷物质循环的重要组成部分。”水多星笑着说，“污水处理发展初期人们主要还是考虑快速将污水处理干净，忽视了污水中这些本可以回收利用的宝藏。”

李俊问：“什么‘宝藏’，可也是粪肥么？”

“可不仅仅是粪肥了。”水多星解释道，“如今人们已经把污水当作一座大矿山去开发，能挖出的宝藏丰富多了，包含碳资源、磷资源、蛋白质资源等。”

水多星盘腿而坐开始介绍：“先说说污水中的碳资源回收，这又要说到

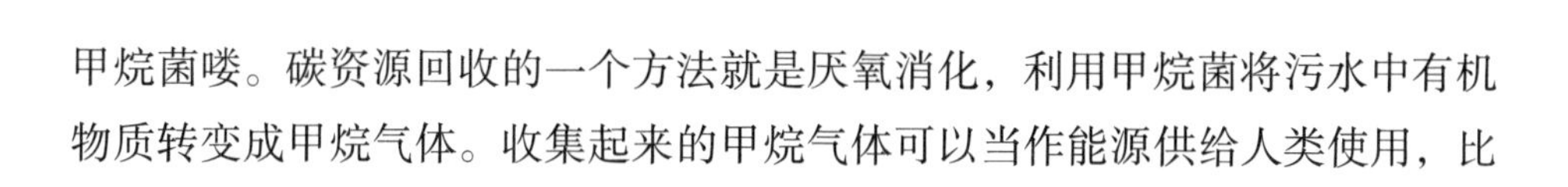

甲烷菌喽。碳资源回收的一个方法就是厌氧消化，利用甲烷菌将污水中有机物质转变成甲烷气体。收集起来的甲烷气体可以当作能源供给人类使用，比如作为热能。”

李俊问：“这一过程是如何进行的呢？”

水多星继续说道：“这个过程比较复杂，首先要保证完全厌氧环境，在这种环境中污水中的有机物先被水解成小分子有机物，进而在被产酸菌加工成乙酸等，最后乙酸再被甲烷菌利用变成甲烷气体溢出水体。”

李俊感慨道：“好复杂的过程，发掘碳资源的确很不容易。”

水多星说：“除了污水，还可以用活性污泥工艺产生的剩余污泥发掘碳源。这些污泥在污水中摸爬滚打，吃饱了有机物和磷酸盐。通过污泥排放完成污水除磷过程，实际上是将污水中磷转移到了污泥之中，但处理剩余污泥可是耗资费时啊！”

李俊问道：“那我们进行污泥处理的最终目标是什么呢？”

水多星继续说：“传统剩余污泥处理要达到减量化、稳定化、无害化、资源化的目标。主要采用土地利用、建材利用等方式消纳。”

“磷资源的回收，可以和剩余污泥的厌氧消化结合在一起。通过厌氧消化，除去了污泥中臭味、病原微生物，产生甲烷，实现碳源的能源化，在厌氧消化过程中，投加石灰石、镁盐等药剂，生成磷资源——鸟粪石，使剩余污泥富含磷肥。”水多星继续讲：“李大王，鸟粪石就是一种肥料，可以像粪肥一样可以回用农田里的。”

李俊笑道：“这听起来可比鲁智深的粪肥复杂多了。”

“从污水中回收磷是名副其实的挖矿山呢。”水多星说，“污泥好氧堆肥也是一种常用的无害化和资源回收的方法。剩余污泥经过一段时间的腐熟后成为可回用农田的肥料，比如污泥堆肥后做桉树肥料使用。”

李俊感慨道：“水兄，真没想到剩余的污泥还有这么多用处呢！”

“现在，人们又考虑从污水的活性污泥中提取菌胶团之间的EPS，做成黏性材料，变废为宝，还能缓解现代人类塑料滥用造成的白色污染……”

李俊感慨道：“水兄，还是现代人厉害，把污水这个看起来又臭又脏的东西，开发成了一个真正的‘金矿山’。”

第六章

水安全篇

水谱089

污水中有害物——解铃还须系铃人

（一）喝酒会误事，喝水能误人

一日，在酒宴中，李俊举杯痛饮道："这回下界可算是摆脱了仙界的诸多规矩，此等人间美酒岂能辜负，咱不醉不归！来，干杯！"

水多星忙劝道："李大王切勿多饮，醉酒误事啊，你忘了当年鲁智深兄弟因为喝酒没有及时前去阻止悲剧的发生，导致林冲娘子被高衙内侮辱，最后上吊自杀的憾事了么？咱们今天可是有要务在身，得巡查水中有害物的分布情况，当年武大郎喝的药中含有有毒物质——砒霜，是潘金莲和西门庆这对奸夫淫妇所投，但近来曝光的多宗村民集中发生食道癌和胃癌的事件应与上游工厂非法排污有关，我们可得仔细巡查，给村民们一个说法。这种情况已发生多起了，截至 2017 年底，中国境内累计产生了 387 个癌症高发村。”

李俊放下酒杯：“对对对，多亏你提醒啊，是我贪杯了。但是这癌症村到底是咋回事呢？”

水多星：“这个嘛，主要是环境污染问题。以上所调查的 387 个癌症高发村中，94.08% 存在水污染现象，非法排污会导致当地地下水与河流严重污染。除了癌症，被污染的水中所含有有害物质还能引起骨痛病、心脑血管硬化、结石和各种肠道疾病。”

李俊忧心道：“原来这么多疾病和水污染有关。”

水多星大笑道：“不过你也不必过分担心，那些‘癌症村’离我们喝酒的酒店远着呢。”

李俊大舒了一口气：“呼，那我就放心了。当年梁山水泊我们每天都喝湖水，可没有这些疾病出现。”

水多星解释道：“污水中有害物质主要包括重金属、有机化学物质、病原微生物等，有些是急性的，如短期内大量摄入重金属会可能导致急性中毒，严重的可能致死；有些是慢性的，如对人体具有‘三致’作用（致畸、致癌、致突变）的多环芳烃类化合物；有的甚至还具有传染性，如：水中细菌、病毒等病原微生物。其实很多中毒事件都是由喝水引起的，例如，日本著名的公害病骨痛病，主要就是当地居民长期饮用受重金属——镉污染的河水，镉在人体内蓄积造成肾损伤，进而导致骨软症而引起的。”

李俊忙问道：“那我如何能判断水里有没有毒呢？”

水多星答曰：“首先，可以利用生物监测法来判断，水中的生物具有很好的指示水质作用，如果看到河道鱼不断死去，浮上来，就说明水有毒。日本自来水厂出水口都养着锦鲤，如果鱼儿活蹦乱跳，水质就一定坏不了。其次，还可以用发光细菌等生物毒性监测系统进行水的毒性监测。目前，中国自来水监测的 106 项指标也可以综合地反映水体毒性。”

李俊叹道：“污水中有害物质真是害人不浅啊，可不能再继续下去了。不过解铃还须系铃人，减少水中有害物质含量还是得从人类减少排污和污水处理方面下手。”

水多星赞同道：“李大王高见，那我们这就去找各村长商量对策。相信凭借大家的共同努力，全国村民一定都能够喝上健康的水，可别让喝水误了人啊！”

（二）层出不穷的“坏人”

一日，二人交谈中，水多星叹气道：“现在这水中的有害物啊，就跟那贼人一样，可谓是防不胜防啊！”

李俊听后道：“说起贼人，我就想到了那可恨的‘四大奸臣’！当年晁盖大哥的政策是既反贪官污吏，也反皇帝，而宋江哥哥的政策是只反贪官，不反皇帝，所以聚义厅改为了忠义堂，二位哥哥，都是反对贪官污吏。那个朝代臭名昭著的高俅、蔡京、童贯、杨戬这‘四大奸臣’秉承皇帝旨意，一切为了自己捞钱和专权，不顾百姓死活，使宋朝的大好江山烽烟四起，民不聊生，最终皇帝为金人所虏，北宋灭亡。”

水多星接话说：“真是痛心疾首啊，那这四个奸臣具体有什么‘丰功伟绩’呀？”

李俊愤慨道：“蔡京怂恿皇帝大兴花石纲之役，党羽遍天下，大肆搜括民财，尽改盐法和茶法，民怨沸腾；高俅管理禁军，恃宠营私，贪财好色，嫉贤妒能；童贯时称‘媪相’，为宋朝最高军师长官，善揣摩奉迎，虽为阉人，但身材魁梧，面有胡须，性格骄横跋扈，极尽邪恶；杨戬助长皇帝贪婪奢靡欲望，承办大量工程和活动，协助高俅残害忠臣。实际上最应负责的还是皇帝老儿，四大奸臣为恶，都是打着皇帝幌子，宋江哥哥只反贪官不反皇帝，最终导致自己饮毒酒而亡！”

水多星：“这四个坏家伙简直就如水里的有害物，危害环境和人类健康啊！”

李俊：“不过话说回来，那些坏人手段已然如此凶狠，且层出不穷，这水中有害物还能比得上那些坏人么？”

水多星向李俊解释：“李大王有所不知啊，除了我上次和你说的那些有害物质外，污水的酸碱污染和无机盐污染等也同样不可忽视。随着社会的发展，如今的水中还出现了一些新兴污染物，那可是之前从没有过的！”

李俊感慨道：“快说来听听，我本以为你上次说的水中污染物就已经够多了，看来我是小瞧了这水中有害物啊！”

水多星：“首先说说酸碱污染物和无机盐吧。酸碱污染物进入水体后，使得 pH 值发生改变，破坏了水体自然的缓冲作用，妨碍了水体的自净，还可使土壤酸化或盐碱化。酸碱污染严重还可致人死亡，2015 年山东某化工企业偷排酸碱废水（呈强碱性 pH>14，含有机物成分），4 名男子在倾倒废液过程中当场中毒身亡。此外，水中无机盐含量过高可提高水的渗透压，对淡水植物生长产生不良影响，在盐碱化地区，地面水、地下水中的盐将对土壤质量产生更大影响。”

李俊：“看来，污水中有害物质的危害比我想象的还要大多了，那这新兴污染物是怎么回事？”

水多星：“其实，在人类日常生活中经常能接触到新兴污染物，但这些污染物往往还没有具体的相关排放政策。水中新兴污染物包括持久性有机污染物、环境内分泌干扰物、药品和个人护理品、抗性基因和消毒副产物等。典型的内分泌干扰物——性激素类药物可产生严重的内分泌干扰，使鱼出现生育率降低、雄性雌性化或雌雄同体等现象。抗生素类药物进入环境中会使细菌产生抗药性，我真担心未来会出现一种什么药物都无效的‘超级细菌’。纳米材料、微塑料等新兴污染物，除自身毒性外，还可吸附其他污染物，增强自身的威力，这些污染物被浮游生物吃掉后，通过食物链富集，最终危害的还是人类自身。”

李俊：“现如今人类社会发展得如此之快，未来污水中指不定还会出现什么新的污染物呢，成为污水中有害物的‘新力量’，看来我们一定要时刻警惕着才行啊！对于目前所知的这些污染物，我们有什么方法能去除？”

水多星：“是的，我们确实要保持警惕，但是也不用过于悲观，虽说这坏人层出不穷，但在林冲被贼人陷害不断逃亡的路途中，不是还遇到张教头、孙定、柴进、李小二等好人嘛！现在人们就已经意识到新兴污染物的危害，对于酸碱污染可采用酸碱中和的方法，人们还对盐碱地进行改造，还发展盐碱地种植，比如海水稻，这种稻谷能适应盐碱地，不惧海水的短期浸泡。微污染物（指含量少、有毒有害难降解的污染物）的处理是世界难题，但也有着克星，比如一些抗生素、内分泌干扰物污染采用臭氧来治理是未来的方向之一。随着人们对水中有害物认识的不断提高，未来出现的污染物同样会不断地纳入水体排放标准里，到时候人们利用先进的技术手段及时去除，人们喝上健康水是没有问题的！”

李俊：“我也要苦于修行了，以便未来用我所学，助力人类去除新兴污染物！”

新冠病毒的粪口传播
——比病毒更甚的是“不靠谱”的谣传

话说仁宗嘉祐三年，天下瘟疫横行。北至两京［东京开封，南京宋州（今河南商丘）］，南至江南，每个地方都有军民感染，民不聊生。当时各个村落相距甚远，相互交流不是很多。过了许久，死伤数百人，而疫情也逐渐自然消失了。当时人们都以为是妖魔来袭，宋仁宗还派洪太尉去请张天师来作法除妖。

从古至今，人类遭遇了多次瘟疫，比如鼠疫、天花、“非典”和现在正流行的新型冠状肺炎等。一般来说，这些瘟疫都是由一些具有强烈致病性的细菌、病毒引起的，这些疾病之所以能够大流行，主要是因为它们能够通过各种途径在人与人之间传播。

“李大王，当前新冠肺炎疫情爆发，主要就是叫作‘新型冠状病毒’的生物造成的。这家伙虽然体形小，但武力高强而且皮糙肉厚。"水多星手指一伸，一个浑身长满帽子状结构、张牙舞爪的球形怪物便出现在眼前。

"这种新型冠状病毒的传播途径有三种：直接传播、气溶胶传播和接触传播。直接传播是指患者咳嗽、说话、打喷嚏时产生的飞沫近距离直接被人吸入导致感染，这是新冠病毒传播的最主要的方式。气溶胶传播是指含有病毒的飞沫混合在空气中，形成气溶胶，吸入后导致感染。接触传播是指飞沫沉积在物体表面，患者手被污染后，再接触口鼻造成的感染。粪口传播就是接触传播的一种，感染者是被病毒'隔山打牛'攻击到的。"

"粪口传播是细菌、病毒通过大便排出到体外污染环境后，又进入人体呼吸道以及消化道导致人感染的一种方式。常见的通过粪口传播的疾病有甲肝、戊肝、手足口病以及'非典'。"

水多星继续说道："早在2003年，SARS病毒——此次新型冠状病毒的大表哥，就曾用过这种招式。当时在香港淘大花园小区，业主居家隔离，相互不接触，但是疫情仍然不断扩散。经过调查发现，起因是一位居家患者的粪便中含有SARS病毒，病毒排入污水管道后在管道中生存。当其他住户打开家中排气扇时，含有病毒的空气（小水珠、气溶胶）便从干涸的地漏中释放出来，导致感染。

此次新冠肺炎疫情暴发期间，广州某小区有一户感染者瞒报，导致同楼6人感染。而后从一例患者的粪便拭子标本中分离到一株新型冠状病毒，提示有粪口或粪呼吸传播的可能性。"

"粪口传播让人防不胜防啊！病毒这一招也太厉害了，那我们如何破招呢？"李俊皱着眉头。

水多星说："虽说新冠病毒武力高强，但也有很多方法可以对付它。新冠病毒的主要成分是蛋白质、核酸类等物质。我们可以采用紫外线照射、向污水中投放消毒剂和双氧水等氧化剂的方式来对污水、粪便进行消毒，使病毒蛋白质变性，从而防止病毒的粪口传播。当然，战胜新冠病毒还有很多有效的措施，中国在这方面已积累了不少宝贵的经验并和世界各国无私分享交流了。"

"原来如此。既然有这么多好技术和经验，那为何M国在这次疫情中如此狼狈，只会歇斯底里地制造谣言攻击他国，企图转移视线呢？看来，这个'不靠谱总统'是真的特不靠谱呀！"李俊大笑。

污水微生物指标——不可忽视的标尺

一日，快到中午时分，日头很毒，李俊和水多星行至一条河边，感到又累又渴，准备在河边的树荫下休息休息。

李俊看到河水清澈，自己口渴难耐，就像当年一样，走到河边，手捧起水就喝，顿感全身爽利，便走到树荫下继续休息，不到一会儿，肚子就开始痛了。

李俊面色凝重，向身边的水多星说道："水兄，我刚喝了这河水才不到半个时辰，肚子痛得很，这是怎么回事儿啊？"

水多星想了想说道："我估摸这河水的粪大肠杆菌超标了，搞不好还有沙门氏菌！这叫作微生物超标！"

李俊说道："可我看这河水很清澈呀，压根没想到还有这些指标呀！这些指标能用来判断水质超不超标吗？"

水多星说道："污水的生物性指标有细菌总数、大肠菌群数、各种病原微生物和病毒等。细菌总数可作为评价水质清洁程度和考核水净化效果的指标，如果细菌总数增多，说明水的消毒效果较差，但不直接说明对人体危害有多大，必须结合粪大肠菌群数来判断水质对人类的安全程度。水中的大肠菌群数呢，可间接地表明水中含有肠道病菌（如伤寒、痢疾、霍乱等）存在的可能性，因此作为保障人体身体健康的微生物指标。”

李俊大致明白了，接着问道：“那各种病原性微生物和病毒也是类似的情况？”

水多星点头说道：“是啊，很多病毒性疾病也可通过水传染，比如引起肝炎、小儿麻痹等疾病的病毒存在于人体的肠道中，致病微生物和病毒通过粪便进入水体，从而传播疾病。像这样通过粪口传播的疾病案例有很多呢！”

李俊说道：“这么严重呀？我竟从未听闻过！”

水多星继续说道：“是啊，1988年上海甲肝流行，就是由甲型肝炎病毒（HAV）引起，以粪口途径传播的。还有引起伤寒暴发流行的主要传播途径也是水源污染、粪口传播。”

李俊问道：“好可怕呀，我注意到此次新冠疫情中，有研究人员在粪便及尿中也分离到新型冠状病毒，如若这些病毒通过粪便和尿传播到水体中，就很可能造成病毒传播，后果不堪设想啊！那我们该如何控制粪口传播呢？”

水多星回答道：“医院、肉类联合加工企业等废水排放前必须进行消毒处理，国家有关污水排放标准对此已经做出了规定。污水处理厂对处理后的污水排放之前要进行消毒处理，以控制污水厂排水对受纳水体的污染。如果对二级生物处理出水再进行深度处理后回用，就更需要在回用前进行消毒处理。饮用水的处理也需根据生活饮用水卫生标准，严格控制各类微生物指标合格，才能保证各种有害因素不影响人群健康和生活质量。”

李俊点点头，继续问道：“那都有什么消毒技术呢？我们该如何检测水中这些微生物指标呢？”

水多星说道：“常见的消毒技术有氯制剂、二氧化氯、臭氧、紫外消毒等。细菌总数检测呢，目前国标规定的方法为平板计数法，而大肠菌群检验方法（国标）采用发酵法（乳糖发酵试验、分离培养、证实试验），其他病原微生物和病毒则各有特定的检测方法。”

李俊说道：“看来污水微生物指标也是污水处理的一项重要指标，是衡量水体微生物污染的标尺，不可忽视啊！”

为什么抗生素没被列入饮用水 106 项指标
——离开剂量谈毒性都是要流氓

这天，这人称“混江龙”的李俊在王宫的泳池中“冲波跃浪”，上岸之后突然来了一阵小风，李俊瞬间就打起了寒战，接连打了三个大喷嚏。本来以为是着凉，喝了好几碗热热的姜汤，结果好像一点作用也没有，到了晚上脑袋就昏昏沉沉，喝了几服中药，一连几日也不见好，到了第三天竟然还发烧了。无奈之下只得去看大夫。

李俊在大夫那里得知自己原来是细菌性呼吸道感染，吃几粒抗生素，再配合保暖和调整饮食很快就能好。结果真的没吃两顿病情就有所好转，李俊满意地对水多星说：“这抗生素真乃神物也！”

水多星道：“抗生素来源于微生物，又应用于微生物，有抑菌或者杀菌的作用，有喹诺酮类抗生素、β－内酰胺类抗生素、大环内酯类、氨基糖苷类抗生素之分，对付您这种细菌性呼吸道感染是再合适不过了。抗生素首次发现于英国细菌学教授亚历山大·弗莱明遗忘的培养金黄色葡萄球菌的培养皿之中，他发现长出的青色菌落具有杀菌作用，之后便从中提取出了与原子弹、雷达并称‘第二次世界大战期间的三大发明’的青霉素结晶，这青霉素最终成为具有惊人疗效的药物，在第二次世界大战期间成功地挽救了成千上万病人的生命呢。”

李俊：“这么好的东西，人类应该天天吃，那就不会生病了！”

水多星说：“哎，这抗生素吃多了可不行。抗生素除了杀菌外，对人体也有一定副作用，影响人类健康；抗生素的滥用会导致‘超级耐药菌’的出现，到那时原本的抗生素就不起作用了。抗生素除了在人类医疗中广泛应用外，也用于水产养殖和畜禽养殖。在养殖中的应用同样会有副作用，有时不仅带来食品安全问题，还会导致大量抗生素通过粪便废水进入水体。抗生素通过污水进入地表水系，由于难以分解，将长期存在于污染水源地，饮用水中也可能存在。现在人们都很关心是否摄入了过量的抗生素这个问题呢。2014年在南京市的一户人家的自来水中就检测出了一种抗生素——阿莫西林，同年山东某制药公司被曝光偷排大量超自然水体万倍的抗生素废水，这些事件都在当时引起了人们对水体中抗生素过量的恐慌呢。之所以如此，是由于抗生素在杀灭病原菌的同时也会对人体造成危害，其代谢产物要经肝肾排出体外，对肝肾等脏器有一定的损害作用，许多抗生素也能引起人体的变态反应，滥用抗生素还会引起菌群的失调、延误疾病的治疗。”

李俊奇怪道：“这么严重啊。我记得咱们研究过中国目前的《生活饮用水卫生标准》，那106项指标中并没有抗生素的影子啊？”

水多星道：“首先，在食品安全和药品领域都有一句话叫‘离开剂量谈毒性都是耍流氓’。当时自来水中检出的抗生素浓度是8ng/L，算下来一个人要花10万年，喝10万吨这样的水，才相当于吃掉0.50g的抗生素药片。

其次，由于饮用水中的抗生素含量很低，世界卫生组织也对饮用水中的抗生素没有明确的限值。而且饮用水中的抗生素是否会对人类健康构成威胁还不确定，不少专家认为环境中残留的抗生素会让细菌产生抗药性，这才是水体中的抗生素真正的风险，而这目前也没有定论。

再次，影响饮用水水质的其他问题亟待解决。水源污染、处理工艺传统、管网老化等在中国普遍存在，抗生素在这些问题面前都是‘小 case’。

最后，与食品中的抗生素相比，饮用水并非摄入抗生素的重要途径。”

李俊：“从治理一国的角度上看，我想监测抗生素必定需要高精仪器才行，仪器难以普及肯定也在一定程度上影响抗生素列入饮用水标准。说实话，我刚开始听到你说饮用水检出抗生素心里也咯噔了一下，这不就是喝药嘛，但是现在听完分析我明白了，担心这个可不就是杞人忧天？”

水多星笑道：“哈哈，是啊，其实抗生素不列入饮用水指标也并非意味着国家不监测这个指标，现在许多饮用水源地也在对它进行定期监测呢！”

水谱 093

城市污水厂的气溶胶传播风险——细菌也会飞

李俊和水多星二人沿街欣赏风景，李俊见街上人人都用一块布遮住脸，觉得很是诧异。

李俊疑惑道："正值炎夏，这些人用一块布将脸遮住不热么？不过这布做得倒是极为精巧，款式颜色各异，布料贴合面部，口鼻部位凸出来，即不阻碍呼吸也不耽误说话，还有两根绳绑在耳朵上起个固定作用。有的布很大，将整脸遮住，有的则只遮住口鼻部，还有的布上竟有个凸起的圆状物。"

水多星解释道："这可不是普通的布，这是口罩，用纱布做成，可阻挡有害的气体、气味、飞沫、病毒等物经口鼻进入人体。口罩上的凸起物是气阀，主要是为了呼吸舒适。最近咱们这附近有一种致病菌导致的瘟疫正在流行，说是这瘟疫可通过气溶胶传播，所以我就赶紧将口罩戴上了，还特地给您也拿了几个过来，您也赶紧戴上吧！”

李俊推开了口罩：“气溶胶是什么？这空气还能传播疾病？此等谬论我可不信，莫非这世上还有会飞的细菌？想当年我在战场直面任何强大敌军，都没有丝毫害怕，现在却被这瘟疫吓得要戴上这东西，这多没面子，要是兄弟们都在的话，跑不了要笑话我一番。”

水多星解释道：“气溶胶和大气可不是一回事。气溶胶是悬浮在空气中的固体颗粒或液滴，它们可来自煤、木材的燃烧过程，被风吹起的灰尘，工业排放等；气溶胶中的颗粒物可吸附病毒和细菌，并能随着空气进行扩散，在人群中传播。据说导致现流行瘟疫的致病菌就可附着在这气溶胶上，并随着气溶胶的传播感染人类。”

李俊接过口罩道：“原来如此，那我们周围的空气是不是已经被污染了？现在这种状况，我还是乖乖戴上口罩吧，咱可不能给政府添堵啊。”

水多星安慰道：“李大王也不必过分担心，致病菌可随气溶胶传播并不是说大气中全都弥漫着致病菌，况且气溶胶也不是哪里都有的。含致病气溶胶最多的地方是医院，特别是传染病房，因为患者使用呼吸机等操作易产生这样的气溶胶。但医院并不是我最担心的，我们这离医院远着呢，让我感到不安的是咱们这附近的污水厂。”

李俊问道：“污水厂不是处理污水的么，和气溶胶有什么关系？”

水多星答曰：“这污水厂在处理污水时由于机械搅拌、充氧等扰动水面，很容易产生气溶胶，特别是污水厂的曝气池。要知道，污水可是微生物最丰富的介质之一啊！因此这污水厂气溶胶可能包含各种有害微生物，除了现在流行的瘟疫可能还会引起呼吸道、肠道和皮肤等相关疾病。”

李俊一拍大腿：“看来这气溶胶还真是害人不浅。具体是哪些地方会产生呢？”

水多星讲道：“污水处理的各工艺段都有气溶胶。其中，粗格栅、生化池、污泥脱水间的气溶胶浓度最高，因格栅机的转动和生化池的曝气过程，使水面产生大量微小的水滴和飞沫，水中的微生物随着这些水滴和飞沫从水中进入空气，形成微生物气溶胶。气溶胶产生后在大气中扩散，就拿生化池举例吧，在生化池上方，随着距水面高度的增加，气溶胶浓度也随之下降，而随着风的传播，气溶胶也会扩散到污水厂的下风向地区。另外，高的温度和湿度还有助于细菌在空气中的存活和增殖，因此，夏季的气溶胶风险可是不容小觑的。”

李俊忙接着问：“那我们对这气溶胶有什么解决的法子么？”

水多星建议道：“对于医院气溶胶，首先要做的就是消毒，特别是艾滋病和其他传染病隔离病房的消毒极为重要。医院消毒方法包括化学消毒、紫外消毒、消毒器等。而污水处理厂的气溶胶，我们可以采用气体收集再消毒的处理方式。我听说有一种叫作‘生物除臭反应器’的东西，可以有效处理污水厂产生的气溶胶，不知咱们附近的这个污水厂有没有安装这个装置？”

李俊：“那还等什么，咱们赶紧去看看吧！”言罢二人向污水厂走去……

污水的消毒与病毒削减——对抗瘟疫的“法宝”

关于现今人类面临的“新冠肺炎”病毒，李俊说：“这个在古代就称为瘟疫，说起瘟疫，与我梁山108将的现世有着必然联系。宋朝宋仁宗年间，瘟疫盛行，民不聊生，因而有洪太尉奉诏求见张天师，祈求消除瘟疫，却误打误撞打开伏魔殿，放出了‘妖魔’，这才有了之后的故事。征战方腊时，我梁山八员将领就曾染瘟疫，其中有的是因照顾他人而受到感染，最后这些人只剩下杨林兄弟活了下来，可见瘟疫有极强的致命性和传染性。”

水多星道：“古时候，宋仁宗寄希望于天师祈福来消除瘟疫，实际上没有任何作用。从古至今，人类遭遇了无数的瘟疫，比如天花、鼠疫、霍乱等，古代虽不知瘟疫因何而来，但也找到解决瘟疫有效办法，比如将病人隔离以切断病原传播途径。瘟疫有四大传播途径：飞沫传播、接触传播、气溶胶传播、粪口传播，其中粪口传播是一种重要途径，比如痢疾、甲肝等的传播。解决粪口传播方法是在医院废水和城镇污水厂进行消毒处理。引起全球大流行的新型冠状肺炎病毒就被发现存在于患者的粪便中，因此各个地区都采取措施强化了对医疗污水和城镇污水的消毒处理。”

李俊道：“那怎么对污水进行消毒呢？”

水多星答道：“污水消毒的主要方式是向污水投加消毒剂，通过氧化作用破坏病原体的蛋白质，杀灭病原菌。目前常用的化学消毒剂有液氯、臭氧、次氯酸纳、二氧化氯。液氯和次氯酸钠投入水中后，会生成次氯酸，次氯酸具有很强的氧化能力，能够破坏病原体的结构。而二氧化氯的氧化消毒能力又比氯更强。需要注意的是，使用的这些含氯消毒剂会与水中的有机物发生反应，生成消毒副产物等有毒物质，其中一些消毒副产物还是致癌物，具有很大健康风险。臭氧是一种环保清洁的消毒剂，具有极强的氧化能力，在消毒杀菌的同时还能除掉部分有机污染，其主要缺点是成本较高。另外，还可以使用紫外线消毒，适当波长的紫外线能够破坏微生物的核酸分子结构，使微生物无法通过复制繁殖，从而达到消毒目的。紫外线消毒是一种物理方法，它不向水中增加任何物质，没有副作用，但是消毒效果易受水中悬浮物含量的影响。另外紫外消毒还存在光复活现象。病原体在紫外光作用下失去活性，但在可见光作用下又重新获得了活性，这就是光复活作用。所以紫外线不具有持续的消毒能力。也有一些组合的消毒工艺，比如‘紫外线＋臭氧消毒’工艺，臭氧在适当波长的紫外线照射下，氧化速度和效率大大提高。医疗污水的处理尤其重视消毒，《医疗机构水污染排放标准》中明确规定肠道致病菌、肠道病毒不得检出。经过污水消毒处理，污水中的病原体大大减少了，保障了公共卫生安全，保护了水环境和居民的生命健康。”

李俊：“污水消毒不愧是对抗瘟疫的一大‘法宝’，比张天师靠谱多了。当今社会，一定要通过现代医学研究把瘟疫这个危害社会的人类公敌扼杀在摇篮里。”

水污染应急与监测——溯源追踪有办法

（一）水污染应急事件——名副其实的“劳动节”

某日，水多星带着李俊来到了南方某著名城市。可是等他们到达时，发现街上行人寥寥，颇为冷清。

李俊问：“这就是你所说的国际大都市？”

水多星：“因为疫情没真正结束，还在初步复工复产阶段，所以与之前相比确实没那么繁华，而且今天正好是国际劳动节休息日。”

“劳动节？为什么劳动节大家反而不劳动而去休息了呢？”李俊不解地问。

水多星正要解释劳动节的由来时，突然眼前出现了一群行色匆匆的赶路人，身上穿着统一制服，上面印着“环保应急”四个大字。

"估计出问题了，我们过去看看。"水多星说道。

二人跟着他们很快来到了位于城市西郊的一个小岛上，"哇，不好了，出大事了，那里血流成河，难道是两伙人在血拼？！"李俊指着一条小河惊呼。放眼望去，一条几百米长的"红河"映入眼帘。

"李大王别惊慌，这不是在打斗，肯定又是有人偷排有色废水。这种带颜色的废水，按规定必须自己加化学药剂处理脱色。走，我们过去看看他们怎么查找'源凶'。"

只见环保应急人员已兵分几路、有条不紊地忙碌起来。有的去采集水样，有的用仪器检测水体数据，还有的人沿着小河两岸开始了地毯式搜索。通过对各个入河口和上游相关污水井进行溯源检查，不久就找到了肇事者并查明了真相。原来是某企业在夜里将未经处理的有色废水偷偷倒入了附近的沉沙井，与其他生活污水渗和在一起，企图瞒天过海混进附近的城市污水处理厂。令他们始料不及的是，废水进入的并非污水井而是外观相似的雨水井，导致鲜红的废水沿着雨水管网流进了小河，形成了李俊眼中"血流成河"的惊悚场面。

"元凶已查明，那接下来该如何惩处呢？"李俊问。

水多星："这种行为已违反了《水污染防治法》相关规定，肯定是要受到行政处罚的，严重的还要移交公安部门立案查处。"

"立案？"李俊惊道，"那当事人会不会也像我许多梁山兄弟那样被处以杖刑、刺配或者流放呢？"

"当今是法治社会，不会使用你们当年那种残酷的刑罚，法律面前人人平等，不会冤枉一个好人，但也不会放过一个坏人。"水多星笑了笑，接着说，"随着经济的持续快速发展，城市化和工业化进程不断加快，环境污染日益严重，国家对环保的重视程度也越来越高，要求大家像爱护眼睛一样爱护环境，像对待生命一样对待生态。"

李俊："是啊，环境污染是民生之患、民心之痛，一定要像我当年操练梁山水军那样，严明纪律、铁腕治理，才能有好的成效！"

（二）无人监测船——李俊见了也疯狂

"现代的摇撸船跟当年俺在扬子江用的也不一样了"，李俊指着远处梁

山水泊中出现的一只小船说，“咦？船在前进而船上怎么不见人，难道像咱们当年打童贯、高俅，那样艄公都潜入水底了？！”

水多星笑着说：“非也，这是无人监测船，无须人驾驶，但却能实时提供水质监测信息，让人类及时掌控水污染状况，为制定应急方案提供数据支撑。”

李俊：“有那么厉害吗？当年高俅率领那号称可容数百人的海鳅船来到水泊时，还不是被我那绰号为‘浪里白条’的张顺兄弟给凿透船底，从而水淹敌军了！”

水多星：“李大王可别小看这条船，上面可是配置了最新高科技的通信系统、采样系统和监测系统，能对水温、pH、溶解氧浓度、浊度、电导率等主要环境参数进行快速监测并将现场监测结果实时传递到地面控制基站。瞧，船体还配备有摄像头和超声波避障系统，遇到前方有障碍物还能自动避开。”

李俊：“那如果水体发生污染事故，能否依靠无人监测船来找到罪魁祸首？”

水多星：“这一点正是它的优势之一，以前发生水体污染事故后，相关部门往往只能靠撒网式排查，找出污染原因，而人工采样后的实验室分析又是个相对漫长的过程，既耗时又耗力，还不一定见效。如果采用无人监测船处理这种污染事件，完全可以根据浓度变化，通过追踪查到污染源头，再连续对水污染物的浓度变化进行跟踪监测，掌控水污染影响与治理动态信息，从而及时科学有效地应对污染状况。”

“还有一点是大大减少了人工采样的工作量，降低了工作难度”，水多星接着说，“与人工采样相比，无人监测船可以深入采样人员无法到达的区域，及时准确地传回监测数据并带回水样，不但提高了工作效率，采样人员的人身安全也有了更好的保障。”

“好东西，果然是好东西！”李俊竖起大拇指连连赞许，不过很快就忍不住一声叹息，又一次想起了好兄弟张顺，“如果当年有了这无人监测船，我们岂不是可以轻易知道敌军水军潜伏地点？科技就是战斗力呀！”

新冠肺炎疫情期间的污水厂应急对策
——无名英雄在行动

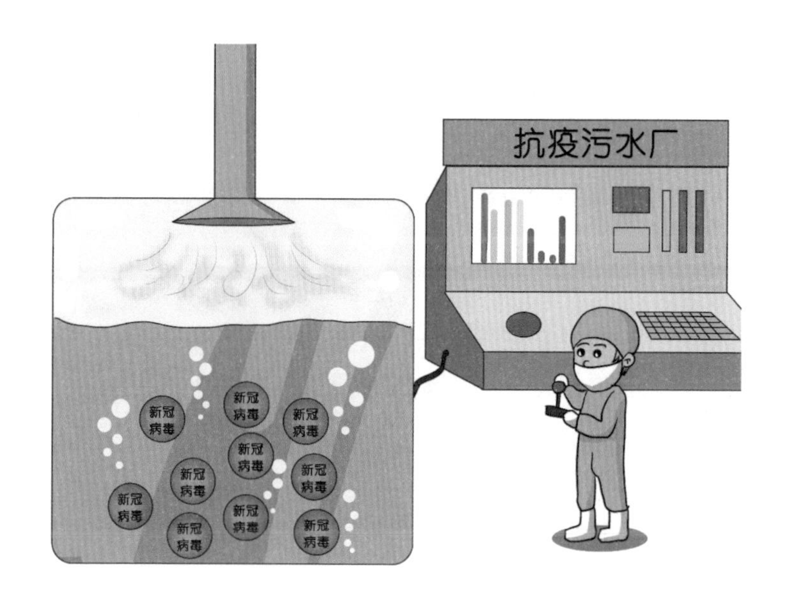

这日李俊正色道：“水兄，你当知道我这回下凡来主要是为了严查那‘新冠肺炎’病毒，谨防其在水里传播。瘟疫之害我李某人不可谓不熟悉，当年京师瘟疫盛行，民不聊生，朝廷宣张天师星夜临朝，修设罗天大醮，以禳保民间瘟疫。那时这瘟疫就是天灾，下至走卒上至皇家，无人知晓这病是从哪里来的，只好祈祷上天庇佑。不过当时也有一些方法是人们至今仍采用的，例如隔离和火化尸身。这多日来我们游历了不少地方，听你讲了许多颇有智慧的好点子。不知这水中的疫病，可有什么新法子防治？”

水多星略作思索道：“新冠病毒作为病毒没有细胞壁，只含一种核酸（DNA

或RNA），必须在宿主细胞中存活，但其离开生物宿主后仍能传播。目前就污水系统来说，最骇人的便是病毒的粪口传播了。它可在水中存活5天之久，直接通过接触水被感染；也可通过污水厂中非常常见的曝气池曝气产生的飞沫进行气溶胶传播。无论是接触污水的居民还是在污水厂工作的工人都很危险。近来巴西就在排水系统中检测出了大量新冠病毒，负责污水排放的工人也有数百名被感染。未被灭活的病毒若随污水厂出水排入河流，可能会成为新的病毒传播途径，因此关注污水很有必要。"

李俊忧虑地问："那疫情期间这污水厂一线员工岂不挺危险的？"

水多星应道："所以严格做好污水处理厂运行操作人员的安全防护也是很重要的一环，比如取样时应避免身体部位与污水直接接触，在工作时佩戴具有防护功能的口罩及一次性手套，一次性口罩及手套需要及时更换，对于与污水、污泥直接接触的防护用品，例如手套、防护服等，使用后禁止携带进办公区域。"

李俊叹道："处理这污水的人真是老百姓的大英雄啊。"

水多星："还好早在疫病初期，国家有前瞻性地对污水厂提出了'加强分类管理，严防污染扩散，强化消毒灭菌，控制病毒扩散'的要求，并制定了应急保障机制。有2003年抗击'非典'的经验，我们对付新冠病毒的粪口传播，还是很有底气的！"

李俊问道："听闻污水厂常规水处理中就包括了消毒杀菌的工艺，现如今疫情之下可还扛得住？"

水多星答道："目前管理部门都在严格监控污水水质变化，以便及时调整运营参数和提高消毒水平，从源头切断污水中病毒传播，特别是针对处理风险高的医院污水。疫情期间要加大对出水消毒的管控。建立了危险废物、污水处理和消毒设施三大防线，对传染病房的污水、粪便强化消毒，从源头消灭病毒。"

李俊点头赞同："只要污水处理保持正常运转，水体的安全就有保障。"

水多星："幸运的是，疫情期间全国5000多座城镇污水处理厂和所有医疗废水都保持正常运行，同时加强了消毒措施，我国每天产生的两亿多吨污水都得到正常处理，极少发生粪口传播的事件。可以说，污水处理厂的工作人员也是这场'战役'的无名英雄！"

水谱 097

地表水监测站——水质监测“常驻部队”

李俊与水多星二人来到浔阳楼，水多星说：“浔阳楼是中国江南十大名楼之一，至今已有 1200 多年历史，大诗人苏东坡、白居易都曾登楼题诗，着实是历史的见证者啊。”

李俊应道：“当日我那宋江哥哥也在这里写下了‘他时若遂凌云志，敢笑黄巢不丈夫’的豪言壮语，随后带领我们成就了一番义举！”

两人进到楼中，只见首层有 108 位水浒好汉的雕塑，李俊和水多星端详一番后来到二楼临江远望，李俊感叹起来：“这浔阳江的环境是越来越好了，山清水秀，比当年还要美上几分。这水也是一如既往的清澈，水质一定很好。唉，我记得上次咱俩在梁山水泊时看到了那无人监测船，今日这浔阳江上怎不见身影呢？”

水多星道：“李大王，您看对岸那栋小房子，那就是这浔阳江上的地表水自动监测站！这是配有仪表室、质控室和维护人员管理室的高标准、高要求的站房式水质自动监测站，是进行长期固定监测的设施。如果说无人监测船是水上‘游击队’‘巡逻队’的话，那这个监测站房就是地面的‘正规军’和‘常驻部队’了！”

李俊问道：“那什么样的地方才需要配备这种‘常驻部队’啊？”

水多星回答道：“河流水系水质监测有背景断面、对照断面、控制断面、消减断面和出境断面之分，一般会在这些断面上设置地表水水质监测站，以实时了解水质。现在水环境保护管理工作中也往往会对河流考核断面、出入境断面和重要监测点位设置自动监测站房。”

李俊继续问：“那这地表水监测站能测些啥东西？”

水多星答：“这地表水自动监测站可自动监测水温、pH 值、DO、电导率、浊度、高锰酸盐指数、TOC、NH_4–N 等许多指标，只要有需要，配备相应的在线监测设备就行。”

李俊感叹道：“这么看来这自动监测站为浔阳江水质的保持立下不小功劳啊。”

水多星：“那当然。不仅浔阳江，这地表水水质自动监测站已在全国广泛应用。

据统计，全国共设 2050 个国考断面，分别分布在长江、黄河、珠江、淮河、松花江、辽河、海河、浙闽水系、西南诸河、西北诸河等十大流域的干流、一级支流和二级支流，以及入海河流，涉及河流 997 条，湖库 112 座。其中，地表水评价、考核、排名断面共 1940 个，入海河流考核断面 110 个。自动监测站应用在这么多需要进行水质监测的断面，可大大减少人工采样监测的压力。”

水多星继续介绍：“另外，这自动监测站还能实现数据联网共享。所有的水质监测数据统一联网并‘一点多传、实时共享’，经技术审核后的数据同时发往各地，确保相关部门第一时间获悉数据信息。截至 2018 年，我国 1770 个自动水站中的 1762 个水站已实现数据联网，联网率高达 99.5%，真正实现了数据实时共享。”

李俊：“水质数据实时共享，这可大大便捷了河流的管理啊。只是这监测站不如无人监测船敏捷方便，当发生突发性污染事件的时候恐怕就……”

水多星：“其实这还有分心小屋式、集装箱式、漂浮式等形态较小、易于搬运的地表水自动监测站，可以对水质进行自动连续监测，发生突发性污染事故时也能及时预警呢。而且对于跨地区河流，在发生水污染事件时，常常由于证据不充分而无法明确评判上下游相关地区人民政府的责任，地表水监测站的建立，也有助于责任的划分。”

李俊点头道：“真是时代在进步，科学在发展，国家的大江大河有了地表水自动监测站做保障，实时了解水质信息，防治水污染再也不用愁了。”

水谱 098

水体中微塑料污染——小碎片能酿成大风险

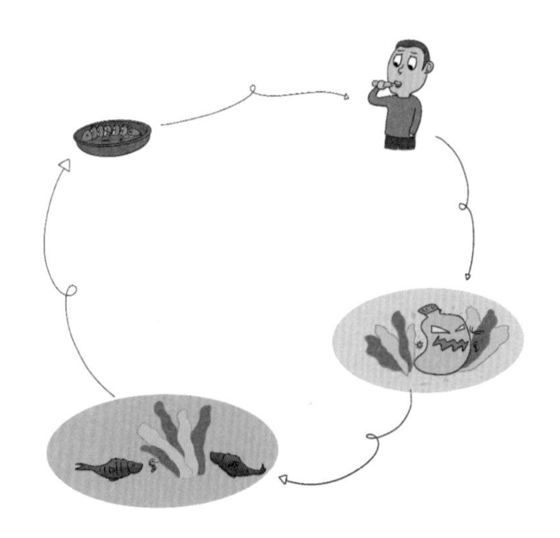

李俊感叹道："来人间多日，我观察到现在人们喜欢用塑料做成各种器物，看着轻便又结实，携带还方便，很多场合下代替了木、石、陶、金属等天然原料呢，塑料真是伟大的发明呀！"

水多星："确实，不过说到塑料，也是成也萧何，败也萧何！自诞生之日起，它便与人类结下了不解之缘，人类爱它的抗腐蚀，强度高，却恨它的难于降解，存在于环境中可达十几年到几百年不等。而且，塑料在降解的过程中还可能变成环境的杀手——微塑料，即大块塑料垃圾在自然条件作用下可分解成直径小于5毫米的小碎片。微塑料在地球上已广泛分布，甚至出现在极地雪花及深海沉积物中，其体积微小，难于降解，可在自然环境中长期存在并大量富集。"

李俊惊讶："塑料的生命力竟是如此顽强。若微塑料存在于水体当中，岂不使水生生物深受其害啊？"

水多星："是呀，人类直接丢弃的塑料垃圾（如来自沿海旅游、休闲）、商业捕鱼、海洋船舶和海洋工业（如水产养殖、石油钻井平台）都是水体塑料垃圾的直接来源。此外，很多生活生产活动都可能使塑料进入水体，比如纺织和化纤衣物中的塑料纤维，洗面奶、牙膏、化妆品等日用品中的磨砂颗粒及微珠，乃至口香糖中都含有塑料成分，它们随排水系统流走，最终将进入自然水体当中。"

李俊："塑料制品竟已覆盖了人类生活的方方面面！自古至今人皆爱美，但没想到这化妆品竟也添加了塑料颗粒。当年燕青用金珠细软、胭脂水粉、吹箫唱曲儿博得李师师的好感，促成梁山招安。想那宋代胭脂水粉虽不如现今琳琅满目，可是却也没有这微塑料污染的风险呀。话说回来，当塑料进入江河湖海，分解为微塑料后，岂不可能被鱼类当作'点心'吞进腹中？而人类若吃了这些海产品，怕不是又将这些微塑料摄入体内了？！"

水多星："没错。更严重的是，微塑料是水体中的重金属及有机污染物的理想载体，这些污染物附着在微塑料表面，将微塑料颗粒变成了'毒药'，'毒药'通过食物网富集和累积，给整个生态系统带来潜在影响。含有微塑料的食物端上人类的餐桌，进而到达人体内。比如，在泡茶的过程中，塑料茶包便有释放微塑料的风险。目前已有研究在人类的便便中检出了多种微塑料的存在。"

李俊："以前带兵打仗，若有阮氏兄弟在便常去水边给我们捕鱼吃，那鱼儿活蹦乱跳，鲜嫩肥美，架在火上烤，只需要撒一撮盐，味道就好极了。现在竟是吃鱼都有吞食塑料的风险！"

水多星："别说鱼了，就连食盐同样也是从江河湖海中提取出来的，因此也可能遭遇塑料污染。据报道，海盐的被污染比例可能最高，每公斤海盐可达 550 颗微塑料呢。"

李俊："微塑料与人类生活联系如此密切，引起的污染不可小觑。那么微塑料究竟对生物有何危害呢？"

水多星："目前微塑料对于人体的危害还处于探索中，不过有研究表明，细小的微塑料纤维可能在动物的消化道中结块和打结，阻碍正常消化。也可能堵塞动物食道，给他们造成吃饱的假象，从而减少摄食。值得警惕的是，一旦被摄入，微塑料很可能通过消化系统迁移，被人体或啮齿动物的循环系统吸收，从而进入其他器官中。尤其当塑料被重金属和有机污染物污染后，可能对人体存在潜在的毒性。”

李俊：“无论如何，听起来科学家已经观察到微塑料对身体伤害的迹象了，那么未来人类究竟要如何应对啊？”

水多星：“解铃还须系铃人啊，首先还是要对微塑料的前身——塑料，进行源头上的管控，可对塑料废弃物进行分类智能回收，并对回收的塑料进行高值化管理；减少塑料制品尤其是一次性塑料制品的使用；发展基于农作物或者藻类等原材料制备的可生物降解塑料。对于微塑料的下游管控方式，研究高效塑料降解菌可能是一种可行的手段，目前已经有一定的进展。此外，已有通过化学途径强化微塑料降解的研究，不过降解条件较为苛刻，还需继续探索。废水处理厂目前对于微塑料的处理效率有限，可补充额外的处理技术。总之，上游管理可能是防止微塑料污染的根本，对抗微塑料污染任务还是十分艰巨的。”

李俊：“说的是，目前看来人类要减少微塑料污染带来的风险，最有效的办法是从根本上减少塑料的生产、使用和丢弃，此事任重而道远啊！”

水谱 099

污水毒性检测——小小蚕豆能验毒

某日，李俊随水多星行至一河口，望四周风平浪静，水波不兴，忽然一阵东风吹过，河水跌宕起伏。

李俊叹道："又是一年东风起，昔日恩义近在前，这河港与当年宋江哥哥差点吃'船火儿'张横板刀面地儿颇有几分相似，令人倍感亲切。"说罢，李俊便要伸手去捧一瓢江水欲饮之。

水多星见状连忙用手将李俊手上的水瓢打落下去，说道："李大王不可，看这河港上游颇多化工厂，只怕此水已非当年饮用之水，还望三思。"

李俊大惊，问道："此话怎解？"

水多星答道："昔日河水多洁净，随处可饮，而今日之水多毒物，不能直接饮用。"

李俊："此水确实与当年之水有异，但我实在不相信此水能加害于人，但你又万不可能骗我，其中缘由，烦请细细道来。"

水多星："李大王有所不知，这几百年间，人类文明发展日新月异。当人们摆脱了冷兵器，进入了工业时代，随之而来的便是各种工厂的建立与污水的任意排放，造成河水污染严重。"

李俊惊愕道："若如你所说，那后人岂不无水可饮？"

水多星笑道："水中毒物虽然种类繁多，如果毒性检测安全，还是可以饮用的。目前最常用的是生物监测，比如日本自来水厂出水口都会有一个水池，养上几条鱼，如果水有毒，鱼就会死。"

李俊听后摸摸下巴问道："如果水中是慢性毒药，只会慢慢侵入体内，但水中鱼儿依然活得很好，所以此法并非万全之策。"

水多星点头应道："确是如此，为了识别慢性毒物，人们也研究出了很多识别之法，比如利用蚕豆根尖微核试验来检测水体毒性，这是一种以染色体断裂及纺锤丝损伤为测试终点的植物微核监测技术，这种方法的优点是成本低、灵敏度高、操作技术简单、试验周期短，对于遗传毒性检测有显而易见的实用性。"

李俊笑道："蚕豆验毒确实有趣，以后若想安心饮水，随身带上一包蚕豆就可以了。"

水多星无奈道："哪有这么简单，首先，若要验毒得去专门的实验室用特殊设备才可以检验；其次，这种方法也存在一些不足之处，第一，蚕豆根尖不是动物细胞，对毒的反应不同，无法根据结果直接判断出致突变物的类型和诱变机制，第二，微核的判定和计数容易带有一定的主观性，所以检测结果存在很大的误差。"

李俊："这种方法既然存在偏差，那该怎么办？"

水多星道："李大王莫急，辨毒之法不止此一种，人们发现发光细菌也可以辨别水体毒性，这是一类自身能够进行生物发光的细菌，当遇到外界水体存在污染时，细菌内的发光反应被抑制，发光程度也就受到影响，利用光电检测技术检测细菌光强的变化从而判断有害物质的毒性。这种方法的优点是对毒物非常敏感，检测结果与鱼类试毒的结果很接近，而且操作简便，反应速度快，一般 30 分钟内就出结果，性价比非常高。但是这种方法也存在着一些缺点，细菌和原核细胞对毒的耐受性不同，所以同样无法直接将结果等同于人类，并且部分发光细菌对测定条件有特殊要求，比如海洋发光菌在测定淡水样品时需要加入 NaCl（2% ~ 5%），但高浓度氯离子会改变水样中一些污染物的毒性大小，造成一定误差，而明亮发光杆菌对水体 pH 值适应范围较窄，检测时需要将 pH 值调至 7.3 ~ 7.5 才能测定，影响样品中毒组分毒性的真实性。纵使没有一种方法是十全十美的，但是只要巧妙地结合并有针对性地运用，依然可以轻松辨别水中的毒性。”

李俊回想起宋江哥哥、卢俊义哥哥和李逵兄弟之死，悔恨不已，重重地叹道：“要是当年也有这么多验毒之法，哥哥们也不会轻易死于毒物之下了。这下好了，有了这么多检测方法再也不怕昏君和奸臣了，只要查到水中有毒，便可以从容应对，真是快哉！快哉！”

伴随着一阵阵长笑，李俊与水多星离开了岸边，只留下一层接一层的浪花拍打在光滑的石壁上。

水谱 100

饮用水安全与传染病——水质控制好，瘟疫兜路走

某天，李俊和水多星在杭州游玩，来到杭州城南五云山下，想起当年张顺借哥哥张横身壳，杀了方天定，报了涌金门之仇，战友们齐声欢呼的情景。李俊回忆道："实际上，杭州之战是我梁山征战以来最艰难的一场战争。当时，杭州城内瘟疫盛行，至战争结束，张横、穆弘、孔明、朱贵、杨林、白胜6个兄弟纷纷病倒。为此，宋江哥哥专门留下穆春兄弟和朱富兄弟来照顾病人，其余将领继续征战。"

水多星感叹："是啊，瘟疫是不分国界、不分敌我的，是人类共同的敌人。"

李俊道："那这瘟疫到了现在又是啥状况？"

水多星答道："瘟疫在现代来说是生物性地方病。生物性地方病主要是

由病原微生物引起的，最大特点是与病原菌有关。除了地域性，还有时间性。历史上人们所经历的霍乱、伤寒、甲肝等都是由于水源受到了病原菌污染导致。”

李俊好奇地问道：“那你来跟我说道说道，这几种病具体是怎样的？”

水多星解释说：“先说霍乱，它是通过被霍乱弧菌感染的水和食物传播而引起的烈性肠道传染病。感染者主要表现为剧烈泻吐与排泄大量肠内容物，并会出现脱水、肌肉痉挛等症状，较严重的还会导致死亡。19 世纪初至 20 世纪末，大规模流行的世界性霍乱共发生 8 次。霍乱曾被描写为‘摧毁地球的最可怕瘟疫之一’！ 1831 ~ 1832 年的霍乱是 19 世纪最严重的一次霍乱，病死率高达 36%。至今，一些非洲国家的霍乱仍未得到有效的控制。控制霍乱疫情，最简单的办法就是控制上水与下水。上水就是自来水，水源干净、食物清洁，同时还要收集下水，污水不随便乱排放，基本就能控制霍乱的传播。医学治疗上再加上静脉输液、口服补液盐等措施，霍乱的致死率已经非常低。”

李俊想了想，接着问道：“我知道我国在建国后开展了‘三管一灭’（管水、管粪、管饮食、灭苍蝇）等卫生措施，这些对消灭霍乱有用吗？”

水多星回答道：“这些起了非常重要的作用呢，很快就将霍乱控制住了。”

李俊还是担心，说道：“控制了就好！那霍乱可有哪些同伙呢？”

水多星回答道：“比如伤寒，它是由伤寒杆菌引起的急性肠道传染病，感染者常伴有全身不适、乏力、食欲减退、咽痛与咳嗽等。提到伤寒就不得不提 20 世纪初美国的一位厨娘，被后人称为‘伤寒玛丽’，因为她是当时伤寒的‘无症状感染者’，也是‘超级传染者’。属于美国发现的首位没有症状但携带大量伤寒杆菌的感染者。据统计，直接被她感染的人多达 52 人，其中 7 例死亡，间接被传染者不计其数。”

李俊惊呼道：“这女人可真厉害！跟我梁山那卖人肉包子的‘母夜叉’孙二娘有得一拼！”

水多星笑了笑，继续说道：“除了以上两种，甲肝也不容小觑。甲肝全称甲型病毒性肝炎，是由甲型肝炎病毒引起的，以肝脏炎症病变为主的传染病。甲肝也是通过粪口途径传播，主要表现为疲乏、食欲减退、肝肿大、肝功能异常等症状。1988 年上海甲肝大暴发，感染人数达 30 万，原因就是食用了被污染的带有甲肝病毒的不洁毛蚶。防止甲肝病毒的入侵，如接种甲肝疫苗、养成良好的饮食卫生习惯、保持饭前便后勤洗手、不吃生冷及不洁的食物，等等，都可以有效防止甲肝病毒的侵袭。”

李俊想到了最近游历的见闻，说道：“最近我云游四海，发现人间百姓正饱受瘟疫苦难，这又具体是个啥情况啊？”

水多星叹了口气，说道：“那是因为人类最近在跟新冠肺炎进行斗争啊，新冠肺炎由COVID-19病毒引起，最新研究表明，也可能通过粪口途径传播。我国新冠肺炎疫情从2019年12月发生流行，至2020年5月，全国范围内新冠肺炎疫情基本得到了控制，纵观国内抗疫历程，中国人民团结一心，展现了强大凝聚力，不得不说是一个奇迹呀！而国外疫情仍十分严峻，希望各国可以互帮互助，共同抗疫，携手打赢这场全球公共卫生保卫战！”

李俊赞叹道：“咱们中国老百姓果然好样的，个个顶呱呱！”

水多星补充道：“通过上述典型传染病的历史和现状可以看出，绝大多数传染病都是可防可治的！针对粪口传播的疾病，只要保持清洁的水源、污水收集、及时地进行药物治疗等，基本都可控制。所以说，保障饮用水安全对预防控制传染病至关重要！”

饮用水安全与化学性地方病
——“三大元凶”导致千奇百怪

一日，二人在大街行走，见到几个相貌独特之人，脖子特别粗大。李俊惊讶道：“我梁山 108 将中，数鲁智深兄弟最为高大肥胖，宋江哥哥身材也算是矮胖，按现在的说法叫‘黑肥挫’，但还真没见过脖子如此粗短之人。”

水多星看了看，说道：“这有可能是大脖子病，学名叫甲状腺肿大。这是一种地方疾病，并且除了这个还有其他的地方疾病，李大王可有兴趣听我细细道来？”

李俊拱了拱手：“愿洗耳恭听。”

水多星笑着说道：“地方病是指具有地区性发病特点的一类疾病，分为化学性地方病和生物性地方病。化学性地方病是由于对人体健康有影响的元素在地球分布不均匀引起的，而生物性地方病主要是由于病原微生物引起的。甲状腺肿大的发病原因主要是由于水和土壤中缺乏碘。该病主要表现为甲状腺肿大，也就是人们通常看起来的脖子粗短。水中碘含量越低，发病率往往越高。最好的防治方法是服用碘制剂和食用含碘多的海产品，如若大面积预防可采用食盐加碘的办法。”

李俊点点头，说道：“看起来这个大脖子病可以靠补碘来治了，那其他的化学性地方疾病又是怎么回事呢？”

水多星回答道：“除此之外，还有地方性氟中毒，这是由于人体从饮用水、食物中摄入过量的氟而引起的。患者主要表现为氟斑牙和氟骨症。氟斑牙就是你的牙齿会出现黄褐色，进一步甚至会导致牙齿出现小坑。如果不幸患上氟骨症呢，人就会腰腿关节疼痛，关节僵直，骨骼变形等。据调查，地方性氟中毒遍及我国28个省、自治区、直辖市（上海市除外），病区人口总数达8561万。全国约有氟斑牙患者3753万人，氟骨症患者172万人。为防止地方性氟中毒，我国饮用水卫生标准中规定了饮用水中氟的含量限值为1.0mg/L。”

李俊惊叹道：“原来水里的碘少了或是氟多了，影响都很严重啊！”

水多星接着说道：“可不是嘛！此外还有砷也很重要，也就是你们常说的砒霜！连武松的大哥卖炊饼的武大郎也是被他媳妇儿潘金莲用砒霜毒死的。所以说砷这玩意儿多了是会要人命的。就算长时间少量摄入砷，也会导致手掌和脚掌皮肤高度角化以及黑脚病等。因此，国家饮用水卫生规范允许的砷含量要低于0.05mg/L。”

李俊感慨道：“看似不起眼的小东西原来对人体的健康影响这么大呢！”

水多星说道：“是啊，所以我国政府对地方病的防治工作非常重视。进入21世纪初期，我国加大了水源监测力度。如果水中的氟、砷等有害元素过高，就需要进行除氟、除砷处理。并且，还积极推广加碘食盐，制定了各种保障人们安全用水的指标规范，这些措施对地方病的预防和治疗起到了重要的作用！”

第七章

水未来篇

水谱 102

模仿人类肾脏的水处理实验——仿生过滤新技术

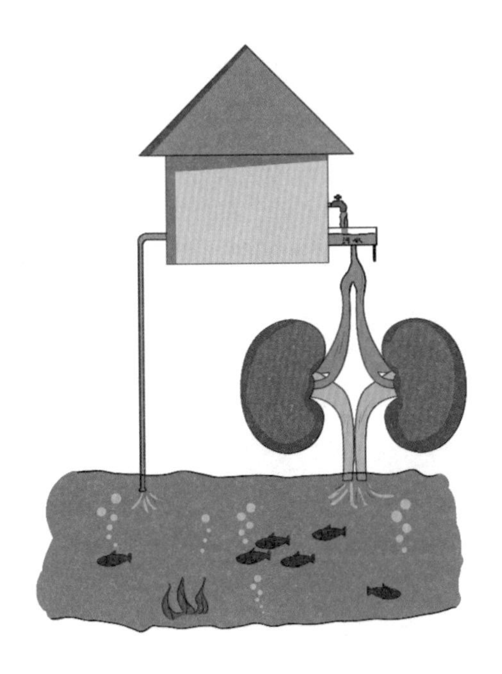

这日李俊忍不住肚里的馋虫，贪了几杯，他似是回忆起了悲伤的过往，有些闷闷不乐。他向水多星搭话道："当年宋江哥哥招安入朝后，不少奸臣虎视眈眈，想拔他羽翼。宋江哥哥身边第一猛将玉麒麟卢俊义就成了他们的眼中钉，那奸臣们欲除之，但又不敢使明枪，于是假借皇帝之名，将卢俊义大哥召回朝廷，在御赐的酒菜里投下水银。卢俊义大哥吃完未觉异样，在回去的船上突然毒发，剧痛之下落水而亡。一代英豪如此陨落，每每思来，心里都憋屈得不行。"

水多星气愤道："这水银乃剧毒，入口即腐蚀消化道，吸收后损害肾脏血管，

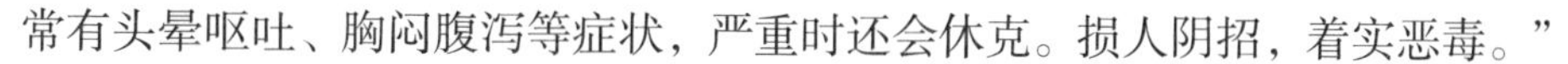

常有头晕呕吐、胸闷腹泻等症状，严重时还会休克。损人阴招，着实恶毒。”

为了转移李俊的注意力，水多星想到了一个好话题：“说到中毒，其实不只是吃到毒物，人体内的代谢废物浓度过高也会中毒，此时要靠一个排毒大功臣来维持人体的正常功能，便是肾脏了。它是人体中最大最集中的‘水处理系统’，产生尿液，清除体内的代谢产物、废物毒物，同时吸收保留水分和其他有用的物质，李大王知道这个功能叫作什么吗？”

李俊想了想说：“拔毒？”

水多星纠正道：“是透析。人体血液进入肾脏，其肾小球上的毛细血管像筛子一样选择性只透过特定的物质，将毒素和水分分离，形成原尿，肾小管再将干净的血液和有用成分重新吸收，回流体内，其他成分随尿液排出体外。同样是净化，污水处理也是这个道理，因此有研究者模仿肾脏的水处理原理设计污水处理装置，称之为仿生物肾脏功能的过滤膜技术。”

李俊侧眼看来，水多星兴致勃勃地解释道：“这过滤效果其实不稀奇，目前的超滤、纳滤、反渗透都能处理得到非常洁净的水。学者想要模仿肾脏的原理进行污水处理，最大的原因是肾脏净水比这些膜滤技术的能耗小太多了。膜滤中最受关注的就是膜通量和膜污染，膜通量是单位膜面积上过滤水的流量，膜污染是指过滤时间长了污物会堵塞膜孔。普通的膜滤需要消耗很大能量形成膜两侧的压力差来推动水的流动，同时清洗维护也是很麻烦的。咱这小小肾脏，每天处理大量的体液，不仅能耗少，还能用一辈子，具有非同一般的过滤效率和耐久性。如果污水厂的水处理设备也能这样运行，那可是省一大笔钱了。”

李俊惊道：“俺这肚里竟有这般乾坤，平时倒是没有感觉。那现在可是有水厂用上了这肾？”

水多星继续道：“李大王可知，新加坡是一个半岛，缺乏淡水资源，他们在高效水处理技术上投入了相当大的功夫。他们研发的仿生物过滤膜就是模仿肾脏过滤功能，其过滤速度比反渗透膜提高了一倍，可能会大幅降低水处理能耗。不过这项技术还没有成熟，尚未投入使用。我国也有学者在进行这样的研究，利用肾的过滤结构和原理，制作模拟肾型过滤技术系统。虽离实际生产还有距离，不过也是未来可期。”

李俊惊叹道：“真是妙！生物本是自然的奇迹造物，从生物身上学习又应用到工程里真是了不起的好想法。”

水谱 103

CGO 功能载体——微生物菌群的“李逵四人组”

某日，水多星带着李俊来到一饭馆吃饭。

李俊：“水兄，你这地选得好，你看，大堂里客人虽多，但负责点餐、备茶、上菜、结账的人非但不慌乱，反而得心应手得很。”

水多星：“大王，只有像他们这样各司其职又相互协作，饭馆买卖才会越做越好。”

李俊：“是啊，我梁山当年之所以能震慑朝野、名扬天下也正得益于各位兄弟能够分工合作、同心协力之故。”

水多星：“李大王，我有一点不明，印象中你们 108 将在战争打斗中大多是单兵作战，不知有没有组团作战的呢？”

李俊笑了：“当然有啊，别忘了我们梁山也有著名的 F4 组合呢！当初，李逵、李衮、项充和鲍旭四位兄弟，全部是步战将领，打仗之时，李逵兄弟在前砍，李衮和项充两位兄弟左右挡，鲍旭兄弟断后，先后在征辽国的檀州之战、青石峪、破太乙混天象之战，征田虎和王庆的纪山之战中大放异彩，真可谓是所向披靡！不过最厉害的当属征方腊的常州之战，四个人干掉对方一小半部队，杀了对方两名主将，归来时竟毫发无损，简直逆天了。”

水多星点头赞同：“着实厉害！那他们作战时具体如何分工？”

李俊答道：“李逵兄弟勇猛、鲍旭兄弟凶悍，这二人负责进攻和殿后；项充和李衮两位兄弟，左手挽蛮牌，右手拿铁标，负责防守，这四位兄弟单人的战力在梁山时不算突出，但组合到一起之后，配合默契，攻守兼备，打出了 1+1+1+1 ＞ 4 的效果，杀得敌人片甲不留！”

水多星：“这种既各司其职又协同作战的方法很是了得，个人的战斗力发挥到极致的同时还可以迸发出强大的团体效应，我想如果将之用于污水处理的 MBBR 工艺上，也定能所向披靡，将污染物这个‘敌人’杀个干干净净。”

李俊：“哦，水兄，这个 MBBR 工艺到底是个什么东西，怎么听起来还很厉害的样子？”

水多星:“这个说来话长,现如今的污水处理工艺虽然种类繁多,究其根本，无非活性污泥法和生物膜法两种，MBBR 工艺则是这两种方法的‘王炸组合’，以悬浮载体为核心，专挑这两种方法的优点进行组合继承。”

李俊：“对喽！博取众长、兼收并蓄、强强联合！”

水多星却叹了口气说：“唉，大王有所不知，现有的污水处理工艺（包括 MBBR）中硝化和反硝化过程是分开的，往往都是通过硝化液回流实现氮素污染物的去除，因此脱氮效率就受限于回流比，这就和反硝化脱氮水力停留时间（HRT）矛盾了。简单解释就是，如果提高回流比，那么污水在池里 HRT 就会变短，污水处理效果会大打折扣，出水水质会不达标；但如果降低回流比，保证 HRT，脱氮效率会降低，出水水质也会不达标。”

李俊：“听起来想两全其美真有点难度哦！”

水多星继续道：“要解决这种矛盾，进一步提高污水处理效率，只有不断挖掘现有工艺的潜力。而要挖掘这种潜力，就要清楚各污染物之间的内在联系，将污水中各司其职的微生物菌群整合起来，如同李逵 F4 小组一样，相互配合，快、准、狠地同时出击，才能实现鱼和熊掌兼得的效果。”

李俊："水兄，那要怎么做呢？"

水多星："这个就要在悬浮载体上面做文章了，现在MBBR工艺常用的悬浮载体主要有两种材质——聚丙烯材料和聚氨酯海绵。我说的就是以一片小小的海绵为基础开发的一套应用于MBBR的工艺技术，此工艺技术不仅能在同一时间实现硝化和反硝化过程，而且这两种过程还能在同一空间实现，我们称之为同步硝化反硝化和短程硝化反硝化。这样一来，就完美地解决了现有工艺存在的回流比和HRT矛盾的问题，大大提高了污水处理效率。"

李俊："这技术如此神奇，水兄，快快道来。"

水多星："首先，需要把经过特殊表面处理和负载有粉末活性炭和一些特殊压电材料的海绵扔到污水里。然后利用海绵的亲水性和负载粉末活性炭的吸附作用，使海绵悬浮在水中并大量吸附水中'营养物质'以便多种微生物在上面富集，为共同御'敌'创造条件。"

李俊疑惑："这么简单就可以了？"

水多星解释道："当然不止啦！由于海绵的表面直接接触污水，溶解氧相对比较充足，氧化还原电位较高，呈现正值，这时就会富集以硝化细菌为主的好氧硝化军团；海绵的内部由于压电材料和溶解氧的关系，氧化还原电位会逐渐降低，呈现负值，最终实现'绝对'厌氧的局部微环境，这时候就会富集以反硝化细菌为主的缺氧反硝化军团。海绵载体从外到内溶解氧的逐渐递减和氧化还原电位的由正变负的梯度变化使得硝化军团和反硝化军团同时存在海绵这一个空间载体里，我们把它叫作载体的CGO功能。这样一来，平常各司其职的两个军团就会通力协作，一旦硝化军团将氨氮转化为亚硝态氮之后，反硝化军团就会瞬间将其转化为氮气，这样硝化和反硝化几乎在同一时间、同一地点完成，无须回流实现生物脱氮，完美达到同李逵F4小组一样的协同御敌效果。"

李俊："水兄，你也太不够意思了，有这样好的工艺技术，也不早些让俺知道。"

水多星："李大王，你这可冤枉我了，这种技术由于开发时间不长，应用案例也较少，所以很多人都不相信，导致市场推广比较困难。"

李俊："只要是好东西，有效果，俺就不怕尝试，赶明儿俺就在暹罗国推广应用，水兄，到时候一定要来作技术指导呀！"

未来污水处理厂——关键还能赚钱

某日，李俊与水多星二人来到一城市上空，李俊首先被一座现代化大酒店吸引住，不禁有感而发：“说到梁山上各好汉职责分工，我当年就眼馋孙二娘他们几个开酒店的。而且自打公明哥哥上山后寨子壮大，梁山的酒家也扩张到东南西北四个，看着他们不但能为梁山延揽人才，更能赚大钱，如果不是被招安，我差点就申请去站柜台收金银了。”

走近一看，映入他们眼帘的不是酒店，竟是一座大型城市污水处理厂，门口写着“某某污水处理公司城北分公司”字样。李俊转念一想问水多星：“水兄，看来当今污水处理厂对城市水环境越来越重要了，你看这污水处理厂都开‘分店’了，那是不是说明污水厂也很赚钱啊？”

水多星答：“非也。如今污水厂运行成本高，虽然可以百姓和用水企业收缴的排污费作为收入，但仍然需要政府给予补助才能实现收支平衡。”

李俊不解地问：“这是为何呢？”

“污水处理厂在运行中需要大量维护费用，包括电费、药剂费、剩余污泥处理处置费等多种支出。污水厂中有大量的提升泵、格栅、鼓风机、机械转盘、压滤机等，它们天天时时刻刻运行，耗电量大。为了提高磷去除效果，会投加铁盐等药剂；如果碳源不足影响脱氮，还需投加碳源等，会增加药剂成本。活性污泥处理工艺会产生大量的剩余污泥，对剩余污泥的处理就要花掉污水厂一大袋子钱。”水多星解释道，“有时候丝状菌还会出来捣乱搞个膨胀给你看看，又要投加药剂或者调整运行……”

“我懂了，你的意思就是运行成本很高，很费钱呗。”李俊打断水多星说，“但这污水也是‘矿山’啊，回收里面的能源不就可以卖钱了吗？”

水多星说：“李大王看得透彻！如今污水处理厂就是仅仅完成污水处理干净一个目标，尚未综合考虑过程的优化和资源回收。”

水多星接着说道：“学者们已经提出‘污水是放错了地方的资源’概念，在未来污水厂运行优化中强调对污水中能源回收和技术升级提高收入和降低运行成本。从污水处理本质入手，要把污水中的碳源和营养盐分离，将碳源变成能量回收，氮、磷等变成肥料回用农田。”

李俊：“也就是说通过碳氮分离，让污水能源化、肥料化，使得污水厂可以能源自给自足，甚至可以能源外输增加收益，处理过程再能耗降低，就能实现污水厂的‘赚大钱’了！”

水多星：“李大王很懂行啊。”

李俊激动地问：“那怎么才能做到呢？”

水多星：“首先，当然是改进运行工艺降低成本了。学者们正在努力研究厌氧氨氧化工艺，可以在厌氧、无有机碳源的条件下脱氮，节约碳源减少曝气。还有反硝化除磷，利用反硝化除磷菌实现一份碳源同时完成脱氮和除磷，避免脱氮除磷争夺碳源造成的高运行成本问题。总的说呢，就是极力降低工艺运行的能耗和药剂消耗。”

水多星接着说：“第二步，就是能源和肥料回收。从污水或者剩余污泥中尽可能多地回收能源和肥料，如甲烷、磷肥。甲烷可以燃烧提供热能，并用于发电。电能既可以供给污水厂运行，还能输送给居民使用。能源回收后

的残渣富含磷，可以加工成磷肥卖给农民，进一步拓开污水厂的财路。”

李俊感叹道：“原来是这样。”

水多星继续说：“当然啦，最重要的还是要保证污水厂出水水质良好且达标，并且处理后的水能作为水资源回用到千家万户，或冲马桶，或作为景观用水。这就需要一些新的处理工艺，比如膜工艺、吸附工艺和高级氧化工艺呢。”

李俊：“听起来水资源回用是个好思路。”

水多星：“是的，回用的水可以节约水资源，也可以为污水厂提供收入，还能缓解一些地区水资源贫乏的困境。从自来水生产到污水排放再到处理后回用，水资源利用就能形成一个完美的闭环。”

“在未来，电子信息、人工智能和机器学习等技术也会应用到污水处理厂中，让污水处理过程智能化监控和管理，再组合新型处理工艺和能源回收工艺。等我们再走进污水处理厂，会是一座无人值守，没有臭味，甚至鸟语花香的大花园。机器人往来穿梭，能源中心支撑所在区域的居民用电和天然气，中央处理中心控制每个运行环节……”水多星畅想着。

李俊大笑道：“关键还能赚钱！”

水谱105

大数据与水环境——运筹帷幄之中，决胜千里之外

某日，李俊和水多星闲聊：“俺当年草莽出身，最佩服脑子好使的人。我那吴用兄弟，谁见了都得赞一句机巧聪明。就‘智赚金铃吊挂’那战，不费一兵一卒，实在是漂亮。当时鲁智深兄弟不听劝，前去华州救史进兄弟。他探头探脑去瞄那贺太守的轿子，锃光瓦亮的光头显眼得不行，一下子叫人识破行藏，抓入牢中。这下子要进那太守老巢救人就更难了，兄弟们正无计可施时，智多星吴用兄弟来了个巧点子。先趁着月夜对城池进行侦察，发现确如传言中那般‘城高地壮，堑壕深阔，不易强攻’，只能智取；又遣了十几个精细喽啰去打探消息，寻找机会，不日传来了‘宿太尉将要领着御赐的金铃吊挂来离华州城不远的西岳庙降香’的消息，吴用兄弟设计抢了金铃吊挂，伪装成钦差等太守来接待，好借机救人。这贺太守也是老奸巨猾，听到风声

轻易不相信这钦差身份，直到看到金玲吊挂才打消怀疑。后来梁山军顺利潜入太守府，闹了他个底朝天，才将被陷的兄弟们救将出来。”

水多星却有些更深的思考：“此人谋略着实厉害，我看这场胜利情报工作是核心，没有前期实地调查，没有‘宿太尉金铃吊挂降香’的情报，这场战役结果就可能改写哟。知己知彼，根据实际情况善用策略指挥战争，方能找到战胜敌人的最佳方案。李大王可知，咱们的污水处理厂也是用这个法儿运作的。”

李俊大惊：“这也能行吗？”

水多星解释道：“吴用首先去实地调查和派人打探，是为了收集敌方的情报，然后从中筛选出关于‘金铃吊挂’的信息，把握机遇进一步制订利于己方发挥的计划，最后漂亮地赢了强大的对手。这情报，如今我们称为数据。现在数据收集一条两条可不够，只要收集的时间够长、样本够多，对海量数据进行专业加工处理、深度挖掘分析，就能从中得到更有价值的潜在信息，此之谓‘大数据’也。对污水处理厂来说，这潜在信息就是通过找到数据之间的相关性来实现智能化控制，从而优化决策。”

李俊点头表示赞同，水多星继续道：“以污水处理厂为例，虽然采用的工艺大同小异，不同地方不同情况下的运行管理却大有不同。例如水量会随着人一天的早出晚归和地区流动而改变，进水水质随季节等变化，偶尔还会受到突发事件的冲击，而对应的出水水质会因为生化处理过程的不稳定而波动。所以用固定的流程来处理污水是行不通的，往常需要经验丰富的操作人员驻守现场、调整药剂投量、应对突发问题等。但这种模式耗费人力，且效果不稳定，全靠经验，运营费用高。在大数据兴起的时代背景下，污水厂的管理运营也酝酿着新的革命，无人值守、自动化控制是未来实现污水厂运营管理的发展趋势。”

李俊问道：“也就是让它自个儿管理自己？如何才能实现呢？”

水多星答道：“例如检测污水厂进水的氨氮含量，如果数值突然增加，管理人员就会延长曝气时间，保证氨氮达标，这一变一动相互牵连，保障出水水质的稳定。完全自动化控制的污水厂可以通过计算机和传感器等收集进水条件、反应条件、出水指标等数据，然后对这海量数据进一步筛选、统计、分析，得到污水厂运行的情况，实现对突发情况的自动报警、操作和调节等功能，可大大节省药剂和人力成本呢。”

李俊喜道：“这样可比派人天天在现场看着方便多了。”

水多星补充道：“一般有三年以上连续运行数据，就可以对不同情况建立起仿真模型实现智能化管理，它的深度学习功能会根据数据对关系参数进行调整，甚至提前预测未来可能出现的意外情况。这大数据啊，大大提高了污水厂的安全和效率，是城市数字化智能化的必然趋势。”

李俊大赞：“以污物为敌，运筹帷幄，既保水质又省钱，此乃大神通也。”

水谱 106

云计算与水环境——戴宗驾“云”神行

水多星这日问道：“都说战场上两军对战需知己知彼才能百战百胜，李大王身经百战，能否给我讲讲，如何才能做到知己知彼呢？”

李俊想了想说道：“知己知彼的根本在于打探消息和及时通风报信，这就得提到我们梁山的戴宗兄弟了。戴宗兄弟在梁山担任总探息头领，排位在我、李逵兄弟和“三阮”之上，其领导的情报部门包括四大酒店、八大头领，还有走报机密步军四头领：“铁叫子”乐和、“鼓上蚤”时迁、“金毛犬”段景住、“白日鼠”白胜。偶尔“黑旋风”李逵和“浪子”燕青也来情报部帮忙，主要是协助情报部门瓦解敌人。情报部的“入云龙”公孙胜和吴用兄弟一起负责情报分析，根据情报来制订作战方案。虽说戴宗兄弟几乎没打过实质性的硬仗，但在我们那个年代，戴宗兄弟的神行在为梁山搜集和传递情报方面起到了举足轻重的作用。举例来说，当年打高唐州时，若不是戴宗兄弟及时请来公孙胜兄弟，宋江哥哥可能早就完了；打华州时，也幸亏戴宗兄弟及时传递情报，否则鲁智深、史进兄弟就得命丧黄泉。特别是后来宋江哥哥和卢俊义哥哥分兵作战时，双方的情报交流几乎都是由戴宗兄弟完成的。”

水多星夸赞道：“戴宗这号人物我知道，有评论家金圣叹评论其为除了神行一无是处，属中下等人物，但是我认为这种评价实属不妥。戴宗确实没立过什么大功，但也不能说他就是下等人物。情报站的核心在于‘云’，即情报通信，你们那时候没有电报、电台，也没有卫星，戴宗在梁山中恰恰起到了眼睛的作用。有了戴宗，梁山在与对手的信息战中可谓是占尽了先机。对于现代化高科技战争来说，情报交流更是决定胜负的关键因素之一，如今快速发展的云计算就是一套情报分析系统。”

李俊疑惑道：“云计算到底是个什么东西，为什么要用云计算呢？你给我详细说说。”

水多星解释道：“云计算就是与信息技术、软件、互联网相关的一种服务，通过将信息传递到云端，并在云端进行储存和处理，联合多台计算机的处理能力和自动化的管理，使得很少的人就能完成复杂的数据处理过程。当今人类正迎来数字新时代，新时代的主要技术包括云计算、物联网、大数据、区块链、人工智能，其中大数据为数字资源，梁山的情报收集就相当于大数据，云计算和物联网分别为数字的设备和传输，人工智能则为数据的智能，区块链将大数据、云计算、物联网和人工智能很好地连接起来。人类为什么要用云计算呢？就拿云摄影来举例吧，传统活动的摄影照片传输交付效率比较低，一般从拍摄到选图、修图等需要三天时间，但是换成云摄影，拍摄的照片可实时传送至云端，由后方剪辑师进行处理，单张修后图片总流程耗时不超过五分钟。”

李俊有点晕乎：“这云计算还有什么别的用处吗？”

水多星继续讲道：“云计算还可以应用至环保领域！通过将各站点的环境数据上传和保存至云端，云计算可跨区域进行数据整合和计算，能够有效划分出高污染区域，并根据污染程度和危害性进行智能化报警。对于水环境，可创建水环境综合管理云平台，为全国饮用水、地下和地表水、重点流域、湖泊等管理提供服务，为水环境状况调查和动态监测等工作提供技术支撑。云计算技术还可以很好地实现多区域污染信息的云端资源共享，推动各区域污染数据的创新型统计和分析。”

李俊叹道：“这个云计算还真是不得了啊，一个云平台就能‘神行’整个国家，多少个戴宗才能赶上这朵‘云’啊！”

水多星也说：“哈哈，只怕是有无数个戴宗也赶不上喽，但若是戴宗在世的话，倒是可以‘驾云’神行。”

水谱107

区块链与水环境——智慧环保在路上

中午正是饭点，李俊和水多星看着人们涌向大小餐厅，人人碗里都有不少肉，羡慕地说道："现代就是好，俺们那时馋这一片肉都能打一架。你知道那'行者'武松兄弟打虎够威风吧，当年在孔太公庄上，却为了抢肉吃打人被抓，还是被我宋江哥哥救下的呢。那'豹子头'林冲兄弟风雪山神庙后，也为抢鸡和酒被抓过。酒肉少啊，谁都不够吃！后来大家上了梁山，宋江哥哥想出一套公平完善的分配抢来财物的法子，才解决了酒肉争抢的问题，大家和谐相处，日子也越过越兴旺。"

水多星笑道："人都是不患寡而患不均，公平分配资源是社会稳定的基石啊。可这守规矩分东西也得看自觉，不能全靠人盯着。咱这儿就有个神器名为'区块链'，就可以当这个管家。"

李俊满脸疑惑："啥是区块链啊？"

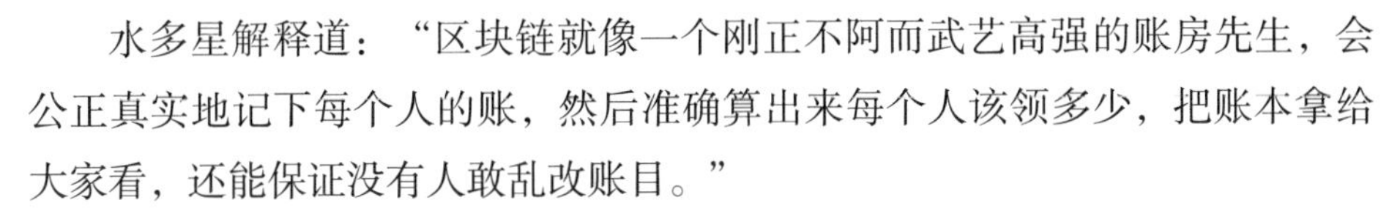

水多星解释道：“区块链就像一个刚正不阿而武艺高强的账房先生，会公正真实地记下每个人的账，然后准确算出来每个人该领多少，把账本拿给大家看，还能保证没有人敢乱改账目。”

李俊来了兴致：“还有这等神物？”

水多星神色高深地回答：“这‘区块链’是近年非常火的数据共享的概念，它会收集大量数据并且开放给所有人，和各个行业都有联合应用前景，要真讲起来三天三夜都说不清，不如我从环境保护的角度来给李大王说道说道，好有个入门的理解。”

李俊连连点头，水多星开始讲道：“这环境问题和现代生活经济之间的矛盾一直以来是老大难了，虽说年年都在宣传，终归是要人们自觉才行。就像对工厂明令禁止乱排乱放污水，还是有缺乏责任感的黑心工厂为了省钱偷排或造假瞒报。而这区块链的共享数据库正好有‘四大招数’可以治它：数据不可篡改、去中心化、公开透明和智能合约。”

“‘四大招数’？乍一听有点不明就里啊！”李俊道。

水多星：“数据不可改，断绝了监管不到位、数据造假的灰色保护；去中心化，则公开数据给政府、市场、个人等各角度利益相关者，让环保治理迎来不同以往的决策机制；公开透明，这一招更是直接撕破了偷排废料的工厂的不法行为的遮羞布，让不良企业都受到公众的监督；智能合约，依靠程序计算而不是个人道德信念来判定行为和奖惩，可以更科学地管理。从环境监测、环保执法，到污水废物的处理等，这些分散的数据将集成一股力量，让那些无良企业无所遁形，束手就擒。”

“同时，数据共享还可以打破信息孤岛。”水多星继续补充道，“这不仅可以提高各部门的沟通效率，例如让废物生产企业、危废运输公司、处置企业对危险废物的种类流向做到时刻入账管理，一旦出现问题可以及时调取记录，而不需要各级部门再沟通整合资料。而多方共同参与治理，也会大大提高效率。就说目前都在讨论的垃圾分类，杭州就计划引入区块链技术，在社区、减量中心、环保集团、资源回收公司与政府之间建立区块链生态圈，进而探索全新的高效环保共治。”

李俊感叹道：“这数字化时代就是不一样，什么都能讲出个道道来，这电脑是比人脑子快啊。”

水谱108

人工智能与水环境——吴用都要“下岗”

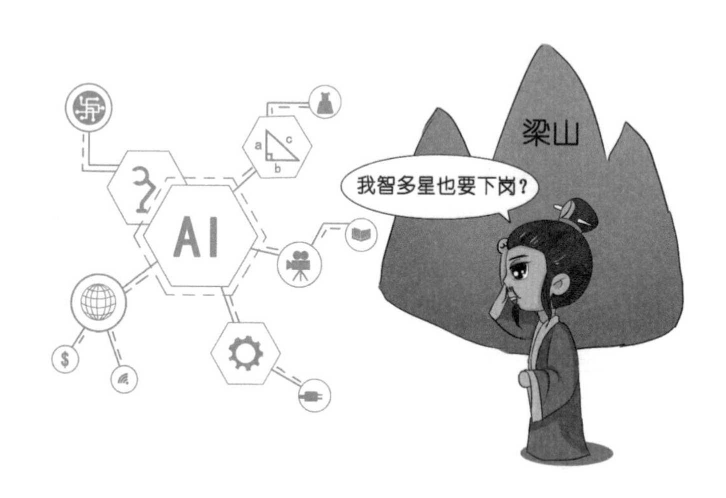

李俊和水多星二人酒过三巡，李俊不由感慨起来：“想当年我们梁山打的第一场硬仗就是三打祝家庄，前两次失利主要是因为不明情况，进攻方法不对路。直到第三次交锋，军师吴用前来应援，使出一招连环计，让孙立在祝家庄做卧底，与梁山进行里应外合才攻下了祝家庄。有了军师吴用这个‘智多星’，宋江哥哥才变得战无不胜。由此可知，参谋部在梁山举足轻重，其首脑吴用兄弟也因而在梁山好汉中高居第三座次。”

水多星接道：“吴用是军师嘛，必定是高智商之人，他的作用就在于根据战场情况制订出最佳方案来战胜敌人。但是李大王，你知道吗，随着人工智能的发展，现代战争已经可以用电脑进行兵棋推演来设计作战方案了。”

李俊觉得奇怪：“人工智能是指什么，还能有我们军师厉害么？”

水多星解释道："人工智能简称 AI，是指由人制造出来的机器所表现出来的智能，可以像人一样思考并出反应，甚至可能超过人的智能。阿尔法围棋就是一个有名气的 AI 机器人，它曾经以 3 比 0 的比分战胜了围棋世界冠军。人工智能与人类大脑最大的区别在于机器虽拥有超强的计算和推理能力，但却没有情感，缺乏语义理解能力、想象力和创造性思维。在电影《机械姬》中，没有感情的机器人艾娃利用人类的同情心俘获了员工——嘉乐的心，但人心却没有得到回报，反而被机器人艾娃关在实验室，任其慢慢死去。"

李俊问道："那这 AI 具体能干些啥事呢？"

水多星回答道："迄今为止，AI 在文字、图像识别和自然语音处理等领域都有应用，科学家通过大量数据让 AI 进行深度学习，现如今 AI 功能已经十分强大了，它能将黑白照片自动还原为彩色的图像，还能兼职设计师的工作，淘宝推出的 AI 设计师——鲁班为 2017 年'双 11'设计了 1.7 亿张图片，为淘宝商家设计师省去了不少麻烦。此外，AI 还可扮演了医生角色，如今的 AI 医疗工具都可以诊断乳腺癌了，而且诊断的准确率比资深专家还高。但是话说回来，人类切不可让 AI 产生自我意识，否则后果不堪设想，人类很有可能真的斗不过机器人。"

李俊追问："那能否将这 AI 应用在我们关注的水环境领域啊？"

水多星肯定地回答："当然可以！以水文、水资源、生态环境科学为基础，结合雷达、卫星等信息，AI 在水环境领域已经可以用于实时预测降雨、河川洪水、地下水等水文时间，还能推算区域蒸发量，估计有毒物质浓度，寻求水库长短期最佳操作策略。另外，随着 AI 的发展，未来有望应用于水环境监测中，代替成本高、反馈不及时的常规监测手段，大大提高环境监测效率，降低信息错误率。在台湾，AI 已被用于水资源经营管理，在当地有许多成功的案例，例如：实时展示水文信息，并能预测未来多时刻的水位变化，帮助开展防洪预警工作。"

李俊："我本以为我梁山'智多星'就够厉害的了，没想到这人工智能竟如此强大，不仅能指挥战役，还能决策环境管理，真是神了！若是吴用兄弟还在世的话，估计他都要'下岗'了！"

学术名词解释

1. COD：化学需氧量（Chemical Oxygen Demand, COD）是以化学方法测量水样中需要被氧化的还原性物质的量。
2. BOD：生化需氧量（Biochemical Oxygen Demand, BOD）是指在一定条件下，微生物分解存在于水中的可生化降解有机物所进行的生物化学反应过程中所消耗的溶解氧的量。
3. pH：氢离子浓度指数（Hudrogen ion concentration, pH）是指溶液中氢离子的总数和总物质的量的比。
4. NO_2^-：亚硝酸根离子，在酸性条件下不稳定，易分解，且有一定氧化性；在水溶液中能将碘离子氧化为单质碘；还原性，能被强氧化剂氧化。
5. NH_3：NH_3 是氨气的分子式，氨气是一种无色气体，有强烈的刺激气味。氨气通常情况下是无色刺激性气味，极易溶于水，易液化，液氨可作制冷剂。
6. H_2S：硫化氢，分子式为 H_2S，分子量为 34.076，标准状况下是一种易燃的酸性气体，无色，低浓度时有臭鸡蛋气味，浓度极低时便有硫磺味，有剧毒。
7. NO_3^-：硝酸根，是指硝酸盐的阴离子，化学式为 NO_3^-。
8. CO_2：二氧化碳（Carbon Dioxide），一种碳氧化合物，化学式为 CO_2，化学式量为 44.0095，空气的组分之一。
9. H_2O：水，化学式为 H_2O，是由氢、氧两种元素组成的无机物，无毒，可饮用，在常温常压下为无色无味的透明液体。
10. NO_2：二氧化氮，化学式为 NO_2，高温下棕红色有毒气体。
11. ADP：二磷酸腺苷（Adenosine Diphosphate, ADP），是由一分子腺苷与两个相连的磷酸根组成的化合物。在生物体内，通常为三磷酸腺苷（ATP）水解失去一个磷酸根，即断裂一个高能磷酸键，并释放能量后的产物。
12. ATP：三磷酸腺苷（Adenosine Triphosphate, ATP），是由腺嘌呤、核糖和 3 个磷酸基团连接而成，水解时释放出能量较多，是生物体内最直接的能量来源。

13. PHB：聚 3- 烃基丁酸酯（Poly-hydroxybutrate, PHB），是一种具有很好的生物降解性的热塑性聚脂，能被土壤及海水中存在的许多微生物降解。

14. EPS：胞外聚合物（Extracellular Polymeric Substances，EPS）是在一定环境条件下由微生物，主要是细菌，分泌于体外的一些高分子聚合物。

15. NO：一氧化氮，为氮氧化合物，化学式 NO，相对分子质量 30. 01。

16. N_2O：一氧化二氮（Nitrous oxide），化学式 N_2O，在室温下稳定，有轻微麻醉作用，并能致人发笑。

17. N_2：氮气，化学式为 N_2，为无色无味气体，化学性质很不活泼。

18. UASB：上流式厌氧污泥床（Up-flow Anaerobic Sludge Bed/Blanket, UASB），又叫升流式厌氧污泥床、上流式厌氧污泥床反应器。

19. NH_4-N：氨氮，是指水中以游离氨（NH_3）和铵离子（NH_4^+）形式存在的氮。

20. SS：悬浮物（Suspended Solids ），指悬浮在水中的固体物质，包括不溶于水中的无机物、有机物及泥砂、黏土、微生物等。

21. A/O 反应器：AO 是 Anoxic-Oxic 的缩写，AO 工艺法也叫厌氧好氧工艺法，A 是厌氧段，用于脱氮除磷；O 是好氧段，用于除水中的有机物。

22. TN：总氮，简称为 TN，水中的总氮含量是衡量水质的重要指标之一。总氮的定义是水中各种形态无机和有机氮的总量。

23. NH_4^+：铵，是一种阳离子，化学式为 NH_4^+，是由氨分子衍生出的阳离子。

24. RO：反渗透（Reverse osmosis, RO），又称逆渗透，一种以压力差为推动力，从溶液中分离出溶剂的膜分离操作。因为它和自然渗透的方向相反，故称反渗透。

25. UF：超滤（Ultrafiltration, UF），是以压力为推动力的膜分离技术之一。以大分子与小分子分离为目的，膜孔径在 20 — 1000Å。

26. NF：纳滤（Nanofiltration, NF），是一种介于反渗透和超滤之间的压力驱动膜分离过程，纳滤膜的孔径范围在几个纳米左右。

27. MF：微滤（Microfiltration, MF），又称微孔过滤，属于精密过滤。微滤能够过滤掉溶液中的微米级或纳米级的微粒和细菌。

28. MBR：膜生物反应器（Membrane Bio-Reactor, MBR）是一种由膜分离单元与生物处理单元相结合的新型水处理技术。

29. POPs：持久性有机污染物（Persistent Organic Pollutants, POPs），是一类具有长期残留性、生物累积性、半挥发性和高毒性，并通过各种环境介质（大气、水、生物等）能够长距离迁移，对人类健康和环境具有严重危害的天然的或人工合成的有机污染物。

30. AOPs: 高级氧化法（Advanced Oxidation Process, AOPs），又称作深度氧化技术，以产生具有强氧化能力的羟基自由基（·OH）为特点，在高温高压、电、声、光辐照、催化剂等反应条件下，使大分子难降解有机物氧化成低毒或无毒的小分子物质。

31. NEWater：新生水，是指城市污水经过常规二级处理后，再经过反渗透处理等工艺所获得的达到饮用水标准的水。

32. DNA：脱氧核糖核酸（Deoxyribonucleic Acid, DNA）是生物细胞内含有的四种生物大分子之一核酸的一种。

33. RNA：核糖核酸（Ribonucleic Acid, RNA），存在于生物细胞以及部分病毒、类病毒中的遗传信息载体。

34. MLSS：混合液悬浮固体浓度（Mixed liquid suspended solids, MLSS），又称混合液污泥浓度，它表示的是混合液中活性污泥的浓度，即在单位容积混合液内所含有的活性污泥固体物的总质量。

35. DO：溶解氧（Dissolved oxygen, DO），是指空气中的分子态氧溶解在水中的含量。

36. TOC：总有机碳（Total Organic Carbon, TOC），是以碳的含量表示水中有机物的总量。

37. TP：总磷（Total phosphorus, TP），是污水中常测的一种污染物，将水中各种形态的磷通过消解转化为正磷酸盐，测得的数据为总磷。

38. PCR：聚合酶链式反应（Polymerase Chain Reaction, PCR）是一种用于放大扩增特定的DNA片段的分子生物学技术，它可看作是生物体外的特殊DNA复制，PCR 的最大特点是能将微量的 DNA 大幅增加。

39. 16S rRNA：16S rRNA 基因，即 16S ribosomal RNA，是细菌上编码 rRNA 相对应的 DNA 序列，存在于所有细菌的基因组中。

40. P_2H_4: 二磷化四氢，二磷化四氢中有两个磷原子，所以俗称联磷，或者叫双磷。联磷液体的沸点低，而且产生的蒸气又很不稳定，在光的作用下，会分解为磷和磷化三氢（PH_3）。

41. MBBR：移动床生物膜反应器（Moving-Bed Biofilm Reactor, MBBR），该工艺集中了生物滤池、固定床和流化床的优点，建造简单、操作方便、有机物去

除效率高、除磷除氮能力强，尤其适合中小型企业污水的深度处理和有机污水的处理。

42. CGO 载体：COG 指的是连续梯度的氧化还原电位变化（Continuous gradient oxidation-reduction, CGO)。这种载体由于这种由外而内氧化还原电位的连续梯度变化（CGO 功能），使载体能够在好氧池发生同步硝化反硝化和短程硝化反硝化反应，实现生物脱氮。

43. PP 材料：聚丙烯（Polypropylene, PP）是一种半结晶的热塑性塑料，具有较高的耐冲击性，机械性质强韧，抗多种有机溶剂和酸碱腐蚀。

44. HRT：水力停留时间（Hydraulic Retention Time, HRT）是指待处理污水在反应器内的平均停留时间，也就是污水与生物反应器内微生物作用的平均反应时间。

45. 分子量：分子量，也叫相对分子质量（Relative molecular mass），是指化学式中各个原子的相对原子质量的总和。

46. 余氯：余氯（Residual chlorine）指氯投入水中后，除了与水中细菌、微生物、有机物、无机物等作用消耗一部分氯量外，还剩下的那一部分氯量。

47. 景观水：景观水（Landscape water body）是指天然形成或人工建造的、给人以美感的城市、乡村及旅游景点的水体。

48. 气溶胶：气溶胶（Aerosol）是指悬浮在气体介质中的固态或液态颗粒所组成的气态分散系统。

49. 吸附：吸附是指固体物质表面富集周围液体或者气体介质中的分子或者离子的过程，通常包括物理吸附和化学吸附。

50. OSA联合工艺：指的是好氧－沉淀－缺氧(Aerobic-sediment-anoxic, OSA)工艺。

51. COVID-19：新型冠状病毒肺炎（Corona Virus Disease 2019, COVID-19），简称“新冠肺炎”，世界卫生组织命名为“2019 冠状病毒病”。

感恩·致谢

在本书付梓之际，作为第一作者，我充满感恩之心。

感恩宇宙，感恩地球，感恩人类，感恩自然，感恩水！

更要感恩这个高新科学技术日新月异、突飞猛进的伟大时代！

感谢国家，感谢海南省科学技术厅为本项目立项，感谢所有关心支持和参与本书创意、策划、设计、研讨、撰稿、编辑、审稿、校对和宣传的朋友们！

作为一个理工男，利用业余时间，完成了两本《水谱传》的编著出版工作，也算是为这个时代做出的一点微薄贡献吧。

在满怀感恩之心的同时，诚挚地感谢众位与我一路同行的朋友们！

感谢刘军教授和余建恒先生，二位对水环境事业的情怀以及渊博的知识，让我迸发出思想的火花。

感谢我外甥唐英才，他是哈工大在读给排水博士生。这次他组织了哈工大十几位博士同学及北工大、上海工程技术大学等大学的众位博士，共同完成了有关故事的编写工作。

执笔参与编写的同学有：王欣奕、马丽新、崔慧慧、何蕾、卢露、符奇旗、刘宝震、唐英才、周宏杰、杨正翰、黄铭涛、宋丹丹、李聪聪、徐兰、莹莹、李媛、任柏年、柴飞、张昌喆、林依依，他们都是学有专长的高材生，在学习之余，积极热情地进行水科普工作，在此表示感谢！

刘炜荣是我侄子，江西理工大学在读大三学生，也参与了本书编辑。

科普漫画是本书重要组成部分，栩栩如生的“李俊”和“水多星”形象，以及在每篇故事中的配图和对话，使得本书读起来图文并茂，让人赏心悦目。

在漫画的征集、筛选和编辑过程中，吴蕊彤女士认真细致，在此表示由衷的感谢。

2014 年，新华出版社在出版《水谱传—106 个饮水与健康故事》时，给予我们的帮助，至今使我记忆犹新。这次新书出版，在编辑、审稿、校订及发行方面更是特别给力，在此我代表三位作者，向新华出版社表示衷心的感谢！

在编辑及校对过程中，还有傅中星先生、詹小光先生、吕淑果女士以及杨献彪、余兴邦、邓锡毅等诸多老朋友，给予许多有益的建言和创意，在此一并表示感谢！

最后，我还要特别感谢本书的读者们，恳请大家给予业余作者多一些理解和包涵。囿于知识面不广、知识点不精及水平所限，本书可能还存在一些谬误。诚恳地希望广大读者把发现错误的地方或者更好的建议，发到我的邮箱（chaonan83911@163.com），以便我们再版时更正。

热忱欢迎对水科普有兴趣的朋友，参与到水科学普及、水环境生态维护和建设事业中来，并欢迎共同推广此书，让更多人能看到这本《水谱传—108 个水故事》。

“问渠那得清如许，为有源头活水来。”，我们正在筹建一个“水谱传”的公众号，让更多朋友有一个长久的交流平台，希望能够与广大读者有更多更好的互动，欢迎您关注。

2020 年 8 月 8 日于海口